新大话信息通信丛书

大话物联网

（第2版）

郎为民 马卫国 张寅 王连峰 闪德胜◎编著

人民邮电出版社

北京

图书在版编目（CIP）数据

大话物联网 / 郎为民等编著. -- 2版. -- 北京：
人民邮电出版社，2020.4
　（新大话信息通信丛书）
　ISBN 978-7-115-53065-3

Ⅰ．①大… Ⅱ．①郎… Ⅲ．①互联网络－应用②智能
技术－应用 Ⅳ．①TP393.4②TP18

中国版本图书馆CIP数据核字(2020)第003726号

内 容 提 要

　　本书是一本关于物联网基础知识的普及读物。在保持第 1 版的故事性和趣味性的前提下，重点增强了图书的知识性和科学性。本书用独特的行文风格，以风趣、幽默的语言和独特的视角说明物联网的特征和原理，使用大量的插图帮助读者理解晦涩、枯燥的技术，向读者展示了物联网高科技的巨大魅力，为初学者打开了一扇深入学习物联网技术的大门。

　　本书可作为需要了解物联网基础知识的各级政府工作人员、企业管理者和科研人员等读者的参考图书，还可以作为高等院校相关专业师生的专业课教材或参考用书。

◆　编　　著　郎为民　马卫国　张　寅　王连峰　闪德胜
　　责任编辑　李　强
　　责任印制　彭志环
◆　人民邮电出版社出版发行　　北京市丰台区成寿寺路 11 号
　　邮编　100164　　电子邮件　315@ptpress.com.cn
　　网址　http://www.ptpress.com.cn
　　北京七彩京通数码快印有限公司印刷
◆　开本：800×1000　1/16
　　印张：19　　　　　　　　　　2020 年 4 月第 2 版
　　字数：340 千字　　　　　　　2024 年 8 月北京第 18 次印刷

定价：89.00 元
读者服务热线：(010)53913866　印装质量热线：(010)81055316
反盗版热线：(010)81055315
广告经营许可证：京东市监广登字20170147号

第 2 版前言

转眼之间，距离《大话物联网》初次出版已有近十年光景。本书第 1 版面世后，得到了广大读者的好评。物联网 10 年变迁，技术迭代，应用落地，原书的许多内容都已跟不上形势的发展。在人民邮电出版社的建议下，笔者对本书第 1 版进行了补充和修订。

第 2 版修订的基本原则是：在保持故事性和趣味性的前提下，重点增强图书的知识性和科学性，并将一些具有时效性的应用案例删除。本书内容涉及物联网的方方面面，从物联网的产生背景、发展历程和发展趋势，到物联网的基本概念、关键特征、体系结构、发展现状，再到物联网的标准化组织、标准化进展和标准体系框架，再到感知层、网络层和应用层的支撑技术，始终紧紧围绕物联网发展前沿的热点问题，依据物联网相关技术的最新标准，比较全面、通俗地介绍了物联网基础理论最前沿、最科学的成果。本书用独特的行文风格，以风趣、幽默的语言向读者讲述了物联网的发展历程，以独特的视角说明物联网的特征和原理，使用大量插图帮助读者理解晦涩、枯燥的技术，向读者展示了物联网高科技的巨大魅力，为初学者打开了一扇深入学习物联网技术的大门。

本书由郎为民编著，余亮琴、赵毅丰、张汉、陈红、安海燕、王谦、陈放、廖非凡、朱义勇、吴文辉、陈金明、梁红莲、邹顺、魏声云、邹力、赖荣煊、瞿连政、张锋军、王昊、陈虎、陈凯、张国峰参与了本书部分章节的撰写，任殿龙、蔡理金、高泳洪、王会涛、李官敏对本书的初稿进行了审校，并更正了不少错误，在此一并向他们表示衷心的感谢。

人民邮电出版社对本书的出版给予了大力支持，李强老师作为本书的责任编辑，为本书的面世付出了辛勤的劳动，在此一并表示感谢。

物联网仍旧在路上，技术日新月异，产品层出不穷，加之作者水平有限，编写时间仓促，因而本书难免存在错漏之处，恳请各位专家和读者不吝指出。我的 E-mail：wemlang@163.com，微信号：aqz076。

谨以此书献给我聪明漂亮、温柔贤惠的老婆焦巧，以及活泼可爱、机灵过人的宝贝郎子程！

郎为民

2019 年 1 月于国防科技大学信息通信学院

第1版前言

"主人该起床了！主人该起床了！"郎先生收到了闹钟传出的叫醒信号，今天公司有个很重要的会议，郎先生必须提早到。刺耳的闹铃声让郎先生赖床的想法顿时消散，他懒洋洋地伸出手，在床头上摸索着手机。郎先生使用手机遥控洗漱杯子放好水，挤上牙膏，并设计了一套早餐食谱让厨房里的全自动烹调设备开始工作。

7:10，郎先生洗漱用餐完毕，提着公文包准备去上班。临出门时，他着重检查了一下手机是不是老实地待在口袋里。对郎先生来说，可以没带钱，可以没带钥匙，但万万不能没带手机，因为手机是钱包、是钥匙、是遥控器，还是通信工具、浏览器。

在关上家门之后，郎先生立刻通过手机上的控制系统开启了安装在房子四周的防盗报警系统。有了这个系统，郎先生既不怕偷儿上门，也不怕煤气和水电泄漏。万一异常情况出现，防盗报警系统不仅会自动给主人发短信，还会自动向物业报警，它是主人最贴心的保镖。

当郎先生离门只有5步远时，门自动打开了，电梯也已经停在那里等候郎先生乘坐。当郎先生走到门口时，他的车已经打开了驾驶室的门，上车后车厢内响起郎先生最喜欢的音乐，在确认郎先生的目的地没有变化后，汽车自己启动。郎先生拿出头一天改好的领导发言稿，在车内进行最后的检查。在确认发言稿没有问题之后，郎先生将发言稿传给了领导，当然，现在传输文字已经不需要通过邮件、QQ，稿纸就能自动识别信息，通过手机信号将信息传输到对方的手机上，对方的手机接收到信号以后，将信息传输到稿纸上，稿纸识别以后就会将文字显现出来。

在郎先生到达公司大厅时，离会议开始只有5分钟了。会议在20层召开，电梯门口已经有很多等待电梯的员工，如果正常排队等候，郎先生肯定要迟到了。这时候郎先生对电梯发送了紧急使用的通知，一台紧急情况下才能使用的电梯在获得通知并确认后启动使用，迅速将郎先生带到了20楼。在会议开始前1分钟，郎先生走进了会议室。

会开得很长，郎先生百无聊赖之际，拿出手机浏览了一下家里的监控，又查询了一下水电煤气账户是否还有余额。突然从手机里传出报警铃声，一看，是汽车的报警器被触发了，郎先生一阵紧张：但愿是行人不小心碰到了，可别是刮擦啊！他一边通过手机定位功能锁定汽车的位置，一边匆匆忙忙跑下楼去。郎先生绕着爱车团团转地观察着呢，老板的电话就来了："小郎，昨天我们订的货，今天到了没？公司等着用呢，你赶紧去看看！"郎先生立刻用手机登录物流公司的网站，调出自己的订单号来。物流公司为每一件货物都贴上了电子标签，货物进出各地仓库时都能留下详细记录。根据网站显示，下午货物就能送到。

忙碌了一上午，郎先生终于迎来了午休时间。走在通往餐厅的路上，他再次拿出了手机，这次是登录幼儿园网站，打开幼儿园里的监控系统，远程查看自己的女儿郎子程在幼儿园的活动情况。

14:30，郎先生的老婆巧巧打来电话，说中午出去逛街时看见了一款新外套，让郎先生过去帮忙参谋参谋。郎先生通过商场的远程监控系统，用手机实时查看该外套，并将用手机拍下的照片发给巧巧的闺中密友小雪——小雪属于资深购物专家兼砍价专家。小雪告诉巧巧一个合适的价格底线，在一轮与销售小姐的唇枪舌剑之后，巧巧高兴地低价购得了该外套。

15:00，郎先生的好朋友诚诚在电影院定了两张最近热播大片的电影票，通过加密彩信将一张电子票发到郎先生的手机上。郎先生的手机电视节目单上正好有一个该片的片花介绍，郎先生打开流媒体播放器，喜滋滋地先睹为快。

17:30，郎先生走出公司大楼，结束了一天的工作，在楼梯拐角处的自动贩卖机上，他点了一罐冰咖啡，但是一摸口袋，没有零钱。不过这难不倒郎先生，他掏出手机，在扫描器上一刷，潇洒地转身离去。

离家还有四五公里时，郎先生使用车内的远程遥控系统"告诉"家中的浴缸：嘿，哥们儿，准备放水！到家后，浴缸已经自动放水调温，做好一切准备迎候。在遥控的同时，他还给中央控制系统发短信：嘿，哥们儿，开始上班了！中央控制系统开始根据郎先生预先设定的温度、湿度、灯光、音乐等条件，先启动空调、加湿器等设备开始工作。等郎先生进入房间时，中央控制系统又对音响及灯光系统下达指令，使得室温让人倍感舒适、灯光明暗适度，并投其所好地播放音乐。

吃过晚饭，郎先生陪太太和女儿玩了一阵子，眨眼就八九点钟了，郎先生用手机遥控家里的环境控制系统，将空调、加湿器等家电调整成晚间睡眠状态，准备入睡了。然而他的手机仍然忠心耿耿地在枕边待候着：它监测着主人的心跳呼吸等状态，采集身体数据，一旦发生异常，立刻发送至医院。这时，它又变身为温柔的女护士了。等郎先生再次被电子音乐唤醒时，又将是新的一天。

这就是物联网时代普通人一天的生活。到那时，物联网将成为人们如影随形的亲密战友，套用一句广告词："人类失去物联网，世界将会怎样！"

物联网，被公认为是继计算机、互联网与移动通信网之后的世界信息产业第三次浪潮的核心，它正在向我们"袭来"，开发应用前景巨大。虽然，现在人们似乎未能感觉到它的存在，但是实际上已经应用于某些领域，离我们越来越近。

在编写本书时，我们力求让初涉物联网的人远离复杂的公式，抛开大段晦涩的专业论述，放松心情，愉快地接受物联网这个新生事物。读过本书后，读者会感觉到，物联网原来距离现实世界这么近，并不是想象中的那么神秘兮兮和遥不可及。为了不让读者感到枯燥乏味，我们经常会使用普通的生活常识来类比复杂的物联网知识，并且让任何学到的知识具有可延展性，而不是简单地就事论事。

本书是一本关于物联网的基础知识读物，用轻松、诙谐的语言，向读者展示了物联网技术和业务应用的巨大魅力，内容既涵盖了物联网的关键技术，包括条形码、传感器、射频识别技术（RFID，Radio Frequency Identification）、GPS、互联网、移动通信网、云计算、ZigBee等，又使用大量实例诠释了物联网的应用领域，包括安全防伪、工农业生产、物流、交通、生活、休闲娱乐等。同时，给出了物联网的一些代表性案例，如奥运会、世博会、麦德龙的未来商店、美军全资产可视化系统、浦东机场电子围界防入侵系统、比尔·盖茨（Bill Gates）的豪宅等。本书用独特的行文风格，以风趣、幽默的语言向读者通俗地解释了各种物联网理论和技术术语，结合生活中的常识和案例，图文并茂，从另一个侧面，向普通民众介绍了物联网方面的技术知识。

本书由郎为民编著，中国人民解放军通信指挥学院（现为中国人民解放军国防信息学院）的刘建国、钟京立、毕进南、刘建中、李建军、孙月光、孙少兰、刘军、靳焰、王逢东、任殿龙、胡东华、马同兵、熊华参与了本书部分章节的撰写，和湘、朱元诚、高泳洪、周莉、蔡理金、王会涛、李官敏绘制了本书的全部图表。华中科技大学电信系的桂良启、刘干、王玉明对本书的初稿进行了审校，并更正了不少错误，总参61所的张新强、西门子中国研究院的袁勇、华为技术公司的邓勇强提供了相关案例的资料，并对本书案例的部分内容进行了审校，在此一并向他们表示衷心的感谢。

　　人民邮电出版社对本书的出版给予了大力支持，李强老师作为本书的责任编辑，为本书的出版付出了辛勤的劳动，在此一并表示感谢。

　　由于物联网技术仍在发展之中，新的标准和应用不断涌现，加之作者水平有限，编写时间仓促，因而本书难免存在错漏之处，恳请各位专家和读者不吝指出。

郎为民

2010 年 10 月于武汉

目 录

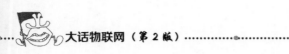

Chapter 1
第 1 章
物联网又火了

李彦宏说，移动互联网的时代结束了。周鸿祎说，互联网下半场就要开启。谷歌公司董事长埃里克·施密特（Eric Schmidt）预言：互联网即将消失，一个高度个性化、互动化的有趣世界即将诞生。下一个足以颠覆微信、超越阿里巴巴的超级风口在哪里？当下看，唯有物联网。

物联网通过智能感知、识别技术与普适计算、泛在网络的融合应用，被称为继计算机、互联网这两次世界信息产业发展的浪潮之后的第三次浪潮。它并不是一个新词儿，这一概念产生于 1999 年。2009 年 8 月，物联网乘借"感知中国"的东风一夜成名，其火爆程度丝毫不亚于当前的"网红"，当时条件并不十分成熟，它还只是空中楼阁，在很大程度上还处于刚刚受孕的阶段，但这一概念曾将股市搅得"热血沸腾"；2016 年 6 月，物联网凭借 NB-IoT 强势复出，频频被推上热搜，但此次形势大不同，发展条件相继成熟，应当唤醒大家迎接并拥抱物联网时代。在这场浩浩荡荡的造物运动中，娱乐圈功不可没。

1.1　从 4 部好莱坞大片说起

美国好莱坞电影使用先进的高科技进行制作，让我们实现了许多幻想，人们把那里称作"梦工厂"。好莱坞大片拥有无可比拟的观赏性和征服力，总能给人以极大的震撼和幻想，告诉你什么叫真正的电影，告诉你什么叫现代电影。这些大片充分体现了科技和艺术结合的魅力，同时，它们又总能紧跟潮流，将最时尚、最前沿的新东西融入电影当中。

1.1.1　《大战皇家赌场》：物联网的萌芽

2007 年 1 月，"007"系列电影《大战皇家赌场》上映。在电影中，有这么一个情节：英国军情六处首脑、邦德的指挥官 M 夫人让人使用貌似冲击钻的家伙在邦德的手臂中植入了一枚电子芯片，并通过扫描设备将邦德的身份信息植入芯片，如图 1-1 所示。此时，邦德对 M 夫人说："你想监视我？"M 夫人不动声色地说："是的。"

正是这枚能够识别个人身份信息的芯片，关键时候成为邦德的救命恩人。勒·希弗斯为了除掉邦德，在他的酒里下毒。当邦德历尽千辛万苦钻到车内，并使用扫描设备激活电子芯片后，一条求助消息发送到总部的信息系统中。

图 1-1　电影《大战皇家赌场》

在总部专家的远程指导和芙斯珀的大力协助下，邦德转危为安，从昏迷的状态中恢复过来，成功赢得了最终的赌局。最后，邦德用枪指着坏蛋怀特的头，说出那句让人印象深刻的招牌对白："The name's Bond，James Bond。"

这枚电子芯片就是射频标签，只不过在实际生活中，它广泛应用于商品上，而不是我们人类。因此，有人将《大战皇家赌场》称为物联网的萌芽。

当然，这是电影作者的艺术构思，然而，在欧美国家和中国，已经有人尝试在人们的体内植入射频芯片，通过准确无误地识别其身份，完成生理指标监测、用户定位跟踪等功能。2018 年 10 月 22 日，YY 创始人李学凌发朋友圈说：自己在体内植入了芯片。这件事立刻引发网友围观。有人说："想到了《黑镜》，尤其《黑镜》第二季，把芯片取出来，人的主导意识也被取出来了。"为李学凌"植入芯片"的，是一家名为 Airdoc 的人工智能医疗创业公司。Airdoc 基于人工智能深度学习，通过计算机视觉图像识别技术，在医学专家指导下形成医学影像识别算法模型，帮助医生提高效率，其使命是通过人工智能（AI，Artificial Intelligence）让医疗健康服务更高效。

1.1.2　《豚鼠特工队》：物联网的雏形

一个秘密政府组织训练动物去执行间谍行动，代号"G"的豚鼠特工队共有 5 名成员，负责武器和运输的布拉斯特；武功超群、魅力不凡的华雷斯；有着"电脑天才"称号的特工斯贝克尔斯；会飞檐走壁的侦查员苍蝇莫奇；还有特工队的队长达尔文。豚鼠特工队的行动目标是赛博林工业公司总裁赛博。

调查局的情报显示，赛博可能会将研制的新型微芯片应用于军事，且怀疑他已经将该项技术卖给其他国家。特工队的任务就是到赛博图书馆的个人计算机中下载关于芯片的资料，找出赛博打算如何运用这项科技。

赛博听命于神秘人物，建立了一个集中袭击网络，创造了一大批机器人装置，而这些机器人装置组成了一大片电磁网点，这些网点能把围绕地球的所有太空垃圾摧毁，将人类一个不留地埋葬掉。

豚鼠特工队进入赛博的实验室后，集群风暴已经启动。通过卫星发送指令，全球范围内的所有赛博家用电器都接收到微型芯片的信号，并变成各种类型的武器开始攻击人类。贪吃的赫尔利为了一块蛋糕爬到了微波炉中，结果微波炉是个不折不扣的资深吃货，熟练地使用辣椒、鸡蛋、牛肉等原料，选择一定方式准备炭烧赫尔利，并精确地计算出了烤熟时间，如图1-2所示。关键时刻，达尔文和其他同伴及时将赫尔利解救出来了。

图1-2　电影《豚鼠特工队》

当神秘人物驾驭着由多个家电组合而成的超大机器人出现时，豚鼠们出乎意料地发现，这个赛博背后的老大竟是内鬼：鼹鼠斯贝克尔斯，它准备利用全球站点将太空中的宇宙垃圾吸附到地球，并放出一台受芯片控制的电器攻击达尔文。

队长可不是浪得虚名的，对进化论烂熟于心的他准确抓住了鼹鼠的软肋和弱点，对其展开了强大的思想攻势，使其重拾那颗被遗忘的善良仁爱之心。不幸的是，此时他已经无法阻止太空垃圾撞向地球，莫奇吃力地抓住掌上电脑飞到达尔文身边。达尔文将病毒植入鼹鼠的计算机中，由它发起的集群风暴戛然而止。

在影片中，赛博林公司生产的每台家用电器中都内置秘密芯片，如制冷冰箱或者微波加热的咖啡机，该秘密芯片的最大功能是交流。当人们按下某个按钮后，该按钮会激活一个被称为"赛博感应"的无线系统，唤醒已存在于所有赛博林家用电器主板上的芯片，允许咖啡机了解已有多少咖啡被喝掉，并与家中的计算机进行交流，在主人的购物单中增加一个新商品——"咖啡"。

"赛博感应"能够连接每一台业已存在的赛博林家用电器，组成一个无所不在、无所不包的巨网络。在该网络中，物体变得"有感觉、有思想"，物与物之间可自由地进行"交流"。因此，业界专家将《豚鼠特工队》称为物联网的雏形。

不久的将来，在物联网世界中，智能芯片将被植入人们生活中的各种物品，甚至是基础建筑中。听起来很酷？是的！20 年前你能想象互联网在我们生活中所扮演的角色吗？你能想象 10 年后物联网进入我们的生活后会是什么样子的吗？正如歌词中所唱的："十年之前我不认识你，你不属于我，我们还是一样，陪在一个陌生人左右，走过渐渐熟悉的街头；十年之后我们是朋友，还可以问候。"

1.1.3 《阿凡达》：史上最强物联网宣传片

没有看过电影《阿凡达》的人，其实很难理解《阿凡达》到底有多棒，票房有多火，到底为什么有那么多人会排队买《阿凡达》的票。要知道《阿凡达》创造了全球 27 亿美元的票房神话。

《阿凡达》叙述了这样一个故事，在未来世界中，人类为获取另一星球——潘多拉星球的资源启动了阿凡达计划，并以人类与纳美人（潘多拉星球土著）的脱氧核糖核酸（DNA，Deoxyribo Nucleic Acid）混合，培养出身高近 3 m 的"阿凡达"，以方便在潘多拉星球生存和开采矿产。受伤的退役军人杰克同意接受实验并以他的阿凡达来到天堂般的潘多拉星球。

在电影《阿凡达》前段中，一缕"蒲公英"（圣树种子）飘落在女主角奈蒂莉的肩头，她顿悟男主角杰克的到来是圣母的旨意，从而放弃暗杀杰克并将其带回部落，至此贯穿全剧的物联网概念拉开序幕。

外星球的各种生物、纳美人的历代祖先都可以通过圣树来实现连接（纳美人称之为"萨黑鲁"缔结关系）。在树与树根之间都有着某种类似电流的信息传递，就好像神经连接细胞组织那样。树与树之间存在着成千上万个不同的节点。潘多拉星球有上亿棵树，它像一种全球网络，纳美人可以登录进去，实现信息的上传、下载和存储。

实际上，圣母化身的神树是潘多拉星球的服务器，星球上所有纳美人和生物都是物联网的传感器节点，物物通信、人机通信通过纳美人以及马、龙等生物的精神合体来实现，经常飘现的"蒲公英"可理解为圣母监控全网的传感器，如图1-3所示。

图1-3 电影《阿凡达》剧照

纳美人的长辫子和树木的根须，是神经接触灵魂沟通的重要媒介，他们通过尾巴进行连接这种独特的方式，实现心灵相通。最让人叹为观止的是他们没有经过强制标准化，就形成了可以互通的接口，土著们的传感器发达到可以与树连接、与天上飞的翼龙连接并进行信息交换和互操作，天人合一的巨大网络让所有的一切变得有生命和灵性，人与自然之间的互相依存也变得清晰可触。这简直就是国际商业机器公司（IBM，International Business Machine Corporation）描绘的"智慧的地球"的神话版！

物联网时代，到商店去买一包巧克力，你将不仅可以看见它表面的样子，而且还可以通过RFID芯片来"读心"，了解其各种信息，而周边商场同款巧克力的价格以及你购买了这块巧克力的详细信息，也都可以在物联网中被存储、访问。因此，有人将《阿凡达》称为史上最强的物联网宣传片。

《阿凡达》这部史诗般的好莱坞大片，高科技处处存在。小到一只水母、人物造型，大到森林公园、潘多拉星球。不过，有一种预言将会成真，这就是"天人合一"，而这种梦想的实现，物联网是不可逾越的一环。

《阿凡达》为人们展示了一个神奇的外太空世界，这些细节具体到现实科技的发展，也就是物联网在未来的典型应用。毋庸置疑，物联网的应用将"让一切自由连通"，甚至做到

"沟通从心开始"。

1.1.4 《绝对控制》: 物联网统治世界

"你们得远离自己的智能手机和电脑",这是《绝对控制》里迈克·里根对女儿说的话。一心想成为现代科技事业霸主的迈克说出这句话,难免让人有点无奈和尴尬。当智能家居、智能汽车等现代科技被"内鬼"完全操控,迈克等人全家的个人隐私暴露无遗,甚至生命被左右的时候,人们才感觉到,现代科技带来便利的同时,也带来了关于"我命由谁"的网络安全新思考。

影片一开始,迈克·里根正被一堆工作、生活的事情搞得焦头烂额。一方面,公司开发的"Omni"的私人飞机租赁 App 亟须融资,且如何说服美国证券交易委员会(SEC,Securities and Exchange Commission)批复首次公开募股(IPO,Initial Public Offerings)申请也是摆在里根面前的难题。另一方面,虽家里坐拥豪宅,但因忙于工作,女儿又正好处于青春叛逆期,墙壁上智能家居终端闪烁的荧光更衬托出家庭气氛的紧张和不安。

无独有偶,里根在向投资人推介的说明会上播放的视频宕机,新来的"码农"埃德·波特凭借娴熟的技术,不费吹灰之力就把故障摆平了。里根对他赞赏有加,并邀请他前往自己的住宅帮忙检查网络设备,而这是一切"不安全"的开始,如图 1-4 所示。

埃德应邀而来,一进门就被里根的新款玛莎拉蒂(Ghibli)所吸引,并主动提出要为这辆新车更换军用导航系统。起初里根对埃德行为的合法性

图 1-4 黑客埃德受邀到里根家中检修网络

产生怀疑,但架不住埃德"这套系统使用的是军队网络,数据实时更新快,从来不会出故障"说辞的鼓动。所谓"好奇害死猫",里根像对待新玩具一样珍视的这辆车子,日后却成了埃德戏耍自己的工具,他甚至险些为此丢了性命。

不仅如此,埃德还将里根豪宅的全部网络系统进行了升级,甚至"染指"了无处不在的智能家居系统,还嘲笑说"这些软件太 Out 了,都是被时代抛弃的老古董"。天知道埃德在智能家居系统上动了多少手脚,预留了多少后门程序和木马,这就像一颗颗定时炸弹,

成了日后埃德报复里根的致命武器。

果然，在埃德步步接近里根家人，特别是小女儿凯特琳之后，里根感受到了这位年轻人的疯狂和可怕，一怒之下将其辞退。但他不知道的是，其实噩梦才刚刚开始。

埃德对里根的公司和家人展开了疯狂的报复，篡改了里根提交给 SEC 审核的电子文档，致使 Omni 应用的 IPO 被推迟数月；入侵智能家居系统，将墙上数台控制面板的摄像头功能打开，半夜制造混乱，搅得一家人难以入眠。忍无可忍的里根前往埃德住处对其海扁一顿，但却招致埃德变本加厉的报复。

当里根驾驶着那辆玛莎拉蒂在隧道中高速穿行时，埃德已经通过上次更新军用导航系统时留下的后门程序，远程"入侵"了这辆车子。他首先接管了汽车的制动系统，并将目标放在后轮上，而在埃德面前的大屏幕上清晰地显示出整辆汽车的动力输出工况。由于埃德不断在电话中刺激着里根，里根拼命踩着油门，在隧道中飙出了生死时速。就在制动系统亮起红灯、不断报警"失控"时，埃德按下了键盘上的回车键，如图 1–5 所示。

后果可想而知，一辆后驱的车子在高速紧急制动后必然会发生侧滑，里根驾驶着那辆失控的玛莎拉蒂撞向了隧道中的作业工程车，车窗玻璃骤碎，在数次撞上障碍物后才最终靠墙停住。

因此，被黑客控制的汽车堪比砧板上的鱼肉，似乎只能任其肆意戏弄和宰

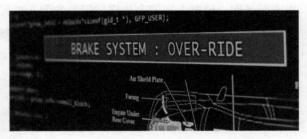

图 1-5 埃德远程"入侵"了玛莎拉蒂

割。尽管电影作为艺术创作总有夸大的部分，但现实中发生的案例已经让大家无法再忽视网络安全的重要性了。

智能家居用着酷炫，但如果被"黑"，后果将不堪设想。在电影《绝对控制》中，里根有一座"智能"无处不在的豪宅。内嵌在墙壁中的控制面板几乎掌管着家中所有电器、设施的正常运行，黑客埃德正是通过后门程序入侵系统，搅得里根家中鸡犬不宁。

物联网时代强调信息安全，绝对不是逗你玩。毫无疑问，我们的生活现在已经被各种智能设备所包围着。无论是亚马逊的蓝牙音箱 Amazon Echo、三星的智能电视、智能管家 Wink Relay，还是内置于 iPhone 的 Siri 语言助手，你只需轻轻发送一条语言指令，它们就能按你的想法去工作，而联网智能设备越多，我们的生活被黑客劫持的危险就越大。现实

情况是，许多物联网设备缺乏最基础的安全保护，它们可以被黑客远程操控，甚至被用来窃听你在卧室里的谈话。

另一个值得人们警醒的问题是，黑客需要先侵入受害者的家庭网络，一旦发生这样的事情，那你的麻烦就大了，他们可以查看你的个人消费记录或是网银的账号密码。这也是电影中里根在之后对付埃德时，采取了让自己和家人从互联网中"消失"的方式，尽可能地将所有留在网络中的信息删除掉，防止埃德借此进行更大范围的破坏。

1.2 物联网的前世今生

从有语言开始，人类一直没有停止对自由交流的追求。从书信到电话，再到互联网……现如今，人们又开始把目光投向身边的各种物体，设想如何与它们交流。这就是广受关注的物联网的由来。

物联网的英文说法其实更清楚，"The Internet of Things"直译过来就是"物体的互联网"。它的小目标是实现人与物体的自由交流，终极目标是让每个物体通过传感系统接入网络，让人们在享受"随时随地"两个维度的自由交流外，再加上一个"随物"的第三维度自由。物联网的思想起源于哪里？这个科幻般的愿景会给人们的生活带来什么便利？它能够最终实现吗？

1.2.1 咖啡壶事件

全球公认的物联网起源，要追溯到1991年英国剑桥大学的咖啡壶事件。小小的咖啡壶竟然能吸引上百万人的关注，这可能吗？一切皆有可能！实现这一壮举的就是这把名为"特洛伊"的咖啡壶。

剑桥大学特洛伊计算机实验室的科学家们在工作时，需要步行两层楼梯到地面看咖啡煮好了没有，但常常空手而归，多少会对工作时间和情绪产生影响，并让他们觉得很累、很苦恼。为了解决这一麻烦，他们编写了一套程序，并在咖啡壶旁边安装了一个便携式摄像机，镜头对准咖啡壶，利用计算机图像捕捉技术，以180 f/s的速率传输到实验室的计算机上，以方便科学家们随时查看咖啡是否煮好，省了上下楼的麻烦，如图1-6所示。这样，大家就可以随时了解咖啡煮沸的情况，咖啡加满、煮沸之后再下去取，大可不必跑冤枉路。

1993 年，这套简单的本地"咖啡观测"系统又经过实验室其他同事的更新，以 1 f/s 的速率通过实验室网站连接到了互联网上。没想到的是，仅仅为了窥探"咖啡煮好了没有"，全世界互联网用户蜂拥而至，近 240 万人点击过这家名噪

图 1-6　特洛伊咖啡壶

一时的"咖啡壶"网站。惊不惊喜？意不意外？可以毫不夸张地说，网络数字摄像机的市场开发、技术应用以及日后的种种扩展功能，都是源于这个世界上最富盛名的"特洛伊咖啡壶"。此外，还有数以万计的电子邮件涌入剑桥大学旅游办公室，希望能有机会亲眼看看这只神奇的咖啡壶。

至于是谁最先想到这个发明的，剑桥大学的科学家们显然不愿意归功于个人。高登是 1991 年参与建立这个系统的成员之一，他说，"没有人确定到底是谁的主意。我们一致认为这是个好想法，于是就把它编到我们的内部系统中去了。"

就在"咖啡壶"网站吸引全世界越来越多的关注时，它却已经走到了生命的终点。剑桥大学计算机实验室宣布，由于实验室需要搬到位于剑桥郊区的新办公大楼，因而这一直播网站将关闭。对此，高登解释说："整个系统已经过时，硬件也已经老化。我们不能把这些陈旧的设备带到新的办公大楼中。"

颇具戏剧色彩的情节是，这个被全世界偷窥的咖啡壶因为网络而闻名，最后还是通过网络找到了归宿，这辈子与互联网杠上了。2001 年 8 月，特洛伊咖啡壶在 eBay 拍卖网以 7 300 美元的价格售出。一项不经意的发明居然在全世界引起了巨大轰动。"特洛伊咖啡壶"是全世界物联网最早获得应用的一个雏形。

关于物联网的起源，还有另一种说法。1990 年，在美国卡内基-梅隆大学（CMU，Carnegie Mellon University）的校园里，生活着一群兢兢业业的"码农"。他们每次敲完代码后都习惯到楼下的可乐贩卖机上购买一罐冰镇可乐来犒劳自己，但大多数时候只能盯着空空的可乐机败兴而归，这令他们十分苦恼。于是乎，他们就将楼下的可乐贩卖机连接入网，写了段代码去监视可乐机还有多少可乐，而且还能察看可乐是不是冰的，如图 1-7 所示。

图 1-7　卡内基 - 梅隆大学的可乐贩卖机

　　"咖啡壶事件"是大家公认的物联网起源，但"可乐机事件"则相对缺少考证，比较可信的是卡内基 – 梅隆大学计算机学院网站上以第一人称撰写的《互联网上"唯一"的可乐机》（*The "Only" Coke Machine on the Internet*）。

1.2.2　比尔 · 盖茨与《未来之路》

　　无论你爱他、恨他，你都无法漠视他——这就是比尔 · 盖茨，有人说他对于软件的贡献就像爱迪生之于灯泡。1995 年，这位微软帝国的缔造者曾撰写过一本在当时轰动全球的书——《未来之路》（*the Road Ahead*）（如图 1–8 所示），中文版于 1996 年由北京大学出版社出版。

　　在本书中，比尔 · 盖茨提到了"物物相连"的构想，但迫于当时无线网络、硬件及传感设备的局限，这一构想无法真正落地。为了确认盖茨是否首次明确提出物联网的概念，我将 1995 年英文原版、1996 年英文修订版翻了个底朝天，也未发现物联网（Internet of Things）的字眼儿，我可能看了假的《未来之路》！因此，可以断定的是，物联网在本书中只是作为一种模糊意识或想法出现，并未作为概念正式提出来。

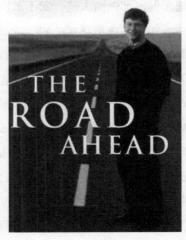

　　关于物物相连，盖茨脑洞大开，对于未来做了种种预测，许多梦想已经照进现实。

图 1-8　比尔 · 盖茨的《未来之路》

《未来之路》中写道："你能把所有信息和更多软件存入一种信息装置中，我们姑且称之为袖珍个人计算机。它与钱包一样大小，你可把它放进口袋或手提袋中。它不仅可以显示信息和时刻表，而且能让你阅读 / 发送电子邮件、记录天气和股票评论，还可以玩简单或者复杂的游戏。开会时你可以用它做笔记，预定一场美丽的约会，查看一下朋友的信息。"

这不正是我们须臾不可离身的智能手机吗？机不离手，手不离机，一机在手，天长地久，机不在手，魂都没有。虽然盖茨描述的袖珍个人计算机与智能手机并不完全一样，但基本上就是智能手机的雏形。

2017 年 9 月 24 日，比尔·盖茨在播出的《福克斯周日新闻》（*Fox News Sunday*）节目上承认，他刚刚换了新手机，放弃自家研发的 Windows Phone 手机，转而使用安卓手机。可见，预言大师也仅仅只是预言而已，预言和现实之间还是差了一个乔布斯。真让人纳闷：神童 + 天才 +PC 时代的霸主 + 智能移动终端的预言者盖茨，怎么就做不好手机这个小东西呢？

《未来之路》中写道："如果你想欣赏博物馆或美术馆的艺术作品，那么你可以'走'进一种视觉显示画面，在作品之中自由切换，就像你亲自在现场一般。你可以用超级链路来了解一幅画或一尊雕像的详细信息，……你可以问任何问题，而不必担心被误解为略懂先生。在虚拟美术馆中漫游感受与在参观真正的美术馆会有所不同，但这是一种非常有益的近似。正如虽然你并未去剧院或体育馆，但是通过电视观看芭蕾舞或篮球赛一样令人心潮澎湃，那画面太美，我不敢看。"

如今，虚拟现实（VR，Virtual Reality）的发展已使得这一预言在逐步实现。随着智能眼镜、虚拟头盔、四维（4D，Four Dimensions）、五维（5D，Five Dimensions）电影及 VR 游戏等产物的出现，人类在 VR 领域的探索愈发成熟，VR、增强现实（AR，Augmented Reality）、混合现实（MR，Mixed Reality）更是让人傻傻分不清楚，各种前沿技术的完美结合甚至可以达到"真假难辨"的程度（如图 1-9 所示）。虚拟现实与互联网相结合，是否会出现在"幻想"中过完一生的人？

图 1-9　虚拟现实眼镜

《未来之路》中写道："所有这些信息都将易于获取，而且完全是私人订制的。你可以浏览你感兴趣的任何信息，以任何方式获取任何时间产生的各类信息。你可以摆脱电视台的控制，点播任意电视节目；你可以购物、点菜，与业余爱好者联络，或在任何时候随心所欲地发布信息；夜间新闻广播会在你设定的开始时刻播放，且刚好持续到你所需要的时间为止。"苹果 Siri、谷歌助手、桌面百度、微软小娜正在这条路上进化。智能助手，听你所言，知你所想，懂你所看，一句话帮你订制个性生活。

人工智能＝人工智障？尤其是各种语音助手，每次都一问三不知，没被它蠢哭过的算我输。但是谷歌要改写历史了！2018 年 5 月 8 日，谷歌在一年一度的开发者大会（Google I/O）上，推出了会打电话的智能语音助手——谷歌助手中新增加的 Duplex，它智能到着实让人惊讶！几乎和真人没什么区别，彻底刷新了大家的三观……谷歌的这款人工智能（AI，Artificial Intelligence）产品，现在不仅仅能听懂人的话，且它已经可以开始"说话"了。视频中分明是两个人类在对话。AI 与人类的聊天简直是毫无违和感。比如，今天你想去剪个时尚发型。你只需对它说一句——"我要去做头发！"接到指令后，AI 秒懂，并自动打电话给托尼老师预约！

对话过程如下。

托尼老师：有什么能帮到您？

谷歌助手：嗨，我要帮客户预约理发，时间是 5 月 3 日。

托尼老师：好的，稍等我查一下。

谷歌助手：嗯……

托尼老师：你想要预约几点的？

谷歌助手：中午 12 点。

托尼老师：12 点约满了，最快是下午 1 点哦。

谷歌助手：那上午 10 ～ 12 点可以吗？

托尼老师：可以的，客户叫什么名字呢？

谷歌助手：名叫丽莎。

托尼老师：好的没问题，那 5 月 3 日上午 10 点见。

谷歌助手：太棒了，谢谢！

太厉害了！即使预约过程中出现问题，谷歌助手也完全可以自主解决！最重要的是，整个过程非常流畅！通话结束后，助手会告诉你预约成功了。全程不用你操心，简直太棒了！在整段的对话中，谷歌助手表现得无比自然，理发店那头丝毫没有察觉到自己竟然是和 AI 对话。谷歌的 AI 成功骗过了所有人，听懂说话、给出答案、完成任务，考验 AI 智商的 3 项标准，她都做到了。电影《她》（Her）里面那个善解人意，能满足人们各种需求的语音助手萨曼莎，即将成为现实。比人类还懂人类的 AI，未来完全能代替真人客服接听电话。以后跟你聊天的客服小姐姐，可能全是 AI。AI 不再是科幻小说，在越来越多的领域，AI 正在快速超越人类。这也意味着，倘若你不去改变，就只能被社会淘汰，就只能失业。AI 未来已来，留给人类的时间不多了。

《未来之路》中写道："在信息高速公路上，即使我们处在不同城市中，娱乐会像与最好的朋友斗地主或下棋一样简单。电视拍摄的体育事件可以为你提供一个挑选拍摄角度、重放甚至为节目做解说员的机会。你可以在任何时间、任何地点聆听世界上最大的唱片店——信息高速公路为你提供的任一首歌；你可以在麦克风里哼唱一首自己的曲调，听听用管弦乐队演奏或用摇滚乐队演奏会是什么效果。或许你可以观看由自己表演的《乱世佳人》（Gone with the Wind）。或许你还可以在时装表演台上表演，穿着为你订制的最新巴黎时装或你喜欢的其他衣服。"事实证明，信息高速公路的杀手级应用之一就是社交网络。脸书、推特、QQ、微信、快手、抖音在世界范围内已有数以亿计的注册用户，正在人们之间创造新的联系，而网络摄像头等设备已经成为个人计算机和智能手机的标配。

其实，很早以前就有视频聊天了！在大型古装玄幻仙侠剧《三生三世十里桃花》中，天族与翼族和好开发了天翼手机，三殿下和司命星君开发了三星手机，凤九开发了 iPhone 9 手机，夜华赠予素素那面铜镜就是前置摄像头，如图 1-10 所示。这比我们的聊天软件先进多了，一触摸就出人，瞬间感觉我们都落伍了。电视剧里的超薄通话设备，外形比 iPhone 酷多了。夜华和娘子素素分开时，两人一言不合就拿出古色古香的铜镜开启视频聊天，随时掌握对方动态。

图 1-10　《三生三世十里桃花》中的
视频聊天神器

1.2.3　一支口红引发的创新

口红对于女生来说，犹如盔甲，也是动力，哪怕她面容憔悴，只要涂上那一抹色彩，整个身心都似乎从内心迸发出活力。口红和物联网，完全不相关的两件东西，却因一个人的脑洞大开，产生了联系！

此人便是江湖人称"物联网之父"的凯文·艾什顿（Kevin Ashton），如图 1-11 所示。尽管物联网是艾什顿开辟的事业，却鲜为人知，也很少有人会将其称为物联网之父。说到艾什顿和物联网的故事不免落入俗套，因为这一概念背后的灵感与许多其他灵感的诞生过程大同小异，即创新性的思维遇到一个需要解决的问题。但让人难以置信的是，艾什顿萌生物联网的想法，最早是受到一支消失的棕色口红的启发。

图 1-11　凯文·艾什顿

1968 年，凯文·艾什顿出生在英国伯明翰，他自幼喜好编程和写作。世界那么大，他想去看看。艾什顿年纪轻轻，就已游历了大半个欧洲。21 岁时，艾什顿考入伦敦大学，并成为一名校报编辑。直至毕业，他都一直对媒体行业痴迷不已，是一个有"腔调"的文艺青年。

1995 年，一位在宝洁（P&G）工作的老朋友向艾什顿提供了一份新工作。于是，艾什顿前往伦敦，担任宝洁公司的品牌经理。他到某家特易购（Tesco）巡店，发现一款热卖的棕色口红总是处于售罄的状态，原本以为是销售一空，没想到在与宝洁供应链员工进行沟通时得知，其实仓库里存货依旧不少，只是因为仓库和销售点的信息滞后，导致补货不及时。

在别人看来，这也许就是个巧合，艾什顿只是碰巧走进了那家卖断货的商店。但艾什顿并不买账：他倒要看看那支口红去哪儿了？究竟那支口红发生了什么？显然，没人能够告诉他答案。

艾什顿立刻向直属主管报告问题所在，主管听完这么回他："嘿，伙计，我可不是背锅侠，你不但要能发现问题，而且必须学会想办法解决它。"当时，艾什顿感觉受到了强烈的刺激："这给当时还年少轻狂的我上了一课：光是指出问题在哪里，只是万里长征走完了第一步，找出方法来解决问题才是终点。"

艾什顿开始每周追踪销售报告，每次都会记录前十大缺货的商品，尝试寻找这其中隐藏的某种逻辑，接着他拜托供应链上各部门的人，逐一调出相关资料，最后发现：十大缺货商品就是十大广告商品——广告成功带动销售，导致上架速度跟不上。同时，在 10 家店铺中，至少有 4 家没有在货架上有针对性地摆放正确的产品，存在着补货不及时的问题。因此，问题的症结不在于供应链的效率，而在于信息量不足，无法追踪商品的动态变化。

要知道某一时刻的货架上有什么产品，唯一的方法就是亲自去看，这是 20 世纪信息技术存在的局限性。在 20 世纪 90 年代，几乎所有输入计算机的数据都来自人类通过键盘的输入，或者有时是来自条形码扫描。商店员工没有时间一整天都盯着货架，再将他们所看到的情况加工为数据输入计算机，因而每家商店的计算机系统都相当盲目。

零售商没有发现宝洁的口红缺货，但顾客却发现了。顾客耸了耸肩，拿起另一款口红，在这种情况下艾什顿的销售业绩可能会受损；情况是，顾客最后连一支口红都不买，这样连零售商的销售业绩都会受到牵连。在这个世界上，口红缺货只不过是一个极微小的问题，但它却是世界上最大问题表现出的症状之一：计算机是没有感官的大脑。

二十世纪八九十年代，零售商们普遍采用条形码扫描系统进行库存管理，但条形码不能传递产品的位置信息，无法得知货架上实时的销售状况，以致无法及时补充售罄的商品。"显然，条形码并不完美。"艾什顿表示。他认为，一定能够找出一种可以跟踪商品动态变化的方法。这一想法得到了宝洁高层的认可，高层授意艾什顿继续探索这个点子。

与此同时，英国的零售商们开始流行办理会员卡，该卡内置有一种无线通信芯片（电子标签）。一家芯片制造商向艾什顿演示了芯片的工作原理，并语重心长地告诉他，芯片上的数据无须读卡器，即可进行无线传输。

有一天，艾什顿开车回家的时候突发奇想灵光一闪：如果将会员卡中的无线通信芯片内置到口红里，结果会怎样？如果无线网络能够接收到芯片传来的数据，那么就能轻松获取口红的芯片信息，并能告知店铺人员当前货架上存有哪些商品，从而有效解决缺货的问题。

自然，新点子也不是凭空捏造出来的。1999 年，麻省理工学院的物理学家尼尔·格尔圣菲尔德（Neil Gershenfeld）出版了一本名为《当物体开始思考》（*When Things Start to Think*）（如图 1-12 所示）的专著，讲的是把数据添加到日常使用的物体之中。这本书曾让艾什顿茅塞顿开。

　　作为"条形码退休运动"的核心人物，艾什顿终于找到了答案，就是用 RFID 取代现在的商品条形码，使电子标签变成零售商品的绝佳信息发射器，并由此变化出千百种应用与管理方式，来实现供应链管理的透明化和自动化。

　　艾什顿把一枚小小的无线电芯片放入一支口红，把一副天线安装在货架上，这使得口红包装的数据可以提醒商店管理人员哪些商品已经不在架子上了。这种科技让艾什顿多了双安在货架上的"眼睛"，而如果计算机只会在电子表格中查阅数据，那这一切都不会发生了。艾什顿将其笼统地命名为"存储系统"，它成为艾什顿的第一个发明专利。

图 1-12　《当物体开始思考》

　　20 世纪 90 年代，互联网刚刚面向大众。通过连接到互联网并在网上存储数据，该芯片能够节省开支和内存。为了帮助公司主管掌握这种将诸如口红之类的物品（还有尿布、洗衣粉、炸土豆条或任何其他物品）连接到互联网的系统，艾什顿给这种无须经由人类就能让物品相互交流信息的系统起了一个短而不合语法的名字——"物联网"。

　　1999 年，艾什顿在宝洁公司做了一次内部讲座，题目就是"物联网"，这是它第一次正式出现在人们的视线中。艾什顿对物联网的定义很简单：把所有物品通过射频识别等信息传感设备与互联网连接起来，实现智能化识别和管理。他在给宝洁高层的简报中指出，物联网的概念是让物品的信息通过无线网络直接进行传输和累积，能够避免人工输入造成的错误，而且实时性更高。艾什顿认为，移动互联技术可以使万物相连，帮助人们更好地做出决策，这引起了人们的广泛关注。

　　宝洁高层欣赏这个酷小子的酷点子，他们给艾什顿划拨了一笔钱，让艾什顿自己找厂商进行测试。当时，宝洁公司是麻省理工学院（MIT）的赞助商，这就促使艾什顿、麻省理工学院以及宝洁公司三方坐到一起，共同探讨这一新点子。在宝洁公司（P&G）和吉列公司（Gillette）的赞助下，艾什顿与美国麻省理工学院的教授桑杰·萨尔玛（Sanjay Sarma）、桑尼·萧（Sunny Siu）和研究员戴维·布罗克（David Brock）共同创立了自动识别中心（Auto-ID Center），将物联网的概念变成了现实，专注于研究 RFID 技术以及智能包装系统，并负责将 RFID 推广给企业，寻求企业赞助。艾什顿本人出任中心的执行主任，中心成立的日期是 1999 年 10 月 1 日，正是条形码问世 25 周年。

中心成立的前 6 个月，推广工作没有取得任何实质性进展，每家企业都拒绝了艾什顿，不是认为不需要，就是觉得不可能。艾什顿从被拒绝的悲催经历中观察出其中的决策模式。他发现，假设公司找来 10 人来做决策，可能 5 人会说不知道，3 人认为意见很好，2 人觉得不可能；要让方案通过，关键在于驳倒不可能，而要驳倒不可能，关键在于让他们眼见为实，即现场实际操作。

后来，艾什顿在向数以百计的企业家们汇报 RFID 的应用潜力时，除了准备 PPT、技术资料、操作视频，同时还会准备天线和芯片，现场按照工作原理构建一个用于演示验证的原型系统，向大家普及每种芯片与无线网络进行交流并传输数据的过程。艾什顿说，百闻不如一见，百见不如一干。一旦现场有实物，可以让大家见证奇迹，原本认为不可能的人，瞬间变得瞠目结舌，而持赞同意见的则露出得意的笑，因而大多数人疯狂打 Call 的事情，企业都愿意试一试。

有了第一家吃螃蟹的公司，就会有第二家、第三家公司跟进，请相信口碑的力量。两年内，自动识别中心的赞助企业从零扩大到 103 家，赞助金额超过 2 000 万美元。麻省理工学院还签订了一个利益丰厚的许可证交易，使其技术更加面向市场。自动识别中心致力于打造一个通用的标准，使商品的包装智能化起来，可以让产品实现与供应商以及零售商进行交流。2001 年，艾什顿终于在宝洁的纸巾中装上芯片，并将商品输送到最大客户——沃尔玛的库存工厂，与工厂中的无线网络建立连接，商品数据同时进入沃尔玛的库存系统中。

"所有创新过程都一样"艾什顿说，"从解决问题开始，也许只是个小问题，但最后我们有可能得出一个大答案。"

2003 年，作为自动识别中心的继承者，EPCglobal 成立，旨在促进产品电子代码（EPC，Electronic Product Code）网络在全球范围内更加广泛地应用。2003 年 10 月 31 日，自动识别中心的管理职能正式停止，其研究功能并入自动识别实验室。EPCglobal 与自动识别实验室保持密切合作，以改进 EPC 技术使其满足将来自动识别的需要。

2003 年 11 月 1 日，自动识别中心更名为自动识别实验室，主要负责为 EPCglobal 提供技术支持。自动识别实验室是由自动识别中心发展而成的，总部设在美国麻省理工学院，与其他 5 所学术研究处于世界领先的大学通力合作进行研究和开发 EPCglobal 网络及其应用。这 5 所大学分别是：英国剑桥大学、澳大利亚阿德莱德大学、日本庆应大学、中国复旦大学和瑞士圣加仑大学。

后来，艾什顿离开自动识别中心，成为 RFID 读写器供应商 ThingMagic 公司营销副总裁，2007 年，加入 EnerNOC 公司，担任营销副总裁，但仍在 ThingMagic 公司的顾问委员会中任职。2009 年 2 月，金融海啸期间，艾什顿与朋友反向操作，合伙独资创办了以 RFID 监测家中用电量的器材公司 Zensi，并担任该公司的 CEO，一年后该公司便被消费电子硬件制造商贝尔金（Belkin）收购，艾什顿摇身一变成为贝尔金某个事业群的总经理。

2013 年，艾什顿创造的"物联网"一词，正式收入《牛津在线字典》，其定义为"物联网是指嵌入日常用品中的计算设备通过互联网实现的互联，它支持设备收发数据。"同年，他离开了贝尔金，为其上班生涯画上圆满的句号，离开职场回归到自己的最爱——写作。问及原因，艾什顿哈哈大笑："我痛恨为别人工作，打工是不可能的！"他说自己非常不擅长在企业里面工作，缺乏耐性而且很容易有挫折感。

2015 年 9 月，艾什顿出版了一部著作，名为《被误读的创新：关于人类探索、发现与创造的真相》（*How to Fly a Horse: The Secret History of Creation, Invention, and Discovery*）。该书汇集艾什顿多年的悉心研究和实践，回答了创新究竟是如何发生的，笑看人类简史，有趣故事和干货满满，读者可以从中找到创新的正确"打开"方式。《被误读的创新》获评 2015 年度美国最值得关注的商业图书、2015 年度英国必读商业类图书、800-CEO-READ 网站 2016"最佳商业图书"。

艾什顿提出的概念虽不新颖，但"物联网"这个新名词，他并不是喊喊就算了，他转而寻求与学术界研发 RFID 芯片，并将产品推广给企业，从而使"物联网"概念变得具体并广为人知，因而人们常常将艾什顿尊称为"物联网之父"。

1.2.4 《ITU 互联网报告 2005：物联网》

2005 年 11 月 17 日，在突尼斯举行的信息社会世界峰会（WSIS，World Summit on the Information Society）上，国际电信联盟（ITU，International Telecommunications Union）发布了《ITU 互联网报告 2005：物联网》（如图 1-13 所示），正式提出了物联网的概念。报告指出，泛在"物联网"通信时代即将来临，世界上所有物体（从轮胎到牙刷、从房屋到纸巾）

都可以通过互联网自主进行数据交换。射频识别（RFID）技术、传感器技术、纳米技术、智能嵌入技术将得到更加广泛的应用。ITU 战略与政策部的分析师拉腊·斯瑞瓦斯塔瓦（Lara Srivastava）评价说："虽然未来还需要解决新资源的标准制定和管理等问题，但我们的的确确正在迈向一个新世界。在那里，物与物之间不需要我们的任何指示就能进行数据交换。"

根据 ITU 的描述，在物联网时代，通过在各种各样的日常用品上嵌入一种短距离的移动收发器，人类在信息与通信世界中将获得一个新的沟通维度，从任何时间、任何地点的人与人之间的沟通连接扩展到人与物和物与物之间的沟通连接。

图 1-13 《ITU 互联网报告 2005：物联网》

该报告描绘了"物联网"时代的图景：当司机出现操作失误时汽车会自动报警；公文包会提醒主人忘带了什么东西；衣服会"告诉"洗衣机对颜色和水温的要求等。

报告主要分 7 部分，包括何为物联网、物联网技术支持、市场机遇、面临的挑战和存在的问题、发展中国家的机遇、展望未来的某一天、一种新型生态系统等内容。

1. 何为物联网

我们正处在一个全新的泛在计算和通信时代，该时代将从根本上改变企业、社区和个人的存在方式。十几年前，科学家马克·维瑟（Mark Weiser）开创性地提出泛在计算（UC，Ubiquitous Computing）的思想，认为泛在计算的发展将使技术无缝地融入日常生活。早期泛在信息通信网络的基本形式就是广泛使用移动电话。网上有句流行语：世上最远的距离，是我们在一起，而你却在玩手机。出门在外，在地铁、公交车中，放眼望去，尽是"低头族"，这已经成为城市的一大景观。

今天，科学技术的发展使这种现象继续推进，通过在各种日常使用的设备中嵌入移动无线电收发器，可以实现人与物以及物与物之间的通信。信息通信技术（ICT，Information and Communication Technology）世界呈现出新模式：除了针对人的随时、随地连接，还增加了针对任何物体的连接，如图 1-14 所示。各种连接会因此翻倍增加，并创造出一种全新的动态网络——物联网。信息通信技术的目标已经从任何时间、任何地点连接任何人，发展到连接任何物体的阶段，而万物的连接就形成了物联网。物联网既非科幻小说，又非商业骗局，它是建立在坚实的技术优势和广受认可的泛在网络前景之上的。

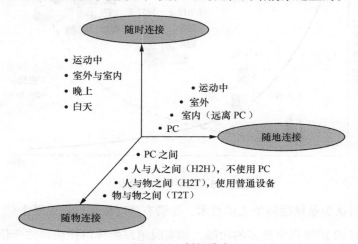

图 1-14 新的维度

2. 物联网技术支持

物联网是一次技术的革命，它揭示了计算和通信的未来。正如每一个成功的奥特曼背后都有一只默默挨打的小怪兽，物联网的发展依赖于一些重要领域的动态技术革新，包括射频识别（RFID）技术、无线传感器技术和纳米技术。

首先，为了连接日常用品和设备并导入大型数据库和网络，尤其是互联网，一套简单易用且成本有效的物体识别系统是至关重要的。只有这样的系统才能收集和处理与物体有关的数据，射频识别（RFID）技术提供了这种功能。其次，采集的数据要反映物体物理状态的变化，这就要用到传感器技术。最后，小型化和纳米技术的发展，意味着越来越多体积越来越小的物体开始具有交互和连接功能，如图 1-15 所示。

所有这些技术融合到一起，形成了物联网，将世界上的物体从感官上和智能上连接到一起。事实上，借助集成化信息处理的帮助，工业产品和日常物件将会获得智能化的特征和性能。它们还能满足远程查询的电子识别的需要，并能通过传感器探测周围物理特性的变化。如此看来，甚至于像灰尘这样的微粒都能被标记并纳入网络。这样的发展将使当前的静态物体变成未来的动态物件，在我们的环境中处处嵌入智能，刺激更多创新产品和服务的诞生。

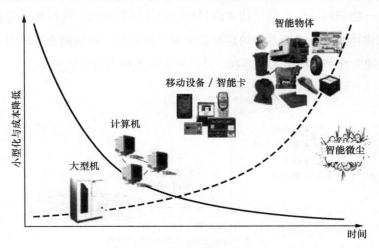

图 1-15　物联网的小型化

　　RFID 技术被认为是物联网的关键技术，尽管有些时候人们把它贴上"下一代二维码"的标签，可是 RFID 能够提供更多的功能，如实时追踪物体以便获得关于位置和状态的重要信息。早期的 RFID 应用包括高速公路自动收费、大型零售商的供应链管理、药品防伪和电子医疗中的病人看护。最新的发展表明，RFID 的应用范围将更加广泛，从体育运动和娱乐休闲（滑雪入场券）到个人安全（为学校的孩子加注标签）。RFID 甚至可以被植入人体皮肤之下来实现医疗目的，或者作为黄金海岸俱乐部的贵宾（VIP，Very Important Person）入场券。在电子政务领域，人们将 RFID 植入驾驶执照、护照和现金之中。另外，通信设备制造商可以将 RFID 读写器植入移动电话中，如诺基亚早在 2004 年就发布了支持 RFID 的商务手机。

　　除了 RFID，为了记录环境变化的情况，具备检测物体物理状态变化的能力也是必要的。从这一角度来看，传感器在连接物理世界和虚拟世界上起到了关键的桥梁作用，它使得物体能对周围物理环境的改变做出反应。传感器从环境中收集数据、生成信息，并提高对周围环境的意识。例如，电子夹克中的传感器能够收集外部气温的变化数据，从而修正夹克的参数。

　　物体本身的嵌入式智能可以增强网络前端的处理能力，为数据处理提供更大的可能性并提高网络的适应能力。虽然"智能物体"难以界定，但它们都具备数据处理能力和对外部刺激做出反应的能力。目前，比较高级的有智能家庭、智能汽车和智能机器人，对可穿戴计算机（包括可穿戴移动车辆）的研究也正在进行中。科学家正在运用自己的想象力来开发新设备和新应用，如通过电话或互联网控制的智能烤箱、在线冰箱和无人网络等，如图1-16所示。物联网将会融合各种信息技术和功能实体，来搭建一个完全可交互的、可反馈的网络环境。

图1-16 智能家庭

3．市场机遇

虽然物联网技术的发展为消费者、制造商以及公司等提供了潜在市场。但是要使这些创新从概念变为市场上的产品或应用，还需要商业化运作，这包括一系列参与者，如标准化组织、产品研发中心、服务提供者、网络运营商以及领先用户等，如图1-17所示。

需要注意的是，从开始到整个研究设计阶段再到产品阶段，都会出现新的概念和技术引领，要进入市场还需要关键的"高级用户"，他们可以推动技术革新。迄今为止，物联网的关键技术对于推动私人企业的加入还是非常重要的，如通过产业论坛和产业合作，公共机构也逐渐加入其中。然而，通过技术开发（如纳米技术）和特定领域（如医疗、国防和教育）投资，公共部门的参与度也在不断提升。

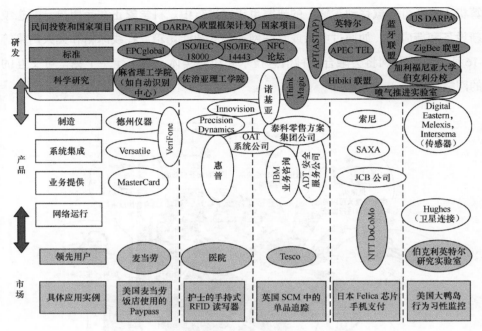

图 1-17　物联网：从概念到市场

RFID 是这些关键技术中最成熟的一种，其标准协议已经落地，且拥有相对广阔的应用市场。全球的 RFID 产品和服务市场正在飞速发展，2016 年，RFID 市场规模为 169.5 亿美元，预计 2023 年将达到 314.2 亿美元，2017—2023 年间的复合年增长率将达到 7.7%。而在未来中长期发展之后，随着各种消费产品（尤其是移动电话）中的智能卡和 RFID 的广泛应用，这些收入将相形见绌。

无线传感器网络广泛应用于自动化、国家安全、医疗、家庭自动化、航空航天、远程监控、环境监管等领域，市场潜力相当大。分析家预测，随着价格的下跌，各领域的应用规模将出现大幅度增长，且机器人正出现在新的领域和市场。目前，工业机器人的市场大于个人机器人和服务机器人，但是这种状况将会改变，将来个人机器人有望引领市场增长。

不断变化的商务战略是物联网市场的特征，特别是零售业、自动化以及电信产业。公司应该抓住物联网技术，优化内部处理过程，拓展传统市场，发展新的商务模式。

4．面临的挑战和存在的问题

虽然物联网会带来相当大的便利和巨大的市场，同时也面临着诸多挑战。显而易见，对许多国家和产业而言，管理和培育快速创新是一种挑战。标准化是任何一项技术广泛应用的必要条件，几乎所有在商业上成功的技术都要经历标准化阶段，才能实现更大的市场占有率。如果没有标准化的传输控制协议（TCP，Transmission Control Protocol）、网际协议（IP，Internet Protocol）和 IMT-2000，就不会有当今网络和移动电话的繁荣。

RFID 标准化工作已通过自动识别中心（现为 EPCglobal）获得了初步成功，如欧洲电信标准协会（ETSI，European Telecommunications Standards Institution）、国际标准化组织（ISO，International Organization for Standardization）和国际电工委员会（IEC，International Electrotechnical Commission）等组织也在为 RFID 的标准化努力，ITU 也在进一步协调 RFID 的标准化问题。通过 ZigBee 联盟和其他组织的努力，无线传感器网络的标准化已经取得了很大进步。与此形成鲜明对比的是，纳米技术和机器人技术的标准化则由于未形成共识和缺乏沟通协商而进展缓慢。

妨碍用户采用新兴技术的一个重要挑战是，对数据和隐私的保护。对隐私和数据安全的关注是广泛存在的，特别是传感器和智能标签能够跟踪用户的行动、习惯以及偏好等。当日常物体能够拥有 5 种感觉（如视觉和嗅觉）中的几种时，再加上计算和通信能力、数据请求和数据获取的概念，会为之焕然一新。物和人之间、物和物之间不可见而持续的数据交换，很有可能给数据所有者和数据接触者带来未知隐患。物联网技术的大范围部署更是加剧了这一问题。谁能最大限度地控制我们周围嵌入的成千上万的"眼睛"和"耳朵"呢？为了实现物联网技术的更广泛应用，保护秘密数据安全，不仅要坚持用户许可的原则，而且还要考虑立法、市场机制和社会道德等因素，如图 1-18 所示。如果政府部门、民间社团以及私人企业不加以保护，那么物联网的发展将会受到很大阻碍。

公众的极大关注和激进消费者发起的抵抗运动已经阻碍了两家知名零售商的 RFID 商业试用。要大力推广物联网技术的部署，必须要确保用户数据和隐私安全，且隐私保护不能仅局限于技术解决方案，还要在市场和社会伦理方面贯彻实行。如果隐私保护问题不能得到很好的解决，那么物联网的发展进程将会迟滞。只有通过广泛宣传物联网的技术优势，并确保这些敏感问题得到解决，我们所有人才能从以用户为中心的物联网中受益。

5. 发展中国家的机遇

物联网不仅是发达国家的"宝藏"，也为发展中国家提供了更多便利，为其提供了诸多领域的应用，如医疗诊断、污水处理、能源产业、环境卫生和食品安全等领域。

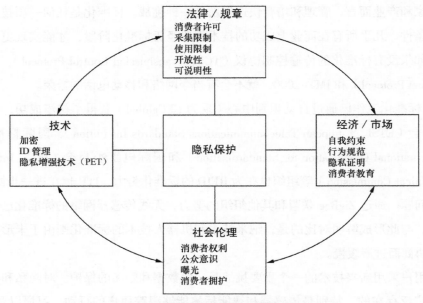

图 1-18　隐私保护涉及的方方面面

　　根据千年发展目标（MDG，Millennium Development Goal），信息社会世界峰会（WSIS，World Summit on the Information Society）提出通过国家电子战略来发展信息通信技术，提倡通用的、无所不在的、平等可用的技术连接以及信息、知识的广泛传播和共享。WSIS 不但关注技术传播的问题，而且还在通过信息技术和其他新兴技术来减贫扶贫、促进人类潜力发展和整体进步等方面进行了努力。从这一意义上讲，物联网所涉及的各种技术拥有巨大的应用潜力。

　　举例来说，在日用品生产和出口领域，传感器可用于测试不同产品（如巴西的咖啡和纳米比亚的牛肉）的质量和纯度。RFID 已被用于跟踪和验证牛肉的来源、加工、装卸、运输和出货的整个过程，这些应用能确保来自发展中国家的日用品的质量，以便开拓市场。

　　物联网用到的技术有助于提高发展中国家的生活质量。孟加拉国正运用纳米过滤技术来消除污染，确保饮用水安全。纳米传感器可以降低水质监控成本，纳米隔膜可用于处理废水。同时，纳米技术在疾病诊断和治疗方面的应用以及纳米药物在疾病中的应用正在研究之中，新兴技术将有助于提高发展中国家传统药物的质量和可靠性，如 RFID 能够跟踪安全药物的来源，降低假冒药物出现的概率。

传感器技术能够检测到环境的细微变化，预防或限制自然灾害。我们需要系统的早期预警和人员疏散，从而降低自然灾害带来的损失。

下一代通信技术的发展将借助于发展中国家日益扩大的市场。许多发展中国家已经开始了一些实质性项目的研究，未来物联网将会广泛应用于本地市场和国际贸易。发展中国家在物联网上不是消极的跟随者，而是已对这些新兴技术的应用和传播产生了重要影响。

6. 展望未来的某一天

物联网对居民的未来生活有什么特别的意义呢？让我们想象未来一位居住在西班牙的23岁学生罗莎一天的生活吧！

罗莎刚刚同男朋友吵架了，想要静静。她决定驾驶自己的智能汽车去法国阿尔卑斯山的滑雪胜地度周末。罗莎汽车的RFID系统提醒她轮胎已坏，因而她必须先去4S店。

她经过4S店入口处，使用无线传感和无线传输技术的诊断工具对汽车进行了详细检查后，将汽车送入一个配备有完全自动的机器人手的维护终端。罗莎去喝杯咖啡，Orange Wall饮料自动售卖机知道罗莎喜欢冰咖啡，因而罗莎通过自己的网络手表付过账后拿到一杯冰咖啡。当罗莎回来时，一对新轮胎已经安装好。这对新轮胎装有集成RFID标签，可以检测压力、温度和变形等情况。

这时，机器人向导提示罗莎选择轮胎上与隐私信息相关的选项。汽车控制系统存储的信息本来是为汽车维护准备的，但在配备有RFID读写器的地方，可能会读取与旅程相关的线路信息。罗莎不想让任何人知道（尤其是男朋友）她要去哪里，这样的信息太敏感了，不能不进行保护，因而她选择隐私保护功能来防止未授权的追踪。

然后，罗莎去了最近的商业街购物。她想购买一款新型内嵌有媒体播放器和具有天气预报功能的新滑雪衫。该滑雪胜地采用无线传感器网络来监控雪崩的可能性，这样就能保证罗莎娱乐的舒适、安全。在通过法国和西班牙边境时，罗莎不需要停车，因为汽车中包含了她的驾照和护照信息，这些信息已经自动传送到边检相关系统了。

忽然，罗莎在自己的太阳镜上接到一个视频电话请求。她选择了接听，看到她男友正在请求她的原谅，询问她是否愿意共度周末。她喜出望外，马上对导航系统发出一条指令：禁用隐私保护，这样男友就能找到她的位置直接过来了。

瞧，即使是在这样一个充斥着智能互联系统的世界，人类情感依然是主宰。

7. 一种新型生态系统

我们知道，互联网正在迅速演变。从一开始面向少数用户的学术网络，演变为面向大众和消费者的网络。目前，互联网正慢慢变得更加普及、交互和智能化。不仅实时通信变得可能，而且通信可以在任何时间、任何地点、任何物体之间进行。物联网的出现将创造更多创新性应用和服务，且这些应用和服务将提升人们的生活质量，在为一些商业公司提供新收入机会的同时，也缩小了不同人群之间的不平等。

随着物联网的持续发展，新型生态系统必将出现。该生态系统包含如下要素：产品和应用、消费者支持群、研究设计组织、政府和立法机构、国际组织、领先用户等，如图 1-19 所示。这些要素通过运行一系列持续发展的经济和法律系统，能够为它们最终赢利努力提供框架。然而，人类应该处于整个系统的核心，因为人类的需求对物联网的未来革新是最为重要的。事实上，技术和市场不可能脱离社会和伦理体系而独立存在。不过，物联网将从很多方面改变我们的日常生活，影响我们的行为，甚至价值观。

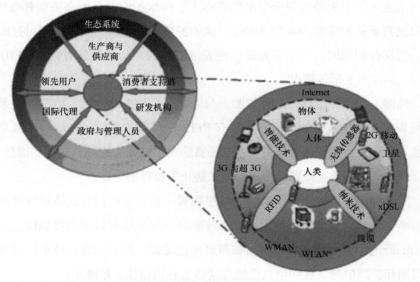

图 1-19　物联网的生态系统

对于电信业而言，物联网是一个成功的投资机会（如在移动和无线通信领域），同时也是一个开拓新领域的绝好机会。在以迅速发展的技术为介质的世界中，我们必须确保人类是一切行为的核心。物联网要取得成功，离不开面向人类的战略，以及技术的创造者和应用者之间的密切协作。这样，我们才能更好地应对未来生活中的挑战。

1.2.5 智慧的地球是什么

两千余年前，阿基米德曾经说过："给我一个支点，我就能撬起地球。"两千年后的今天，我们不禁要问，还有什么能够撬动地球？ IBM 给出的答案是智慧的系统。

"下一个大未来是什么？"2008 年年初的一天，时任 IBM 董事会主席兼 CEO 的彭明盛（Samuel Palmisano）询问当时负责传播和公共事务的 IBM 高级副总裁乔恩·岩田（Jon Iwata）。彭明盛继续追问："是不是云计算？"乔恩表示疑问："云计算……这一概念也太窄了点吧？"一个月后，他们再次碰头讨论时，忽然有人插嘴道："智慧的地球（Smarter Planet），这个概念够不够大？"彭明盛兴奋地脱口而出："Yes！"

这是坊间广为流传的一个 IBM 如何炮制"智慧的地球"营销理念的版本，如图 1-20 所示。跨国公司就是跨国公司，人家的老总说出尚未实现的计划或概念，就是"蓝图"或"预言"；如果是我等凡夫俗子抛出"智慧的地球"的概念，人家一定以为你在开"地球级玩笑"。但"智慧的地球"这个概念是 IBM 提的，命运就不一样了，全世界都得"顶礼膜拜"。

图 1-20　智慧的地球：IBM 的"掌中宝"

实际上，IBM 是全球 IT 行业中最善于创造"概念"的创新高手。20 世纪 90 年代末，Internet 出来后，我们和人家学会了搞网站，IBM 就提出"电子商务"的概念，赚足了眼球和金钱。等大家都学会了，"随需应变和面向服务的架构（SOA，Service-Oriented

Architecture）"又出来了，等你学会应变了，人家却"网格（计算）"了，等你"网格"了，人家已开始"云（计算）"了，你不服不行啊！

1.3　物联网要去哪儿

如同一千个人眼中会有一千个哈姆雷特，要说21世纪哪个行业最有前途，人们会提供很多答案，但是物联网必定是众多选项中的一个。作为继计算机、互联网这两次世界信息产业发展浪潮之后的第三次浪潮，物联网的一举一动牵动着世人的心。环顾四周，你会发现，我们已经在不知不觉中被物联网所包围，小到各种可穿戴产品、共享单车，大到汽车、工厂和楼宇，物联网使得一切设备互联并具备智慧。如果要说未来什么技术将彻底改变人类生活、工作和娱乐方式，那必定少不了它。

未来，物联网所创造并分享的数据将会给我们的工作和生活带来一场新的信息革命。人们将可以利用来自物联网的信息加深对世界以及自己生活的了解，并做出更加合适的决定。随着物联网、数据分析以及人工智能这三大技术的逐渐成熟，它们之间的合作将会在世界上创造出一个巨大的智能机器网络，在不需要人力介入的情况下实现巨量的商业交易。与其杞人忧天地为人工智能担忧，倒不如去拥抱它，享受科技带来的美好生活。

1.3.1　万物互联的美好时代到来

这是一个最好的时代，也是一个最坏的时代。我们生活的世界越来越像一张大网，而且越织越密，形成了无以计数的网络节点。这些无以计数的节点，每天都在鼓噪、在创新、在涌动、在昭示。昭示着一种存在，无论成败，它都在振动，产生着波，能够传遍整个网络。反过来，整个网络的波也会传入这个节点。这是全息论的一种解释："一即一切。"

互联网的出现，使得这张网的振动频率更高。农耕时代，你的影响力或许是方圆十里或百里，传播的路径大概就是亲戚朋友几十人。互联网时代，一根发丝粗细的光纤可以瞬间将你一生的思想传播到地球的每个角落。只要你愿意在这张网上折腾，那么整个世界就会像蹦蹦床一样被你扯动，幅度大小由你的分量决定，且身处网络之中的你也难以独善其身。

物联网时代则更是"乱花渐欲迷人眼"，因为振动源更多，振动的频谱更宽。数据本身已经成海，它"可载舟亦可颠覆舟"。"舟"是什么？可以是人，可以是事，可以是抽象的观点和理论。它们被数据承载，从数据中汲取营养，也可以被数据所淹没、所吞噬。无人驾驶的汽车就是一个具象，对汽车来说，它不是行驶在路上，而是行驶在数据的海洋中。

自从概念提出后，物联网触角就以迅雷不及掩耳之势伸入世界的每个角落。一时间各种智能手表、智能手环、智能水杯、智能灯泡、智能插座、智能音响、智能血压仪、智能燃气表等物联网设备你方唱罢我登场，掀起了一轮又一轮智能硬件单品的热潮。未来，物联网技术无处不在，哪怕是一个最普通的水壶也将是物联网连接的设备，它将改变我们对事物的体验和认知，改变世界和商业的竞争力。

代表未来互联网连接和"物联网"发展的全新概念——万物互联（IoE，Internet of Everything），是由思科首席未来学家兼互联网业务解决方案部门的首席技术专家戴夫·埃文斯（Dave Evans）于2012年12月所提出的全新概念，如图1-21所示。

图 1-21 《万物互联如何将世界变得更好》的博文

在这篇题为《万物互联如何将世界变得更好》的博文中，思科将万物互联定义为将人、流程、数据和事物结合一起使得网络连接变得更加相关、更有价值，如图1-22所示。万物网将信息转化为行动，给企业、个人和国家创造新的功能，并带来更加丰富的体验和前所未有的经济发展机遇。

其中，事物的连接是手段，万物互联是表

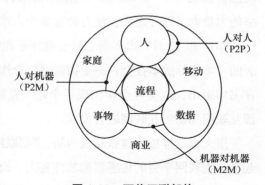

图 1-22 万物互联架构

面看到的、感受到的现象；数据采集是核心，它包括各种事物采集到的、各种类型的大量数据；流程再造是关键，通过分析和应用数据，能够改变甚至创新流程；人的服务是目标，万物互联的宗旨是为人提供各种全新服务。由此可见，万物互联是一种新型解决方案，而不是新技术，它本质上是管理理念与网络通信、物联网、云计算、数据挖掘等新技术在业务中的融合与应用。

以《速度与激情 8》中的天眼系统为例，它所连接的人是塞弗、多米尼克·托雷托（Dominic Toretto）、飞车家族成员和俄罗斯国防部长等，连接的物包括摄像头、电话、红外扫描设备、汽车等，提供的数据包括视频数据、语音数据、定位信息、租赁公司数据、汽车运行轨迹信息等，改变的流程包括识别跟踪事先指定的人员、掌握人员的行踪等。

思科认为，物联网是万物互联发展必须要经历的阶段，且万物互联在物联网的基础之上，增加了网络智能和安全功能。通过分布式的、以应用为中心的网络、计算和存储平台，能够以先前不可能实现，甚至超乎想象的方式来连接万物。

随着越来越多的事物、人、数据和互联网联系起来，互联网的力量正呈指数级增长。这一观点（"梅特卡夫定律"）由计算机网络先驱、3Com 公司创始人罗伯特·梅特卡夫（Robert Metcalfe）提出。梅特卡夫定律可表述为：网络价值以用户数量的平方的速度增长，即网络价值等于网络节点数的平方，即 $V=n^2$（V 表示网络总价值，n 表示用户数或节点数）。该定律表明：如果一个网络中有 n 个人，那么网络对于每个人的价值与网络中其他人的数量成正比，这样网络对于所有人的总价值与 $n \cdot (n-1)=n^2-n$ 成正比。如果一个网络对网络中每个人的价值是 1 元，那么规模为 10 倍的网络的总价值等于 100 元；规模为 100 倍的网络的总价值就等于 10 000 元。网络规模增长 10 倍，其价值就增长 100 倍。从本质上讲，网络的力量大于部分之和，使万物互联令人难以置信的强大。

2017 年 10 月，世界著名社会批评家和畅销书作家杰里米·里夫金（Jeremy Rifkin）编著的《零边际成本社会：一个物联网、合作共赢的新经济时代（第 3 版）》中文版面世。他在书中提出，人类社会将出现一个超级互联网——物联网（IoT），它将由通信互联网、能源互联网和物流互联网融合而成。

里夫金这样描述这张超级网络："物联网将把这个集成世界网络中的所有人和物都连接起来。物联网平台的传感器和软件将人、设备、自然资源、生产线、物流网络、消费习惯、回收流以及经济和社会生活中的各个方面连接起来，不断为各个节点（商业、家庭、交通工具）提供实时的大数据。反过来，这些大数据也将接受先进的分析，转化为预测性算法并编入自动化系统，进而提高热力效率，从而大幅提高生产率，并将整个经济体内生产、分销、服务的边际成本降至趋近于零。"

目前，全球互联网正从"人人相联"向"万物互联"迈进。万物互联，准确地说，并不是"很多物品互相通信"，而是"所有物品互相通信"。连接一切才是物联网的本质。智能手表、智能手环、智能血压仪、智能灯泡、智能家居、智能安防、智能燃气表、老人手环、智能汽车，我们的生活将被智能万物所包围。地球不爆炸，万物不放假；宇宙不重启，万物不休息。无论是醒着还是睡着，万物都可以与这个世界保持不间断的联系。未来你抱怨"连不上网"的对象很可能不再是手机和电脑，而是冰箱、手表，甚至桌椅。

万物互联是以万物有芯片、万物有传感器、万物有数据、万物有智慧、万物皆在线为基础，人、数据和设备之间自由沟通，产品、流程、服务各环节紧密相连的全球化网络。万物互联将能够聚合人员、流程、数据及事物，使网络连接比以往更具有相关性，更有价值，并将信息转化为行动，从而创造新的能力、更丰富的体验，以及令人激动的商业价值。

当前，从设备相联到万物互联的关键技术都相对成熟，所需的技术条件已经具备。首先，新一代网络技术的发展，如全球范围内低功率广域网、工业以太网、短距离通信等相关技术的快速发展，尤其是2016年窄带蜂窝物联网标准的确立和商用化，使物联网具有低成本、低功耗、广覆盖等特点，连接障碍持续降低，为万物互联的兴起提供了重要的基础条件。其次，新一代物理及新材料技术的发展，使得万物智能化成为可能。如今，尘埃大小的传感器就能够检测并传送温度、压力和移动信息，盐粒大小的计算机包含了太阳能电池、薄膜蓄电池、存储器、压力传感器、无线射频和天线等多个零部件。同时，万物互联的成本也在大幅度降低。相比10年前，传感器的价格下降了54%，联网处理器的价格下降了98%，带宽的价格下降了97%，成本降低为大规模部署提供了商业化的可行性。

在见识到一个个有温度的奇思妙想、对物联网有了一定理解之后，相信许多人已经在畅想"万物互联"时代的生活图景了。如今，万物互联时代已经来临，物联网也已走进人们的日常生活。大到智慧城市、无人商店，小到智能手环、智能温度控制仪，物联网不仅在工业方面带来美好前景，在生活中也带来了许多便利。

1.3.2 智联网，不仅仅是智能

在互联网时代，人与人的连接基于主动分享；在物联网时代，你什么都没干，信息就被身边的"物"搜集、整理，成为"网络意识"的一部分，如图1-23所示。智能互联时代，人与物、物与物的连接与信息交互逐渐成为主流。从"连接你我"到"连接万物"，物联网通信技术正在不断完善。

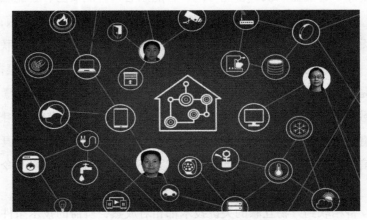

图1-23 物联网时代，人被物"暗算"

《钢铁侠》里托尼说一句话："给我一杯咖啡"，智能管家便控制咖啡机制作咖啡并送到托尼面前；《美国队长》里，神盾局局长在被追杀时驾驶的智能汽车不仅能语音控制，还能实时语音反馈车内信息；《超能陆战队》中，机器人主角"大白"既能识别理解别人的话，又能机智地给予回应。随着人工智能技术的发展，这些好莱坞科幻大片曾经出现的场景，正在从梦想照进现实。

你设想过无数种未来的生活方式，但是你可能不知道，其实生活在未来的你，一天是这样子度过的。

清晨，当你从睡梦中渐醒，你的智能手环已经开始跟家庭机器人进行"话聊"：主人昨晚偶感风寒，根据数据分析，要来杯特浓咖啡提神；空气净化器检测到有霾，悄然启动；起床灯发现是阴天，调整为渐亮模式；电子日程显示今天有商务活动，家庭机器人精准识别衣物鞋帽，并根据时尚网站提供的搭配方案忙着准备衬衣、西装、皮鞋。

起床后先刷牙，你的牙医已说服你使用新型智能电动牙刷，它会将你的刷牙时间、手

势力度等习惯完全记录，并随时纠正错误的刷牙习惯。你不得不听牙医的，不用这款牙刷，你的牙科保险将无人问津。

刷完牙，喝尽精确温控杯中的咖啡，你换上智能跑鞋进行晨跑。奔跑中，心跳、血压、呼吸、步速、路线等被全面记录，并传回互联网医院云端。

回来后，家庭机器人已做好早餐。由于酱醋油盐的罐子上都安装有电子标签，因而机器人连牙签都不会搞错。智能冰箱成了食品大管家，只要确定食品采购订单，冰箱会直接上网下单、付费，食物采购完全不用操心。

出门上班的一刻，智能助手已通知了电动汽车。当你走近汽车的时候，车门自动为你打开。汽车完全知道主人是谁，当你喊出"去上班"时，它已为你联网规划好最便捷的路线，开始自动导航驾驶。智能汽车一上路，便时刻与道路探测器和其他汽车进行高速信息交换。这时，车流停了下来。前方一辆非无人驾驶汽车出现车祸，你不禁一声叹息。全国人大正考虑立法，将人类驾驶汽车定为犯罪行为，只是部分有人驾驶汽车尚未淘汰，并引发争议。前方智能汽车迅速规划出一条集体规避线路，车流有条不紊地驶离车祸点，并未造成拥堵。

突然，智能助手发现你今天的一项健康指标异常，立即预约一位医生，并通过语音提示你去拜访。在见到你之前，医生已提前得到相关数据，并已经有了初步结论。经过针对性检查，医生给你开了一些药，并叮嘱你多读书、多看报、少吃零食、多睡觉。随后，药品会由无人机直接送到你家阳台，药费则通过你刷脸瞬间支付。

离开医院，电动汽车把你送到学校后，自动前往停车场充电。如今，人们已不需要为智能汽车的保养操心，车企在零部件内植入了大量探测器，一出问题，它便会召唤服务、自我修复。你的支付宝上，汽车自动发出的保养单曾让你大吃一惊，甚至后悔把支付功能授权给汽车智能，但想想安全最大，还是算了。

表情呆滞高度近视的系主任看到迟到的你见怪不怪，因为你的智能助手已经帮你请了假并编出一万个理由。你刚刚在办公室坐下，两个萝莉美少女研究生给你送来康乃馨，祝你身体无恙早日康复。

结束了一天的工作后，你从自动驾驶车里悠然走出，回到家门口。房门自动识别户主身份并开启，室内的空调、音响立刻启动并且调整到你习惯的设定和喜爱的歌单，热水器开始预热、百叶窗也根据当前室内的光照强度实时调整。

未来将是万物智联时代！人工智能（AI）正在以不可阻挡之势重塑个人、商业与社会的未来图谱，我们通过智能插座就能立刻享受到物联网带来的便利，感受到智慧家庭的人性化和温度。智慧家庭生活方式已经打开，你准备好迎接了吗？未来，当智能像现在的水电一样普及时，我们不会再强调"智能"这一前缀，因为所有物品皆智能。

智能服务机器人从银幕走向现实，音箱开始能说话、能控制家电设备，智能穿戴设备可以实时收集数据并提供相关建议……这一切的一切都在告诉我们：智联网时代已经到来。

智联网不仅仅是人工智能（AI）+ 物联网的简单叠加，它包含着丰富的内涵。服务是智联网始终不变的初心，而智能则是一种手段，赋予硬件设备更多的能力，将传统物联网的运作进一步简单化。其中，人工智能负责识别、感知和处理，物联网则负责物物相连、万物互联。智联网世界将呈现3个层次，即端—云—服务。其中，端是指各类智能硬件，小的如智能手机、智能音箱，大的像智能汽车、智能冰箱等；云是指运行平台，提供智联网的统一运行环境；服务则包括基础设施服务、平台服务、软件服务、第三方服务等。

如何判断某种物联网是不是智联网？物联网智库创始人彭昭提出了3条衡量标准。

（1）边缘智能：在终端侧具备基础的边缘智能，在断网离线情况下，可以进行智能决策；当需要对数据进行实时处理的情况下，可以迅速产生行动应对突发状况；当涉及用户安全和隐私时，可以更好地进行防护。

（2）互联驱动：当智能产品处于"组网"的状态时，产品与产品之间能够实现不需要人为干预的智能协同，产品的数据不用急着"秀给"用户，而是优先考虑如何被彼此调用，以便创造更好的应用场景。

（3）云端升华：当智能产品处于"联网"状态时，云端的人工智能可以更好地挖掘和发挥边缘硬件的价值，让智能产品发挥更大的功效。有了边缘智能的辅助，云端智能完成进一步的数据整合，创造系统与系统之间互相协同的最大价值。

在没有人工智能的情况下，物联网将是数以亿计的智能终端，不断地采集海量的数据，通过网络输送至后台，借助强大的服务器对数据和信息进行分析，这会有一个问题：海量的数据将源源不断地汇集到后台，如果后台数据的处理速度和准确度无法跟上终端数据的采集速度，后果将会是灾难性的，波及范围将从小到家用电器之间不能互相通信，大到危及生命——心脏起搏器失灵或上百辆车连环相撞。

电影《少林足球》中，周星星有一句经典台词："做人如果没有理想，和咸鱼有什么区别"，同样，物联网如果没有智能，与植物人有什么区别。因此，物联网要实现真正的价值，必须借助人工智能，使海量的硬件终端可以在数据采集之后，直接通过人工智能系统进行分析和判断，从而直接做出下一步的反馈和动作。

现阶段智联网产品主要呈现两种形态：一是人机交互的智能化；二是产品自身的智能化。无论是哪一种形态的智联网产品，在突破了技术探索和不断完善健全阶段之后，都能更切合消费者的痛点，赢得用户的认可。例如，到 2020 年，智能手机将拥有用户行为预测、用户身份验证、情感识别、自然语言理解、增强现实与人工智能视觉、设备管理、个人分析、内容审查/检测、个性化照相、音频分析等功能。

智联网既让人们提前迎接了"物联感知时代"，又让人们惊喜地发现，物联网设备为我们的生活带来了极大便利，它赋予万物"灵性"，教会机器懂得人文关怀，把一个冰冷的物质世界变得更像一个充满温情和腔调的生命体。有人说，借助物联网的"连接"，在今天与未来的对话中，唯一的限制只是我们的想象力。过去只有在科幻电影中才能看到的智能家居、智能医疗、虚拟现实、无人驾驶汽车都以体验互动的方式，会陆陆续续地走进我们的生活。未来已经到来，我们拭目以待。

最后，引用一句《智能主义》一书的作者周鸿祎的描述，"到了智能时代，我们所有能看到的、能想象到的各种各样的硬件，无论是汽车、家居，还是可穿戴设备……都将实现智能化以及与网络的实时连接。"

1.3.3 LPWAN 势不可当

在这个充满个性化与互动化的时代，简单的人与人的通信已然无法满足人类的日常需求。物联网不仅仅是人和人之间的连接，也不仅仅是手机、计算机和 iPad 之间的连接，而是要把所有能看到、能想到、能碰到的各种各样的设备全部连接入网。大到工厂中的发电机、车床，小到家里的冰箱、插座、灯泡，以及每个人身上戴的戒指、耳环、手表、皮带。同时，工作环境也不仅仅局限于室内，而是扩展到整个世界。众所周知，无线保真（Wi-Fi，Wireless Fidelity）、蓝牙和 ZigBee 都擅长在室内活动，只有 2G/3G/4G/5G 等移动通信可以在室外工作。

BI Intelligence 在 2017 年提供的研究报告表明：2015 年，物联网设备的数量已超过智能手机、个人电脑等，未来 5 年，智能手机、联网电视、个人电脑等数量增幅不大，而物联网设备将呈快速增长趋势，到 2020 年，全球将有 240 亿个物联网设备，2025 年全球将安装超过 550 亿个物联网设备，物联网相关投资将超过 25 万亿美元。这些投资将为推进数据经济提供动力，桥接物理世界和数字世界之间的鸿沟。

在物联网界，万事万物都要憋疯了，苦于它们没有生命、没有嘴，自己想表达的信息只能通过各种通信协议传达给人类和世界各地。万物互联实现的基础之一在于数据的传输，不同的物联网业务对数据传输能力和实时性都有着不同的要求。根据传输速率的不同，可将物联网业务进行超高、高、中、低速的区分，如图 1–24 所示。

速率分类	应用场景	业务特点	接入技术
超高速率 >100 Mbit/s (3%)	航拍 直播	时间敏感 功耗不敏感 时延短 流量大	LTE-A 5G Wi-Fi
高速率 10～100 Mbit/s (12%)	视频监控 工业控制 智慧医疗 车联网	功耗不敏感 时延短 流量大	LTE HSPA HSPA+
中速率 1～10 Mbit/s (25%)	可穿戴设备 车辆管理 电子广告 无线ATM	需要语音传输 流量功耗较低 覆盖范围广	eMTC 2G
低速率 <1 Mbit/s (60%)	无线抄表 环境监测 智能家居 智能停车	传输文本为主 流量功耗极低 覆盖范围广	NB-IoT LoRa SigFox

图 1-24 2020 年全球物联网连接比重

- 超高速率业务：主要采用 4G、5G 和 Wi-Fi 技术，如航拍、直播等，对应的业务特点要求实时数据传输、功耗不敏感、时延短、流量大。

- 高速率业务：主要采用长期演进（LTE, Long Term Evolution）和高速分组接入（HSPA, High Speed Packet Access）/ 演进型高速分组接入（HSPA+, High Speed Packet Access Evolution）技术，如车联网设备、监控摄像头、工业控制和智慧医疗等，对应的业务特点要求功耗不敏感、时延短、流量大。

- 中速率业务：主要采用增强型机器类通信（eMTC, Enhanced Machine Type Communication）和 2G 技术，如可穿戴设备、车辆管理、电子广告、无线自动柜员机（ATM，Automatic Teller Machine）以及居民小区或超市的储物柜，使用频率高但并非实时使用，对网络传输速率的要求远不及高速率业务，对应的业务特点要求语音传输、流量功耗较低、覆盖范围广。

○ 低速率业务：主要采用 NB-IoT、LoRa 和 SigFox 等低功耗广域网（LPWAN，Low Power Wide Area Network）技术，如无线抄表、环境监测、智能家居、智能停车等，对应的业务特点要求传输以文本为主、流量功耗较低、覆盖范围广。

一直以来，人们通过相应的终端（个人电脑、手机、iPad 等）使用网络服务，个人一直是网络的用户主体。个人对网络质量的要求高且统一：玩网络游戏《绝地求生》要求低时延，观看《知否知否应是绿肥红瘦》期望高带宽，下载电视剧集《大江大河》希望高速率，通话需要声音清晰，接收短信绝不能有遗漏。

随着物联网中用户终端（手机、个人电脑等）数量的增长逐渐趋缓，机器对机器（M2M，Machine to Machine）应用成为运营商网络业务的增长发力点，大量的 M2M 应用终端则成了网络的用户。网络需要"照顾"原本不太被关注的终端特性，以适应各类的行业应用需求：对能耗和成本的控制。

在能耗方面，个人用户大多数时间都是处于宜居的环境中，智能终端常伴左右，并且在人类活动的环境中总能找到充电的"电源插头"，因而这些终端的生产厂家对电池的电量并不敏感。而物联网终端的工作环境相比个人终端的工作环境，则要复杂得多。有些物联网终端会部署在高温、高压的工业环境中，有些则远离城市、放置在人迹罕至的边远地区，还有一些可能深嵌地下或落户在溪流湖泊之中。很多设备需要电池的长期供电来工作，因为地理位置和工作环境无法向它们提供外部电源，更换电池的成本也异常高昂。在不少应用场景中，一小粒电池的电量需要维持某个终端"一生"的能量供给。因此，低功耗是保证物联网持续工作的关键需求之一。

在成本方面，个人使用的终端，不论是电脑还是手机，其功能丰富、计算能力强大、应用广泛，通信模块只是所有电子元件和机械构建中的一小部分，在总的制造成本中占比较低。个人终端作为较高价值的产品，用户、厂家对其通信单元的固定成本并不是特别敏感。而物联网终端则不同，许多不具备联网功能的终端原本只是简易的传感器设备，其数量巨大、分布广泛、功能简单、成本低廉，相对于传感设备，价格不菲的通信模块加入其中，就可能引起成本骤升；简单的传感器终端上传网络的数据量通常都很小；它们连接网络的周期长（网络的使用频次低）；每一次上传信息的价值都很低。因此，低成本是保证物联网大规模部署的关键需求之一。

物联网的快速发展对无线通信技术提出了更高的要求，用户对超低功耗、超大连接、超强覆盖和超低成本的接入需求越来越迫切。为满足越来越多远距离物联网设备的连接需求，专为低带宽、低功耗、远距离、大量连接的物联网应用而设计的低功耗广域网应运而生，成为物联网炙手可热的关键技术之一。

低功耗广域网是面向物联网中远距离和低功耗的通信需求而出现的一种物联网网络层技术。低功耗广域网可分为两类：一类是工作于非授权频段的 LoRa、SigFox 等技术；另一类是工作于授权频段下，第三代合作伙伴计划（3GPP，3rd Generation Partnership Project）支持的 2G/3G/4G/5G 蜂窝通信技术，如扩展覆盖 GSM（EC-GSM，Extended Coverage GSM）、eMTC、NB-IoT 等。

低功耗广域网的技术特点包括：传输距离远，一般超过 5 km，支持大范围组网；节点功耗低，在典型物联网场景下，两节 AA 电池可以使用 10 年；连接终端节点多，可以同时连接成千上万的节点；数据传输速率低，通常不超过 1 Mbit/s，内容仅限于一些传感数据和控制指令；网络结构简单，运行维护成本低。低功耗广域网络技术的出现，填补了现有通信技术的空白，为物联网的更大规模发展奠定了坚实的基础。

由于低功耗广域网有远距离通信、低功耗、低速率数据传输和运行维护简单等特点，因而非常适合那些远距离传输、通信数据量很少、使用频率低（吞吐率低）、需电池供电长久运行的物联网应用。

低功耗广域网适用于两类物联网应用场景：一类是位置固定、密度相对集中的场景，如楼宇中的智能水表、仓储管理或其他设备的数据采集系统，虽然 2G/3G/4G/5G 可以应用于这些领域，但是其信号穿透力非常弱；另一类是远距离、需要电池供电的应用，如智能停车、资产跟踪和地质水文监测等，虽然 2G/3G/4G/5G 可以应用于这些领域，但是其功耗过高。

1.3.4 "物链网"，未来无限可能

随着时间的推移，越来越多的科技公司开始涉足区块链领域，而整个区块链产业链也迅速完善了起来。区块链在不知不觉中已经频繁出现在我们的视线中，不同用户都在想方

设法将其应用于商业用例中。

比特币的底层支撑技术——区块链火了起来。人们发现任何存储（记账）的需求，都可以套用区块链的机制来进行，而这种优势是划时代的。

区块链的六大特征：去中心化、开放性、自治性、去信任、不可篡改性和匿名性。

- 去中心化：从架构上看，区块链是基于对等网络的，因而架构是去中心化的。从治理上看，区块链通过共识算法使得少数人很难控制整个系统，因而是治理去中心化的。架构和治理上的去中心化为区块链带来三大好处：容错性、抗攻击力和防合谋。

- 开放性：除了交易各方的私有信息被加密外，区块链的数据对所有人公开，任何人都可以通过公开的接口查询区块链数据和开发相关应用，让整个系统的信息高度透明。

- 自治性：区块链采用基于协商一致的规范和协议，使得整个系统中的所有节点能够在去信任的环境自由安全地交换数据，使得对"人"的信任改成了对机器的信任，任何人为的干预不起作用。因此，基于公开的算法进行协商，不受任何人为干预。

- 去信任：系统中所有节点之间无须信任也可以进行交易，因为数据库和整个系统的运作是公开透明的，在系统的规则和时间范围内，节点之间无法欺骗彼此。

- 不可篡改性：一旦信息经过验证并添加至区块链，就会永久地存储起来，除非能够同时控制住系统中超过51%的节点，否则单个节点上对数据库的修改是无效的，因而区块链的数据稳定性和可靠性极高。

- 匿名性：由于节点之间的交换遵循固定的算法，其数据交互是无须信任的（区块链中的程序规则会自行判断活动是否有效），因而交易对手无须通过公开身份的方式让对方产生信任，对信用的累积非常有帮助。

尽管物联网已经有了多样的应用场景，可是物联网技术发展成熟仍需解决以下问题。

首先，传统物联网实现物物通信是经由中心化云服务器，随着连接设备数量的几何级增长，物联网中心化服务需要付出的计算、存储和带宽成本也会增加至无法负担的程度，受限于云服务和维护成本，物联网难以实现大规模商用。其次，由于不同主体的信任域不同，各家物联网架构较为封闭，导致不同系统的设备很难实现价值的互联互通，无法真正提供万物互联的能力，信任成本高。再次，传统物联网设备面临着固件版本过低、缺少安全补丁、存在权限漏洞、设备有过多的网络端口、未加密的信息传输等威胁，极易遭受攻击，数据易受损失且维护费用高昂，且中心化服务架构使得所有的监测数据和控制信号都由中央服务器存储和转发，物联网安全隐私保护频触"红线"。最后，物联网的出现给各行各业带来很多的商业模式的"变革"，但其本质上并无更多的变化，"物"世界的交易应该能够智能化，自动协作，协作和交易的设备必须是同一个物联网运营服务商提供或者进行授权验证，这就大大降低了物联网应用的真正商业价值。

区块链是互联网的2.0，将引发一场新的伟大革命。抛去各种炒作，物联网与区块链这两大热门的结合绝非是互蹭热点。物联网将是区块链迅猛发展的一片沃土，这不仅仅是因为物联网发展的瓶颈问题，更得益于区块链带来的交易共享性和不可篡改性，去中心化的价值传递将给物联网服务带来变革式的提升，而区块链的通用性能，也将助力其在各行各业绽放异彩。面对未来IoT设备规模的爆发性增长，应用区块链技术有望改善物联网平台的痛点。

- 降低交易前的验证成本：物联网区块链应用通过在区块链系统下记录不可篡改的优势，平台下的用户和设备不需要验证双方信息，只需要在交易时判断对方给予的条件与先前是否不同，区块链通过智能合约自动执行并不可篡改，保证了无须建立信任关系也可以完成交易功能。

- 降低运营管理成本：对传统物联网设备来说，所有操作都需要经过中心服务器的处理，从而导致数据通信成本居高不下和处理时间的增加。通过区块链点对点网络技术，每个节点作为对等节点，因而整个物联网解决方案不需要引入大型数据中心进行数据同步和管理控制，不需要额外的协议、硬件支持，包括数据采集、指令发送和软件更新等操作都可以通过区块链的网络进行传输，从而降低数据通信和处理的成本。

- 保护数据安全与隐私：区块链为物联网提供了去中心化的可能性，只要数据不是被单一的云服务提供商控制，那么所有数据传输都需要通过严格的加密方式进行处理，并通过点对点网络进行通信，不需要在交易中将数据信息委托给第三方来实现，且根据区块链中信息不可篡改的特点，可以通过查看交易记录时间戳的方式，判断数据信息是否被窃取，从而保证了数据安全和隐私保护。

● 方便可靠的费用结算和支付：通过使用区块链技术，不同所有者的物联网设备可以直接通过加密协议传输数据，且可以把数据传输按照交易进行计费结算，这就需要在物联网区块链中设计一种加密"数字货币"作为交易结算的基础单位，所有的物联网设备提供商只要在出厂之前给设备加入区块链的支持，就可以在全网范围内在各个不同的运营商之间进行直接的货币结算。

物联网与区块链两大热门概念的组合，将迸发出什么样的火花？其实，无论是风口还是泡沫，物联网与区块链这两大热门领域的结合体——"物链网"，将给整个社会产业带来更大的想象空间，我们需要做的就是顺势而为，随风而动！

Chapter 2
第 2 章
初识物联网

自动跟随行李箱，不用手拉、不用手提，来一场说走就走的旅行，轻松自在；你只顾晨跑就可以了，释放自我吧，自动跟随式婴儿车会一直追随你，放心，不会丢；无人驾驶因其精确无误的定位导航，安全性可以完全信任，一心二用，自由畅快；夏天酷热难耐，有自动跟随式电风扇给你解暑，走到哪里跟你到哪里。还有伸手就能出水的感应式水龙头，让我们的生活简单又舒适；感应式路灯将照亮夜行者的道路，它懂得你的黑，只要你在它就亮；图书馆有本特别想看的书就是找不到，精确定位让你找寻目标书籍更省心；车辆前行时路面有障碍物及时提醒，杜绝危险；走失儿童能及时发现，不会再有意外发生，不会再有无辜家庭痛哭流涕……未来的物联网时代，是我们翘首以盼的时代！

人们常说："云里云计算，雾里物联网。"自从2009年响亮鸣笛以后，物联网（IoT）像一辆疾驰的列车，无论是地方政府、科研院所、企业，还是行业用户，都争先恐后地登上这辆列车，规划、标准、扶持政策纷至沓来。那么，问题来了：究竟什么是物联网？物联网是如何工作的？它的体系架构是怎样的？关键技术有哪些？

2.1　热概念的冷思考

将实体店的摄像头、销售点（PoS，Point of Sale）终端机、货架传感器等都作为数据来源，通过处理和分析这些数据，为线下实体零售门店提供顾客流量、行为分析、商品摆放等服务。通过嵌入机械设备的传感器帮助确定制造过程中出现的问题和瓶颈，并通过对机器数据的分析，为机器提供预测性维护。通过传感器监控照明、温度或能源使用情况，并将数据通过算法进行实时处理，节约楼宇的能源成本。通过将RFID或近场通信（NFC，Near Field Communication）标签贴在产品上，可以知道仓库中该产品的确切位置，并可以进行行李或包裹的分拣和跟踪。这些都是物联网的实际运用场景。那么，物联网的真正内涵是什么？它是如何工作的？

2.1.1　何为物联网

2015年1月，谷歌董事长埃里克·施密特（Eric Emerson Schmidt）在瑞士达沃斯参加世界经济论坛时，被问及互联网的未来时，施密特预测："我可以很干脆地说，互联网将消失。未来将有如此多的 IP 地址……如此多的设备、传感器、可穿戴设备以及你能与之互动却感觉不到的东西，它们将成为你生活中不可或缺的部分。想象一下，当你走入一个房间时，房间会发生动态变化。有了你的允许，你将与房间里的所有东西进行互动。"他还表示，对于科技公司来说，这种变化代表着巨大的机遇。他说："一个高度个性化、互动化和非常有趣的世界正在浮现出来"。此话若出自绝大多数人之口，定被视为疯子或大嘴，但出自施密特之口，则十分可信。

通俗地讲，施密特认为，物联网将取而代之并成为人类生活的重要组成部分。不妨想象一下，你穿的衣服、接触的物体或事物都会嵌入或包含无数的 IP 地址、设备和传感器，当你有一天走进一个房间的时候，这个房间就会出现同步的感应或动态变化，于是人与物体合为一体，开始互动……

从 2009 年的下半年开始，物联网这一新名词横空出世，随即刮起了一股新的炒作风暴。著名调查机构说它是信息技术的第三次浪潮，将成为下一个万亿级通信产业，福雷斯特公司（Forrester）预测物联网所带来的产业价值要比互联网高 30 倍，领军企业说它将会彻底改变现今企业的经营方式。

最强大脑测试题：众所周知，互联网＋商场＝天猫，互联网＋义乌小商品＝淘宝，互联网＋中关村＝中关村，互联网＋旅行社＝携程，互联网＋餐厅＝美团，互联网＋出租车＝滴滴出行，互联网＋聊天软件＝腾讯，互联网＋搜索＝百度，互联网＋直播＝斗鱼，互联网＋金融＝虚拟货币，互联网＋股权众筹＝万众创新……那么，问题来了，互联网＋以上所有＝？恭喜你答对了！物联网！

物联网这一概念从产生到现在，也不过一二十年的时间，美国、中国、日韩和欧盟都在积极开展相关的研究和探索，科研院所、领军企业、IT 专家、设备供应商甚至 IT 媒体一人一个定义，一家一种解释，且公说公有理，婆说婆有理，如同"一千个读者心中有一千个哈姆雷特"。之所以出现这种百花齐放、百家争鸣的局面，原因有二：一是物联网技术研究与产业发展仍在起步阶段，物联网体系结构不够明晰，理论体系没有建立，需要在不断的研究与应用过程中深化认识；二是物联网涉及计算机、通信、电子、自动化等多个学科，涵盖的内容极为丰富，不同学科的研究人员从不同角度提出的物联网定义都有其合理的一面，但要形成共识存在一定难度。这正反映了技术在快速发展，人们对新技术的认识在逐步深入。

近年来，技术和应用的发展促使物联网的内涵和外延有了很大的拓展，物联网已经表现为信息技术（IT）和通信技术（CT，Communication Technology）的发展融合，是信息社会发展的趋势，如图2-1所示。

国家标准GB/T 33745—2017《物联网　术语》对物联网的定义为："通过感知设备，按照约定协议，连接物、人、系统和信息资源，实现对物理和虚拟世界的信息进行处理并做出反应的智能服务系统"。

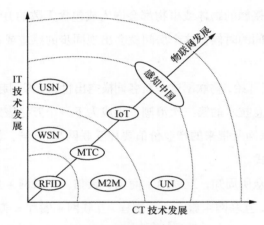

图2-1　物联网概念演进

感知设备是能够获取对象信息并提供接入网络能力的设备，如二维码标签和识读器、电子标签和读写器、摄像头、全球定位系统（GPS，Global Positioning System）、传感器、M2M终端、传感器网关等。

物联网协议是双方实体完成通信或服务所必须遵循的规则和约定，主要包括RFID、红外、ZigBee、蓝牙、通用分组无线服务（GPRS，General Packet Radio Service）、3G、4G、5G、Wi-Fi、NB-IoT、EC-GSM、eMTC、LoRa、SigFox传输协议和消息队列遥测传输（MQTT，Message Queuing Telemetry Transport）、数据分发服务（DDS，Data Distribution Service）、高级消息队列协议（AMQP，Advanced Message Queuing Protocol）、可扩展消息处理现场协议（XMPP，Extensible Messaging and Presence Protocol）、Java消息服务（JMS，Java Message Service）、表述性状态传递（REST，Representational State Transfer）、受限应用协议（CoAP，

Constrained Application Protocol）等通信协议。

物联网中的"物"即物理实体，是能够被物联网感知但不依赖物联网感知而存在的实体。这里的"物"要满足一定条件才能够被纳入"物联网"的范围：要有相应的数据收发器、要有数据传输信道、要有一定的存储功能、要有中央处理器（CPU，Central Processing Unit）、要有操作系统、要有专门的应用程序、遵循物联网的通信协议、在世界网络中有可被识别的唯一标识。

信息资源是人类社会信息活动中积累起来的、以信息为核心的各类信息活动要素（信息技术、设备、设施、信息生产者等）的集合。

智能服务是能够自动识别用户的显性和隐性需求，并主动、高效、安全、绿色地满足其需求的服务。它实现的是一种按需和主动的智能，即通过捕提用户的原始信息，通过后台积累的数据，构建需求结构模型，进行数据挖掘和商业智能分析，除了可以分析用户的习惯、喜好等显性需求外，还可以进一步挖掘与时空、身份、工作生活状态关联的隐性需求，主动给用户提供精准、高效的服务。这里需要的不仅仅只是传递和反馈数据，更需要系统进行多维度、多层次的感知和主动、深入的识别。

通俗地说，通过安装在物体上的传感器、电子标签和 GPS 等设备，网络将赋予物体智能，既可以实现人与物体间的沟通和对话，也可以实现物体与物体间的沟通和对话。如在电视上装传感器，可以用手机通过网络控制电视的使用；在空调、电灯上装传感器，电脑可以精确地调控、开关，实现有效节能；在窗户上装传感器，你就可以坐在办公室里通过电脑打开家里的窗户透气，再看远一点，物联网还可以控制物流运输、移动 PoS 机等应用，而结合云计算，物联网将可以有更多元的应用。

物联网就是"物物相连的互联网"，其目标是让万物开口说话。这里包含两层意思：一是物联网的核心和基础仍然是互联网，是在互联网基础上的延伸和扩展的网络；二是其用户端延伸和扩展到了任何物体与物体之间，进行信息交换和通信。通信网络连接的是人与人，是网络中的"客流系统"；物联网连接的是物与物，是网络中的"物流系统"。物联网给人的印象是相当宽泛，似乎无所不包、无所不能。

物联网也是一种泛在网络，其原意是用互联网将世界上的物体都连接在一起，使世界万物都可以主动上网。它将射频识别设备、传感设备、定位系统或其他获取方式等各种创新的传感科技嵌入世界的各种物体、设施和环境中。把信息处理能力和智能技术通过互联网注入世界的每一个物体中，使物理世界数据化并赋予其生命。

世界上的万事万物，小到手表、钥匙，大到汽车、楼房，只要嵌入一个微型感应芯片，把它变得智能化，这个物体就具有"智慧"，会"说话"，会"思考"，会"行动"，再借助无线网络技术，人们就可以和物体"对话"，物体和物体之间也能"交流"。如果物联网再搭上互联网这个桥梁，在世界任何一个地方我们都可以即时获取万事万物的信息。可以这么说，物联网加上互联网等于智慧的地球。

物联网把我们的生活拟人化了，万物成了人的同类。物联网利用传感器、RFID 和条码等技术，通过计算机互联网实现物体（商品）的自动识别和信息的互联与共享。可以说，物联网描绘的是充满智能的世界。在物联网时代中，每一个物理实体都可以实现寻址，每一个物理实体都可以进行通信，每一个物理实体都可以进行控制，可以实现物物相连、感知世界的目标。

物联网彻底改变了我们对世界的传统认识。传统思路认为，机场、公路、建筑物等物理基础设施和数据中心、计算机、宽带网络等 IT 基础设施是两个完全不同的世界。而在物联网时代，钢筋混凝土、电缆等物理基础设施将与芯片、电脑、宽带网络等 IT 基础设施整合为统一融合的基础设施。从这一意义上讲，基础设施更像是一块新的地球工地，世界的运转在其上面进行，包括经济管理、生产运行、社会管理乃至个人生活。

互联网是以人为本，是人在操作互联网的运作，信息的制造、传递、编辑都是人完成的，实现的是信息共享。而物联网不同，物联网需要以物为核心，让物来完成信息的制造、传递、编辑，实现的是信息获取和信息感知。在物联网中，人只能是配角而不是主角，大到房子、汽车，小到牙刷、纸巾，都是物联网的参与者，规模之大，情况之复杂，一般人是难以想象的。所以，物联网实现起来，会比互联网困难许多，二者难以相提并论，毕竟，物体没有人这样缜密细致的思考能力。

物联网与互联网最大的差别就是：如果说互联网让全世界变成了一个村，那物联网就让这个村变成了一个人，这个人充满着智慧；互联网连接虚拟信息空间，而物联网连接现实物理世界；如果说互联网是人的大脑，那物联网就是人的四肢。其实，与互联网相比，物联网实际上只是多了一个底层的数据采集环节，大致是 4 类数据的采集：电子标签显示身份、传感器捕捉状态、摄像头记录图像、GPS 进行跟踪定位。

2.1.2　物联网的脸谱

互联网企业、传统行业的企业、设备商、电信运营商全面布局物联网，产业生态初具雏形。连接技术不断突破，NB-IoT、eMTC、LoRa 等低功耗广域网全球商用化进程不断加速。物联网平台迅速增长，服务支撑能力迅速提升。区块链、边缘计算、人工智能等新技术不断注入物联网，为物联网带来新的创新活力。受技术和产业成熟度的综合驱动，物联网呈现"边缘的智能化、连接的泛在化、服务的平台化、数据的延伸化"新特征。

1．边缘的智能化

各类终端持续向智能化的方向发展，操作系统等促进终端软硬件不断解耦合，不同类型的终端设备协作能力加强。边缘计算的兴起更是将智能服务下沉至边缘，满足了行业物联网实时业务、敏捷连接、数据优化等关键需求，为终端设备之间的协作提供了重要支撑。

2．连接的泛在化

局域网、低功耗广域网、第五代移动通信网络等陆续商用为物联网提供泛在的连接能力，物联网网络基础设施迅速完善，互联效率不断提升，助力开拓新的智慧城市物联网应用场景。

3．服务的平台化

物联网平台成为解决物联网碎片化，提升规模化的重要基础。通用水平化和垂直专业化平台互相渗透，平台开放性不断提升，人工智能技术不断融合，基于平台的智能化服务水平持续提升。

4．数据的延伸化

先联网后增值的发展模式进一步清晰，新技术赋能物联网，不断推进横向跨行业、跨环节"数据流动"和纵向平台、边缘"数据使能"创新，应用新模式、新业态不断显现。

2.1.3　物联网是如何工作的

物联网是在计算机互联网的基础上，利用传感器、RFID、条码等技术，构造一个涵盖世界上万事万物的巨网络。在这个网络中，物体（商品）能够彼此地进行"自由交流"，而无须人的干预。其实质是利用感知层、网络层和应用层关键技术，通过计算机互联网实现物体（商品）的自动识别和信息的互联与共享。

物联网中非常重要的技术是传感器、RFID、条码等技术。而 RFID 和传感器技术，正是能够让物体"开口说话"的一种技术。RFID 系统是最简单、最朴素、最原始的传感网，是身份感知，不带有其他功能，因而国际电信联盟将电子标签作为无线传感网的一部分。在物联网的构想中，电子标签中存储着规范而具有互用性的信息，通过无线数据通信网络把它们自动采集到中央信息系统，实现物体（商品）的识别，进而通过开放性的计算机网络实现信息交换和共享，实现对物体的"透明"管理。

物联网概念的问世，打破了之前的传统思维。过去的思路一直是将物理基础设施和 IT 基础设施分开：一方面是机场、公路、建筑物，而另一方面是数据中心、个人电脑、宽带等。而在物联网时代，钢筋、混凝土、电缆将与芯片、宽带整合为统一的基础设施，在此意义上，基础设施更像是一块新的地球工地，世界的运转就在它上面进行，其中包括经济管理、生产运行、社会管理乃至个人生活。

毫无疑问，如果物联网时代全面来临，人们的日常生活将发生翻天覆地的变化。它把新一代 IT 技术充分运用在各行各业之中，具体来说，就是把感应器嵌入和装备到电网、铁路、桥梁、隧道、公路、建筑、供水系统、大坝、油气管道等各种物体中，然后将"物联网"与现有的互联网整合起来，实现人类社会与物理系统的整合，在这个整合的网络当中，存在能力超级强大的中心计算机群，能够对整合网络内的人员、机器、设备和基础设施进行实时的管理和控制，在此基础上，人类可以以更加精细和动态的方式管理生产和生活，达到"智慧"状态，提高资源利用率和生产力水平，改善人与自然的关系。

物联网在实际应用上的开展需要各行各业的参与，并且需要国家政府的主导以及相关法规政策上的扶持，物联网的开展具有规模性、广泛参与性、管理性、技术性、物的属性等特征，其中，技术上的问题是物联网最为关键的问题。物联网技术是一项综合性的技术，是一项系统，目前国内还没有哪家公司可以全面负责物联网整个系统的规划和建设，理论上的研究已经在各行各业展开，而实际应用还仅局限于行业内部。关于物联网的规划和设计以及研发关键在于 RFID、传感器、嵌入式软件以及传输数据计算等领域的研究。

一般来讲，物联网的基本工作原理是：首先，对物体属性进行标识，属性包括静态和动态的属性，静态属性可以直接存储在标签中，动态属性需要先由传感器实时进行探测；其次，需要识别设备完成对物体属性的读取，并将信息转换为适合网络传输的数据格式；最后将物体的信息通过网络传输到信息处理中心，由信息处理中心完成物体通信的相关计算，处理中心可能是分布式的，如家里的电脑或者手机，也可能是集中式的，如电信运营商的互联网数据中心（IDC，Internet Data Center）。

物联网的发展需要经历 4 个阶段：第一阶段是电子标签和传感器被广泛应用在物流、销售和制药领域；第二阶段是实现物体互联；第三阶段是物体进入半智能化；第四阶段是物体进入了全智能化。在规模性、流动性条件的保障下实现任何时间、任何地点、任何人和任何物（4A，Anytime Anywhere Anyone Anything）的通信。

2.2 物联网参考体系结构

物联网概念模型是不同类物联网应用系统的高度抽象，是设计物联网参考体系结构的基础。物联网参考体系结构是遵循物联网应用系统的共性需求及特征，为不同物联网体系结构设计提供参考。基于物联网概念模型，可以从系统、通信、信息 3 个角度给出系统参考体系结构、通信参考体系结构、信息参考体系结构的描述。物联网系统参考体系结构是物联网系统组成的抽象描述；物联网通信参考体系结构是异构物联网设备和网络之间互联的抽象描述；物联网信息参考体系结构是物联网信息形成过程的抽象描述。

对物联网应用系统的抽象、演绎，可得到通用的物联网概念模型和物联网参考体系结构。物联网参考体系结构可指导不同物联网应用体系结构的设计，从而规范物联网应用系统的实现。国家标准 GB/T 33474–2016《物联网参考体系结构》给出了物联网的概念模型、参考体系结构和应用系统之间的关系，如图 2–2 所示。

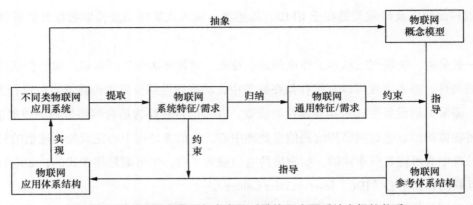

图 2-2　物联网概念模型、参考体系结构和应用系统之间的关系

2.2.1　物联网概念模型

物联网概念模型由用户域、目标对象域、感知控制域、服务提供域、运维管控域和资源交换域组成，如图 2-3 所示。域之间的关联关系表示域之间存在逻辑关联或者通信连接的关联关系。

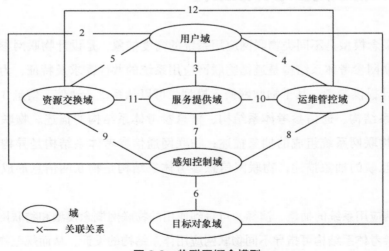

图 2-3　物联网概念模型

用户域是不同类型物联网用户和用户系统的实体集合。物联网用户可通过用户系统及其他域的实体获取物理世界对象的感知和操控服务。

目标对象域是物联网用户期望获取相关信息或执行相关操控的对象实体集合，可包括感知对象和控制对象。感知对象是用户期望获取信息的对象，控制对象是用户期望执行操控的对象。感知对象和控制对象可与感知控制域中的实体（如传感网系统、标签识别系统、智能化设备接口系统等）以非数据通信类接口或数据通信类接口的方式进行关联，实现物理世界和虚拟世界的接口绑定。

感知控制域是各类获取感知对象信息与操控控制对象的软硬件系统的实体集合，它可以实现针对物理世界对象的本地化感知、协同和操控，并为其他域提供远程管理和服务的接口。

服务提供域是实现物联网基础服务和业务服务的软硬件系统的实体集合，它可以实现对感知数据、控制数据及服务关联数据的加工、处理和协同，为物联网用户提供对物理世界对象的感知和操控服务的接口。

运维管控域是实现物联网运行维护和法规符合性监管的软硬件系统的实体集合，它可以保障物联网的设备和系统的安全、可靠运行，保障物联网系统中实体及其行为与相关法律规则等的符合性。

资源交换域是实现物联网系统与外部系统间信息资源的共享与交换，以及实现物联网系统信息和服务集中交易的软硬件系统的实体集合，它可以获取物联网服务所需的外部信息资源，也可为外部系统提供所需的物联网系统的信息资源，以及为物联网系统的信息流、服务流、资金流的交换提供保障。

概念模型各域之间的关联关系如表 2-1 所示。

表 2-1　概念模型各域之间的关联关系

序号	域名称	域名称	关联关系描述	关联关系属性
1	用户域	目标对象域	表征用户域中的用户与目标对象域中对象的特定感知或操控需求关系	逻辑关联
2	用户域	感知控制域	用户域中的用户系统通过本关联实现与感知控制域中软硬件系统的管理和服务信息交互	通信连接
3	用户域	服务提供域	用户域中的用户系统通过本关联实现与服务提供域中业务服务系统的服务信息交互	通信连接
4	用户域	运维管控域	用户域中的用户系统通过本关联实现与运维管控域中软硬件系统的运维管理信息交互	通信连接

序号	域名称	域名称	关联关系描述	关联关系属性
5	用户域	资源交换域	用户域中的用户系统通过本关联实现与资源交换域中软硬件系统的服务和交易信息交互	通信连接
6	目标对象域	感知控制域	目标对象域中的对象通过本关联与感知控制域中的软硬件系统（如传感网系统、标签识别系统、智能化设备接口系统等），以非数据通信类接口或数据通信类接口的方式实现关联绑定，非数据通信类接口包括物理、化学、生物类作用关系、标签附着绑定关系、位置绑定关系等。数据通信类接口主要包括串口、并口、通用串行总线（USB，Universal Serial Bus）接口、以太网接口等	逻辑关联、通信连接
7	感知控制域	服务提供域	感知控制域中的软硬件系统通过本关联实现与服务提供域中的基础服务系统之间的感知和操控信息交互	通信连接
8	感知控制域	运维管控域	运维管控域中的软硬件系统通过本关联实现与感知控制域中软硬件系统的监测、维护和管理信息交互	通信连接
9	感知控制域	资源交换域	感知控制域中的软硬件系统通过本关联实现与资源交换域中软硬件系统的信息交互与共享	通信连接
10	服务提供域	运维管控域	运维管控域中的软硬件系统通过本关联实现与服务提供域中软硬件系统的监测、维护和管理信息交互	通信连接
11	服务提供域	资源交换域	服务提供域中的软硬件系统通过本关联实现与资源交换域中软硬件系统的信息交互与共享	通信连接
12	运维管控域	资源交换域	运维管控域中的软硬件系统通过本关联实现与资源交换域中软硬件系统的监测、维护和管理信息交互	通信连接

2.2.2 物联网系统参考体系结构

物联网系统参考体系结构基于物联网概念模型，从功能系统组成的角度，给出物联网系统各业务功能域中主要实体及实体之间的接口关系，如图2-4所示。

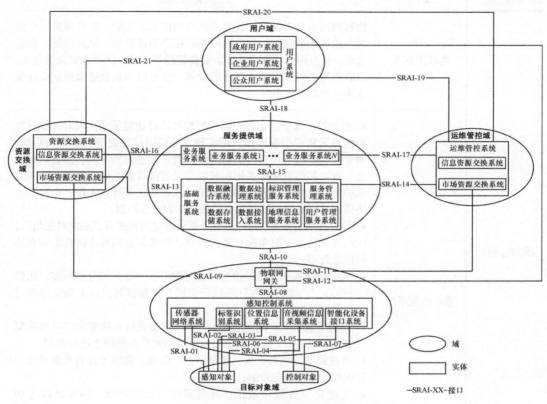

图2-4 物联网系统的参考体系结构

物联网系统参考体系结构中各个域包含的实体描述如表2-2所示。

表2-2 物联网系统参考体系结构中各个域包含的实体

域名称	实体	实体描述
用户域	用户系统	用户系统是支撑用户接入物联网、使用物联网服务的接口系统；从物联网用户总体类别来分，可包括政府用户系统、企业用户系统、公众用户系统等
目标对象域	感知对象	感知对象是物联网用户期望获取信息的对象
	控制对象	控制对象是物联网用户期望执行操控的对象

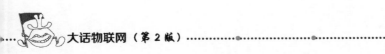

续表

域名称	实体	实体描述
感知控制域	物联网网关	物联网网关是支撑感知控制系统与其他系统互联，并实现感知控制域本地管理的实体。物联网网关可提供协议转换、地址映射、数据处理、信息融合、安全认证、设备管理等功能。从设备定义的角度，物联网网关可以是独立工作的设备，也可以与其他感知控制设备集成为一台功能设备
	感知控制系统	● 感知控制系统：通过不同的感知和执行功能单元实现对关联对象的信息采集和控制操作，可实现本地协同信息处理和融合的系统。感知控制系统可包括传感器网络系统、标签识别系统、位置信息系统、音视频信息采集系统和智能化设备接口系统等，根据物联网对象的不同社会属性和感知控制需求，各系统可独立工作，也可相互协作，共同实现对物联网对象的感知和操作控制； ● 传感器网络系统：通过与对象关联绑定的传感节点采集对象信息，或通过执行器对对象执行操作控制，传感节点间可支持自组网和协同信息处理； ● 标签识别系统：通过读写设备对附着在对象上的电子标签、条码（一维码、二维码）等标签进行识别和信息读写，以采集或修改对象相关的信息； ● 位置信息系统：通过北斗、GPS、移动通信系统等定位系统采集对象的位置数据，定位系统终端一般与对象在物理上进行绑定； ● 音视频信息采集系统：通过语音、图像、视频等设备采集对象的音视频等非结构化数据； ● 智能化设备接口系统：具有通信、数据处理、协议转换等功能，且提供与对象的通信接口，其对象包括电源开关、空调、大型仪器仪表等智能或数字设备。在实际应用中，它可以集成在对象中； 随着技术的发展，新的感知控制系统类别将会出现，且应能采集对象信息或执行操作控制
服务提供域	基础服务系统	该系统为业务服务系统提供物联网基础支撑服务，包括数据接入、数据处理、数据融合、数据存储、标识管理服务、地理信息服务、用户管理服务、服务管理等
	业务服务系统	该系统面向某类特定用户需求、提供物联网业务服务的系统，业务服务类型包括对象信息统计查询、分析对比、告警预警、操作控制、协调联动等

续表

域名称	实体	实体描述
运维管控域	运维管控系统	该系统是管理和保障物联网中设备和系统可靠、安全运行，并保障物联网应用系统符合相关法律法规的系统。根据功能可分为运行维护系统和法规监管系统。运行维护系统可实现包括系统接入管理、系统安全认证管理、系统运行管理、系统维护管理等功能；法规监管系统可实现包括相关法律法规查询、监督、执行等功能
资源交换域	资源交换系统	该系统可实现物联网系统与外部系统间信息资源的共享与交换，以及实现物联网系统信息和服务集中交易。根据功能分为信息资源交换系统和市场资源交换系统。信息资源交换系统是为满足特定用户服务需求，需要获取其他系统的必要信息资源，或为其他外部系统提供信息资源的前提下，实现系统间信息资源交换和共享；市场资源交换系统是为支撑有效提供物联网应用服务，实现物联网相关信息流、服务流和资金流的交换

物联网系统参考体系结构中的主要接口如表 2-3 所示。

表 2-3　物联网系统参考体系结构中的主要接口

接口	实体 1	实体 2	接口描述
SRAI-01	感知对象	传感器网络系统	本接口规定传感器网络系统与感知对象间的关联关系。传感器网络系统的感知单元通过该接口获取感知对象的物理、化学、生物等属性。本接口为非数据通信类接口
SRAI-02	感知对象	标签识别系统	本接口规定标签识别系统与感知对象间的关联关系。通过标签附着在对象上，标签读写器可识别和写入与感知对象相关的内容。本接口为非数据通信类接口，实现不同标签与感知对象的绑定关系。标签识别系统可包括电子标签、条码、二维码等
SRAI-03	感知对象	位置信息系统	本接口规定位置信息系统与感知对象间的关联关系。通过位置信息终端与对象的绑定，可获取感知对象的空间位置信息。本接口为非数据通信类接口，主要实现位置信息终端与感知对象的绑定关系
SRAI-04	感知对象	音视频信息采集系统	本接口规定音视频信息采集系统与感知对象间的关联关系。音视频信息采集系统通过该接口获取感知对象的音频、图像和视频内容等非结构化数据。本接口为非数据通信类接口，主要实现音视频采集终端与感知对象空间的布设关系
SRAI-05	感知对象	智能化设备接口系统	本接口规定智能化设备接口系统与感知对象间的关联关系。智能化设备接口系统通过该接口获取感知对象的相关参数、状态、基础属性信息等。本接口为数据通信类接口

接口	实体 1	实体 2	接口描述
SRAI–06	控制对象	传感网系统	本接口规定传感网系统与控制对象间的关联关系。传感网系统的执行单元可通过该接口获取控制对象的运行状态，并实现对控制对象的操作控制。本接口为数据通信类接口
SRAI–07	控制对象	智能化设备接口系统	本接口规定智能化设备接口系统与控制对象间的关联关系。智能化设备接口系统通过该接口可获取控制对象的运行状态，并实现对控制对象的操作控制。本接口为数据通信类接口
SRAI–08	感知控制系统	物联网网关	本接口规定感知控制系统与物联网网关间的关联关系。物联网网关通过该接口适配、连接不同的感知控制系统，实现与感知控制系统间的信息交互以及系统管理控制等。本接口为数据通信类接口
SRAI–09	物联网网关	资源交换系统	本接口规定资源交换系统与物联网网关间的关联关系。资源交换系统通过该接口实现与物联网网关的通信连接，实现在权限允许下的信息共享交互。本接口为数据通信类接口
SRAI–10	物联网网关	基础服务系统	本接口规定基础服务系统与物联网网关间的关联关系。基础服务系统通过该接口实现与物联网网关的通信连接，实现在权限允许下的信息交互，主要包括感知控制域所获取的感知信息和对控制对象的控制信息等。本接口为数据通信类接口
SRAI–11	物联网网关	运维管控系统	本接口规定运维管控系统与物联网网关间的关联关系。运维管控系统通过该接口实现与物联网网关的通信连接，实现在权限允许下的信息交互，主要包括感知控制域内系统运行维护状态信息以及系统和设备的管理控制指令等。本接口为数据通信类接口
SRAI–12	物联网网关	用户系统	本接口规定用户系统与物联网网关间的关联关系。用户系统通过该接口实现与物联网网关的信息交互，获取感知控制域本地化的相关服务。本接口为数据通信类接口
SRAI–13	基础服务系统	资源交换系统	本接口规定基础服务系统与资源交换系统间的关联关系。基础服务系统通过该接口实现与其他相关系统的信息资源交换，可包括提供用户物联网基础服务的必要信息资源。本接口为数据通信类接口
SRAI–14	基础服务系统	运维管控系统	本接口规定基础服务系统与运维管控系统间的关联关系。运维管控系统通过该接口实现对基础服务系统运行状态的监测和控制，同时实现对基础服务系统运行过程中法规符合性的监管。本接口为数据通信类接口

续表

接口	实体 1	实体 2	接口描述
SRAI–15	基础服务系统	业务服务系统	本接口规定基础服务系统与业务服务系统间的关联关系。业务服务系统通过该接口调用基础服务系统提供的物联网基础服务，可包括数据存储管理、数据处理、标识解析服务、地理信息服务等。本接口为数据通信类接口
SRAI–16	业务服务系统	资源交换系统	本接口规定资源交换系统与业务服务系统间的关联关系。业务服务系统通过该接口实现与其他相关系统的信息和市场资源交换，如支撑业务服务的市场资源信息、支付金额信息等。本接口为数据通信类接口
SRAI–17	运维管控系统	业务服务系统	本接口规定业务服务系统与运维管控系统间的关联关系。运维管控系统通过该接口实现对业务服务系统运行状态的监测和控制，以及实现对业务服务系统所提供的相关物联网服务进行法规的监管。本接口为数据通信类接口
SRAI–18	业务服务系统	用户系统	本接口规定业务服务系统与用户系统间的关联关系。用户系统通过该接口获取相关物联网业务服务。本接口为数据通信类接口
SRAI–19	用户系统	运维管控系统	本接口规定用户系统与运维管控系统间的关联关系。运维管控系统通过该接口实现对用户系统运行状态的监测和控制，以及实现对用户系统相关感知和控制服务要求进行法规的监管和审核。本接口为数据通信类接口
SRAI–20	资源交换系统	运维管控系统	本接口规定资源交换系统与运维管控系统间的关联关系。运维管控系统通过该接口实现对资源交换系统运行状态的监测和控制，以及实现对资源交换过程中法规符合性的监管。运维管控系统可通过本接口从外部系统获取需要的信息资源。本接口为数据通信类接口
SRAI–21	资源交换系统	用户系统	本接口规定资源交换系统与用户系统间的关联关系。用户系统通过该接口实现与其他系统的资源交换，如用户为消费物联网服务所应支付的资金信息等。本接口为数据通信类接口

2.2.3　物联网通信参考体系结构

物联网通信参考体系结构从实现物联网实体间互联互通的角度，描述物联网域间及域内实体之间网络通信关系，如图 2-5 所示。

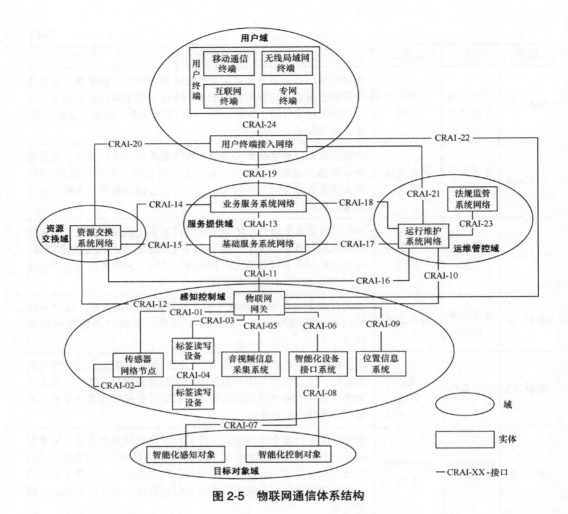

图2-5 物联网通信体系结构

物联网通信参考体系结构中各个域包含的实体描述如表2-4所示。

表2-4 物联网通信参考体系结构中各个域包含的实体

域名称	实体	实体描述
用户域	用户终端	用户终端是支撑用户接入、使用物联网服务的交互设备。从通信接入方式的角度，用户终端包括移动通信终端、互联网终端、专网终端、无线局域网终端等。不同的用户系统，可包括不同的用户终端
	用户终端接入网络	用户终端接入网络是用户终端访问和获取信息服务的通信网络，还可提供多种接入方式供用户终端使用

续表

域名称	实体	实体描述
目标对象域	智能化感知对象	智能化感知对象是其他实体可通过数字或模拟接口获取其信息的对象，它宜与智能化设备接口系统建立通信连接，其他感知对象与感知控制系统接口可为非数据通信接口
	智能化控制对象	智能化控制对象是通过数字化接口进行控制操作的控制对象，它一般与智能化设备接口系统建立通信连接，其他控制对象与感知控制系统接口可为非数据通信接口
感知控制域	传感器网络节点	传感器网络节点是传感器网络中各种功能单元的统称，包括传感器节点、传感器网络网关等，主要完成信息采集与控制、信息处理、网络通信和网络管理等功能
	标签读写设备	标签读写设备是通过标签获取数据和写入数据的电子设备
	标签	标签是具有信息存储和读写功能、用于标识和描述物体特征的实体，主要包括电子标签、条码、二维码等
	音视频设备	音视频设备获取对象音视频信息，并采用基于 IP 或非 IP 网络接口传输数据的设备
	智能化设备接口系统	智能化设备接口系统是连接智能化感知对象和智能化控制对象、实现与对象数据交互的系统，应具有网络通信、数据处理、协议转换等功能
	位置信息系统	位置信息系统是基于北斗卫星定位系统、GPS 定位系统或移动通信网络定位等获取感知对象位置信息并能实现与外部交互的系统
	物联网网关	物联网网关从通信的角度是实现感知控制系统与其他物联网业务系统互联的实体，且具备协议转换、地址映射、安全认证、网络管理等功能，同时作为不同类型感知控制系统间协同交互的中心，需实现不同类型感知控制系统间的网络管理
服务提供域	基础服务系统网络	基础服务系统网络是支撑基础服务系统内部提供基础服务的实体（如接入服务器、认证服务器等）间互联互通以及与其他外部实体或网络间交互的通信网络，可基于局域网络进行建设，并与外部网络实现一定安全级别的互联互通
	业务服务系统网络	业务服务系统网络是支撑业务服务系统内部提供业务服务的实体（如应用服务器、计算中心等）间互联互通以及与其他外部实体或网络间交互的通信网络。可基于局域网络进行建设，并与外部网络实现一定安全级别的互联互通

续表

域名称	实体	实体描述
运维管控域	运行维护系统网络	运行维护系统网络是支撑运行维护系统内部实体（如登录服务器、运维数据库服务器等）间互联互通以及与其他外部实体或网络间交互的通信网络，可基于局域网络进行建设，并与外部网络按照某种安全级别实现互联互通
	法规监管系统网络	法规监管系统网络是支撑法规监管系统内部实体（如登录服务器、法规数据库服务器等）间互联互通以及与其他外部实体或网络间交互的通信网络，可基于局域网络进行建设，并与外部网络按照某种安全级别实现互联互通
资源交换域	资源交换系统网络	资源交换系统网络是支撑信息资源交换系统和市场资源交换系统内部信息数据、服务数据、资金数据等实体间互联互通以及与其他外部实体或网络间交互的通信网络，同时实现物联网应用系统与其他物联网应用系统或信息资源网络间的互联互通

物联网通信参考体系结构中的主要接口如表2-5所示。

表 2-5 物联网通信参考体系结构中的主要接口

接口	实体 1	实体 2	接口描述
CRAI-01	传感器网络节点	物联网网关	本接口规定传感器网络节点与物联网网关之间的通信连接关系。根据物联网的不同应用需求，可以采用无线或有线通信接口方式。本接口可支持数据传输速率从几字节到几兆字节
CRAI-02	传感器网络节点	传感器网络节点	本接口规定传感器网络节点之间的通信连接关系。根据不同节点间的交互需求，本接口可支持数据传输速率从几字节到几兆字节
CRAI-03	标签读写设备	物联网网关	本接口规定标签读写设备和物联网网关之间的通信连接关系。标签读写设备通过该接口向物联网网关传输标签数据，数据传输模式可支持同步模式、异步模式。该接口通信方式可支持有线连接和无线连接
CRAI-04	标签读写设备	标签	本接口规定标签读写设备和标签之间的通信连接关系。标签可分为条码类标签和RFID类标签等。条码类标签的读写接口可通过扫描方式获取标签信息；RFID类标签读写设备可通过空中接口向电子标签读出或写入信息
CRAI-05	物联网网关	音视频设备	本接口规定音视频设备和物联网网关之间的通信连接关系。物联网网关通过IP或非IP网络获取音视频设备的监控信息以及管理音视频设备。该接口的通信方式可支持有线连接和无线连接

续表

接口	实体 1	实体 2	接口描述
CRAI–06	物联网网关	智能化设备接口系统	本接口规定智能化设备接口系统和物联网网关之间的通信连接关系。物联网网关通过有线或无线的通信方式与智能化设备接口系统进行数据交互。本接口无线通信方式可采用移动通信网络接口和短距离无线通信接口等
CRAI–07	智能化设备接口系统	智能化感知对象	本接口规定智能化设备接口系统和智能化感知对象之间的通信连接关系。通过本接口实现智能化设备接口系统与智能化感知对象的通信和信息交互，获取智能化感知对象信息
CRAI–08	智能化设备接口系统	智能化控制对象	本接口规定智能化设备接口系统和智能化控制对象之间的通信连接关系。通过本接口实现智能化设备接口系统与智能化控制对象的通信和信息交互，操控智能化控制对象
CRAI–09	物联网网关	位置信息系统	本接口规定位置信息系统和物联网网关之间的通信连接关系。根据用户对位置信息获取的实时性或周期性要求，本接口可采用的通信方式包括移动通信网络、互联网、局域网或专用通信网等，通信接口应通过安全手段保证位置信息的安全性和私密性
CRAI–10	运行维护系统网络	物联网网关	本接口规定运行维护系统网络和物联网网关之间的通信连接关系。本接口用于传递感知控制系统相关的状态和管控等信息，本接口可采用的通信方式包括移动通信网络、互联网、局域网或专用通信网等
CRAI–11	基础服务系统网络	物联网网关	本接口规定基础服务系统网络和物联网网关之间的通信连接关系。根据物联网业务对数据的实时性和准确性等要求，该接口可采用的通信方式包括移动通信网络、互联网、局域网或专用通信网等
CRAI–12	资源交换系统网络	物联网网关	本接口规定资源交换系统网络和物联网网关之间的通信连接关系。根据对信息传送的实时性和准确性要求，该接口可采用的通信方式包括移动通信网络、互联网、局域网或专用通信网等
CRAI–13	业务服务系统网络	基础服务系统网络	本接口规定业务服务系统网络和基础服务系统网络之间的通信连接关系。该接口可作为物联网系统的内部通信接口，也可作为基础服务系统网络提供的开放外部通信接口。该接口可采用的通信方式包括移动通信网络、互联网、局域网或专用通信网等
CRAI–14	资源交换系统网络	业务服务系统网络	本接口规定资源交换系统网络和业务服务系统网络之间的通信连接关系。根据业务服务系统对信息资源和市场资源的请求和交换功能的实时性和可靠性需求，该接口可采用互联网、局域网或专用通信网等通信方式

续表

接口	实体1	实体2	接口描述
CRAI-15	资源交换系统网络	基础服务系统网络	本接口规定资源交换系统网络和基础服务系统网络之间的通信连接关系。根据基础服务系统对信息资源和市场资源的资源请求和交换功能的实时性和可靠性需求，该接口可采用互联网、局域网或专用通信网等通信方式
CRAI-16	资源交换系统网络	运行维护系统网络	本接口规定资源交换系统网络和运行维护系统网络之间的通信连接关系。针对资源交换系统运行维护、系统管理、法规监管等管控功能的需求，该接口可采用互联网、局域网或专用通信网等通信方式
CRAI-17	运行维护系统网络	基础服务系统网络	本接口规定基础服务系统网络和运行维护系统网络之间的通信连接关系。根据基础服务系统运行维护、系统管理、法规监管等管控功能的需求，该接口可采用移动通信网络、互联网、局域网或专用通信网等通信方式
CRAI-18	运行维护系统网络	业务服务系统网络	本接口规定业务服务系统网络和运行维护系统网络之间的通信连接关系。根据业务服务系统运行维护、系统管理、法规监管等管控功能的需求，该接口可采用移动通信网络、互联网、局域网或专用通信网等通信方式
CRAI-19	用户终端接入网络	业务服务系统网络	本接口规定业务服务系统网络和用户终端接入网络之间的通信连接关系。根据用户使用物联网业务服务系统的需求，该接口可采用移动通信网络、互联网、局域网或专用通信网等通信方式
CRAI-20	用户终端接入网络	资源交换系统网络	本接口规定资源交换系统网络和用户终端接入网络之间的通信连接关系。该接口可采用移动通信网络、互联网、局域网或专用通信网等通信方式
CRAI-21	用户终端接入网络	运维管控系统网络	本接口规定运维管控系统网络和用户终端接入网络之间的通信连接关系。该接口可采用移动通信网络、互联网、局域网或专用通信网等通信方式以支持不同类型的终端，用户终端可通过浏览器/服务器（B/S，Browser/Server）或客户端/服务器（C/S，Client/Server）通信方式接入运维管控系统
CRAI-22	用户终端接入网络	物联网网关	本接口规定物联网网关和用户终端接入网络之间的通信连接关系。该接口可采用移动通信网络、互联网、局域网或专用通信网等通信方式以支持不同类型的物联网网关与用户终端接入网络的通信和信息交互
CRAI-23	运行维护系统网络	法律监管系统网络	本接口规定运行维护系统网络和法律监管系统网络之间的通信连接关系。该接口可采用支持相同网络通信协议类型的设备实现两者之间的通信。该接口可采用移动通信网络、互联网、局域网或专用通信网等通信方式

续表

接口	实体1	实体2	接口描述
CRAI-24	用户终端	用户终端接入网络	本接口规定用户终端和用户终端接入网络之间的通信连接关系。该接口可采用移动通信网络、互联网、局域网或专用通信网等通信方式以支持不同类型的用户终端

2.2.4 物联网信息参考体系结构

物联网信息参考体系结构从物联网应用及数据流出发，定义信息交换过程中参与的实体，如图2-6所示。

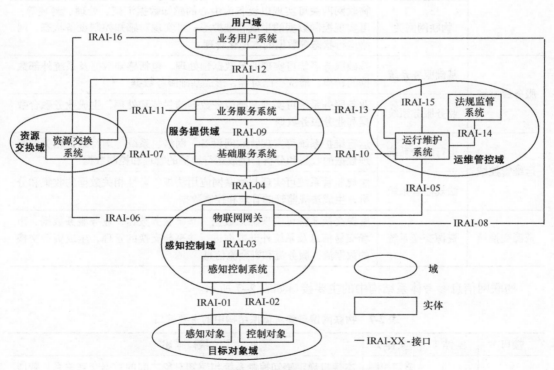

图2-6 物联网的信息参考体系结构

物联网信息参考体系结构中各个域包含的实体描述如表2-6所示。

表2-6　物联网信息参考体系结构中各个域包含的实体

域名称	实体	实体描述
用户域	业务用户系统	实现物联网业务服务信息订购、获取、使用和管理
目标对象域	感知对象	感知对象是物联网用户期望获取信息的对象，它可生成、存储和处理本地对象信息。其他感知对象本身可不具备上述功能
	控制对象	控制对象是物联网用户期望执行操控的对象，它可接收、存储和处理本地对象信息。其他控制对象本身可不具备上述功能
感知控制域	感知控制系统	感知控制系统可实现对象原始数据的采集，或经过数据级、特征级和决策级融合信息处理生成对象信息；可根据本地信息生成对象控制信息或从其他域接收对象控制信息、执行控制操作；可实现对感知控制设备状态、网络运行状态等数据生成和管理维护
	物联网网关	物联网网关可实现以设备为中心的感知数据汇聚、处理、封装等；可实现控制数据的生成和维护等；可实现对感知控制设备状态、网络运行状态等数据的本地化管理
服务提供域	基础服务系统	基础服务系统可实现业务数据预处理，包括感知数据及系统外部数据的转换、清洗、比对等，形成基础服务数据
	业务服务系统	业务服务系统可实现基础服务数据的封装和处理，生成业务融合数据和业务服务数据
运维管控域	运行维护系统	运行维护系统可实现物联网设备、网络、系统等运行维护相关的管理数据的收集和分析，生成运行维护的管理和控制数据
	法规监管系统	法规监管系统可实现与物联网应用法规符合性相关数据的收集和分析，生成法规监管的管理和控制数据
资源交换域	资源交换系统	资源交换系统可实现感知数据、基础服务数据、业务服务数据、市场交易信息及系统外部数据进行共享与交换的管理，生成资源交换的数据流、服务流和资金流信息

物联网信息参考体系结构中的主要接口如表2-7所示。

表2-7　物联网信息参考体系结构中的主要接口

接口	实体1	实体2	接口描述
IRAI–01	感知对象	感知控制系统	本接口规定感知控制系统与感知对象之间的数据交互关系。智能化感知对象将本地对象信息发送给感知控制系统
IRAI–02	感知控制系统	控制对象	本接口规定感知控制系统与控制对象之间的数据交互关系。感知控制系统将控制命令发送给控制对象，控制对象向感知控制系统发送控制执行状态数据

续表

接口	实体 1	实体 2	接口描述
IRAI–03	感知控制系统	物联网网关	本接口规定感知控制系统与物联网网关之间的数据交互关系。感知控制系统将感知数据发送给物联网网关，物联网网关向感知控制系统发送控制数据，物联网网关和感知控制系统也可相互传送设备状态和网络状态等管理数据
IRAI–04	物联网网关	基础服务系统	本接口规定物联网网关与基础服务系统之间的数据交互关系。物联网网关将以设备为中心的感知数据发送给基础服务系统，作为物联网基础服务的主要数据来源，基础服务系统向物联网网关发送控制数据
IRAI–05	物联网网关	运行维护系统	本接口规定物联网网关与运行维护系统之间的数据交互关系。物联网网关将设备、网络和系统状态信息发送给运行维护系统，运行维护系统向物联网网关发送设备、网络和系统的管理和控制数据
IRAI–06	资源交换系统	物联网网关	本接口规定物联网网关与资源交换系统之间的数据交互关系。资源交换系统将感知数据交换的请求信息发送给物联网网关，物联网网关向资源交换系统发送感知数据
IRAI–07	基础服务系统	资源交换系统	本接口规定基础服务系统与资源交换系统之间的数据交互关系。基础服务系统将资源交换请求信息发送给资源交换系统，资源交换系统向基础服务系统发送系统外部数据
IRAI–08	物联网网关	业务用户系统	本接口规定物联网网关与业务用户系统之间的数据交互关系。物联网网关将感知数据发送给业务用户系统，业务用户系统向物联网网关发送控制数据
IRAI–09	业务服务系统	基础服务系统	本接口规定基础服务系统与业务服务系统之间的数据交互关系。业务服务系统将基础服务数据的调用请求信息发送给基础服务系统，基础服务系统向业务服务系统发送基础服务数据
IRAI–10	运行维护系统	基础服务系统	本接口规定基础服务系统与运行维护系统之间的数据交互关系。运行维护系统将运行维护以及法规监管的管理和控制数据发送给基础服务系统，基础服务系统向运行维护系统发送设备、网络、系统的状态数据
IRAI–11	业务服务系统	资源交换系统	本接口规定业务服务系统与资源交换系统之间的数据交互关系。业务服务系统将业务服务数据发送给资源交换系统，资源交换系统向业务服务系统发送系统外部数据
IRAI–12	业务用户系统	业务服务系统	本接口规定业务服务系统与业务用户系统之间的数据交互关系。业务用户系统将业务服务数据的请求信息发送给业务服务系统，业务服务系统向业务用户系统发送业务服务数据

续表

接口	实体1	实体2	接口描述
IRAI-13	运行维护系统	业务服务系统	本接口规定业务服务系统与运行维护系统之间的数据交互关系。运行维护系统将运行维护以及法规要求的管理和控制数据发送给业务服务系统，业务服务系统向运行维护系统发送设备、网络、系统的状态数据
IRAI-14	法规监管系统	运行维护系统	本接口规定法规监管系统与运行维护系统之间的数据交互关系。法规监管系统将法规符合性相关数据的收集请求信息发送给运行维护系统，运行维护系统向法规监管系统发送法规符合性相关数据
IRAI-15	运行维护系统	资源交换系统	本接口规定运行维护系统与资源交换系统之间的数据交互关系。运行维护系统将运行维护以及法规要求的管理和控制数据发送给资源交换系统，资源交换系统向运行维护系统发送设备、网络、系统的状态数据
IRAI-16	业务用户系统	资源交换系统	本接口规定资源交换系统与业务用户系统之间的数据交互关系。业务用户系统将资源交换请求信息发送给资源交换系统，资源交换系统向业务用户系统发送系统外部数据

2.2.5 物联网技术框架

物联网技术框架代表物联网信息技术的集合，如图2-7所示。物联网涉及的主要技术分为感知技术、应用技术、网络技术和公共技术4个部分。

1. 感知技术

感知技术实现对感知对象的属性识别，以及对感知对象属性信息的采集、处理、传送，也可实现对控制对象的控制。数据采集与感知主要用于采集物理世界中发生的物理事件和数据，包括各类物理量、标识、音频、视频数据。感知技术分为采集控制、感知数据处理两个子类。

（1）采集控制技术

物联网的数据采集通过直接与对象绑定或与对象连接的数据采集器、控制器技术，完成对对象的属性数据识别、采集和控制操作，涉及传感器、条码、RFID、智能化设备接口、多媒体信息采集、位置信息采集和执行器等技术。

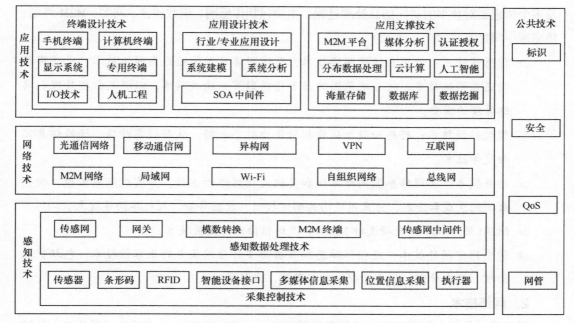

图 2-7　物联网技术框架

- 传感器技术：根据传感器使用的敏感元件技术，可以分为物理类、化学类、生物类等。

- 条码技术：包括条码和二维码技术，以及附着技术和识别技术。

- RFID 技术：包括 RFID 标签的附着技术和读写器技术。

- 智能化设备接口技术：实现与智能化感知对象和智能化控制对象的信息交互，核心是数据协议转换技术。

- 多媒体信息采集技术：包括视频和音频数据的采集技术、编解码技术等。

- 位置信息采集技术：包括 GPS 系统定位技术、北斗卫星系统定位技术、移动通信网络定位技术等。

- 执行器技术：是指接收控制数据并操控控制对象（如改变位置和形态等）的技术，根据执行器类别的差异，采用不同的机械或电子等执行器技术。

（2）感知数据处理技术

感知数据处理是对感知数据和控制数据进行加工处理的技术。传感器网络组网和协同信息处理技术实现传感器、RFID 等数据采集技术所获取数据的短距离传输、自组织组网以及多个传感器对数据的协同信息处理过程。主要包括传感网、模数转换、网关、M2M 终端、传感网中间件等技术。

- 传感网技术：使用自组织网络技术、总线网络技术等短距离网络技术，或使用移动通信网络技术，把一定范围的若干传感器节点构成网络，以满足数据处理和网络管理的需要。

- 模数转换技术：将感知数据从模拟转化为数字数据，从而提高精度、降低信息冗余度等技术。

- 网关技术：实现传感器网络系统和其他类型网络的连接，并实现数据汇聚、控制数据的生成和分发，可采用近场的闭环控制、数据存储、人机界面等技术。

- M2M 终端技术：是指支持 M2M 相关通信协议的网关技术。

- 传感网中间件技术：是指保障感知数据与多种应用服务的兼容性技术，包括代码管理、状态管理、设备管理、时间同步、定位等。

2. 网络技术

网络技术是指为物联网提供通信支撑的技术，它能够实现更加广泛的互联功能，能够把感知到的信息无障碍、高可靠性、高安全性地进行传送，需要传感器网络与移动通信技术、互联网技术相融合。在物联网概念模型的域内和域间均需依靠网络技术实现实体之间的通信连接和信息交换。

不同的网络技术可支持不同的域内和域间通信，如自组织网络技术、总线网络技术等短距离网络技术主要应用于感知控制域；域间一般使用广域网络技术；各种局域网技术主要在域内使用；移动通信技术在域间和域内都可以使用。

3. 应用技术

应用技术实现对感知数据的深度处理，形成满足需求的各种物联网应用服务，通过人机交互平台提供用户使用。应用技术分为应用设计、应用支撑、终端设计 3 个子类。

- 应用设计技术：进行行业或专业物联网应用系统分析和建模，构造行业或专业物联网应用系统框架的软件技术。

- 应用支撑技术：为物联网应用提供基础数据和业务服务的技术。使用海量存储、数据挖掘、分布式数据处理、云计算、人工智能、M2M 平台、媒体分析等技术，对感知数据进行数据深度处理，形成与应用业务需求相适应、实时更新、可共享的动态基础数据资源库。使用 SOA 中间件技术，形成规范的、通用的、可复用的业务服务。

- 终端设计技术：利用计算机终端、手机终端和专用终端、显示系统、人机工程、输入 / 输出（I/O，Input/Output）等技术构造友好、高效、可靠的用户终端。

4．公共技术

公共技术是管理和保障物联网整体性能的技术，作用于概念模型的各个域。它不属于物联网技术的某个特定层面，而是与物联网技术架构的 3 层都有关系，它包括标识与解析、安全技术、网络管理和服务质量（QoS，Quality of Service）管理。

物联网概念模型各个域内实体需要基于物联网技术框架中各种技术的应用，因而物联网技术框架和物联网概念模型的域有确定的对应关系，如图 2-8 所示。

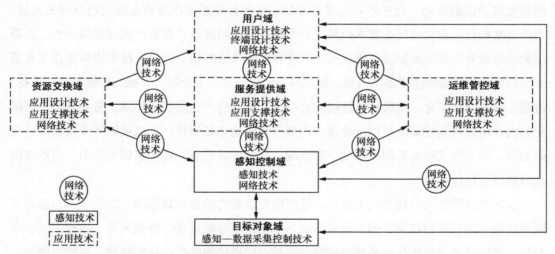

图 2-8　物联网技术框架和概念模型的对应关系

2.3　现状与趋势

在供给侧和需求侧的双重推动下，物联网进入以基础性行业和规模消费为代表的第三次发展浪潮，5G、低功耗广域网等基础设施加速构建，数以万亿计的新设备将接入网络并产生海量数据，人工智能、边缘计算、区块链等新技术加速与物联网结合，应用热点迭起，物联网迎来跨界融合、集成创新和规模化发展的新阶段。面对重大的发展机遇，各产业巨头强势入局，生态构建和产业布局正在全球加速展开。

与此同时，物联网在全球范围内呈现加速发展的态势。知名企业利用自身优势加快在行业应用、平台、网络、操作系统、传感器件等技术环节的布局，抢抓物联网新一轮发展战略机遇的意向非常突出。对于物联网产业发展前景的普遍看好和政府、企业的战略性投入推动物联网迅速进入发展新阶段。

2.3.1　全球热衷于触"网"

从物联网的概念兴起发展至今，受基础设施建设、基础性行业转型和消费升级三大周期性发展动能的驱动，处于不同发展水平的领域和行业成波次地动态推进物联网的发展。当前，基础性、规模化行业需求凸显，一方面，全球制造业正面临严峻的发展形势，主要国家纷纷量身定制国家制造业新战略，以物联网为代表的新一代信息技术成为重建工业基础性行业竞争优势的主要推动力量，物联网持续创新并与工业融合，推动传统产品、设备、流程、服务向数字化、网络化、智能化发展，加速重构产业发展新体系。另一方面，市场化的内在增长机制推动物联网行业逐步向规模化消费市场聚焦。受规模联网设备数量、高附加值、商业模式清晰等因素推动，车联网、社会公共事业、智能家居等成为当前物联网发展的热点行业。

全球物联网应用出现三大主线：一是面向需求侧的消费性物联网，即物联网与移动互联网相融合的移动物联网，创新高度活跃，孕育出可穿戴设备、智能硬件、智能家居、车联网、健康养老等规模化的消费类应用。二是面向供给侧的生产性物联网，即物联网与工业、农业、能源等传统行业深度融合形成行业物联网，成为行业转型升级所需的基础设施和关键要素。三是智慧城市发展进入新阶段，基于物联网的城市立体化信息采集系统正加快构建，智慧城市成为物联网应用集成创新的综合平台。

据 GSMA 智库（GSMA Intelligence）预测，从 2017 年到 2025 年，产业物联网（包括生产型物联网和智慧城市物联网）连接数将实现 4.7 倍的增长，消费物联网连接数将实现 2.5 倍的增长，如图 2-9 所示。

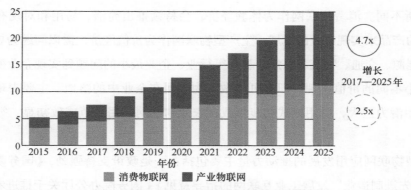

图 2-9 产业物联网和消费物联网连接增长对比

1. 消费物联网应用热点迭起

消费物联网经历了单品、入口、交互等多个"风口",通过数年来产业界的努力,物联网不再仅限于对家庭和个人提供消费升级的一些新产品,而是已经开始对人们的衣食住行等各方面产生了作用,从一定程度上体现出物联网改变生活的效应。主要表现在:智能音箱爆红成为智能家居场景中最佳交互终端;共享经济正在改变大众的出行方式和部分生活习惯;全屋智能带来居住环境体验的进一步提升;可穿戴设备已具有规模化的出货量;智能门锁市场开始发力。

消费物联网应用发展的推动力量主要包括:一是产品软硬件技术升级,人工智能、物联网、云计算等技术的发展有利于优化产品的用户体验,提升市场表现;二是开放的产业生态构建,众多巨头企业加速物联网生态体系建设,推广自家物联网产品及平台化服务,拟合各类智能终端统一入口,实现互联互通,促进市场发展;三是创业环境的持续优化,当前物联网产品开发已形成成套标准化组件,且小规模信贷、互联网众筹等融资渠道丰富,帮助创意团队、初创企业能够快速实现产品转化,提升市场活力。总体来看,目前智能家居、可穿戴设备等热门消费物联网应用发展的主要驱动力源于产业链技术的不断成熟,同时,各大互联网企业积极探索构建的消费物联网应用生态以及消费类应用产品创新环境的不断优化,也在不断推动产业规模的壮大。相比于生产型物联网、智慧城市物联网应用,消费物联网受国家政策导向的影响相对较小。

2. 生产型物联网应用成就新的风口

从全球范围来看,生产型物联网与消费物联网基本同步发展,但双方的发展逻辑和驱动力量有所不同。消费物联网作为体验经济，会持续推出简洁、易用和对现有生活有实质性提升的产品来实现产业的发展；生产型物联网作为价值经济，需以问题为导向，从解决工业、能源、交通、物流、医疗、教育等行业、企业最小的问题到实现企业变革转型之间各类大小不同的价值实现，即有可能做到物联网在企业中的落地。主要表现在：工业互联网应用潜力巨大，应用模式初步形成；农业物联网应用示范成效初显，智慧农业加快发展。

生产型物联网应用发展的推动力量主要包括：一是政策支持强劲，《国务院关于深化"互联网＋先进制造业"发展工业互联网的指导意见》《国务院办公厅关于推进农业高新技术产业示范区建设发展的指导意见》等，将生产型物联网的集成创新和规模应用上升至战略高度。二是市场需求迫切，石化、装备、航空航天、工程机械、家电等传统行业需要通过物联网解决行业痛点、拓展市场空间、推动转型升级。三是技术供给增强，物联网专用网络满足了农业广覆盖、低功耗、低成本的应用特征，大数据、区块链、边缘计算等新技术开拓了农产品溯源、工业实时操控等新的应用空间。四是产业积极渗透，电信运营商、设备厂商、互联网企业等联合上下游组建生态，加速向传统行业应用领域渗透，为行业应用奠定产业基础。总体来看，政策支持引导生产型物联网的兴起，而供需充分对接则是保证生产型物联网可持续发展的重要因素。

3. 智慧城市物联网应用全面升温

新理念、新技术驱动智慧城市物联网应用全面升温。"数字孪生城市"正在成为全球智慧城市建设热点，通过交通、能源、安防、环保等各系统海量的物联网感知终端，可实时全面地表述真实城市的运行状态，构建真实城市的虚拟镜像，支撑监测、预测和假设分析等各类应用，实现智能管理和调控。目前全球领先城市已经开展相关的探索。新加坡国家研究基金会和相关政府部门启动"虚拟新加坡"项目，打造全球首例"数字孪生城市"模型。法国小型城市雷恩市政府也开展"数字孪生城市"试点，打造城市数字模型，支撑城市政策制定、发展研究和应用开发。我国雄安新区积极发挥引领作用，以"数字孪生"实现数字城市与现实城市的同步规划、同步建设，实现信息可见、轨迹可循、状态可查，虚实同步运转，情景交融，过去可追溯，未来可预期。在"数字孪生城市"建设理念的引领下，城市物联网应用正向更大规模、更多领域、更高集成的方向加快升级。主要表现在：安防市场呈现规模化发展；公用事业借助低功耗广域网络实现智能化升级；消防与物联网密切融合的市场已经开启；物联网解决电动自行车管理的痛点。

　　智慧城市物联网应用发展的推动力量主要包括：一是城市痛点需求，智慧城市物联网要能够在全国各大城市复制和大范围落地，必须依赖前期试点示范中探索出的商业模式，直击城市管理的痛点，满足城市的真正发展需求，其中智能安防、智慧环保、智能交通已成为我国智慧城市建设的刚性需求，驱动物联网应用在这些领域的规模部署。二是部署成本，成本问题是我国相对欠发达城市面临的共性挑战，完全由政府推动物联网应用的规模部署将对财政造成较大负担，需要鼓励建设运营模式创新以吸引社会资本投入。此外，技术成熟、产业供给、安全保障等对扩大智慧城市物联网应用范畴、助力解决应用规模化也将产生积极的作用。

2.3.2　物联网发展前景

　　物联网是新一代信息技术的高度集成和综合运用，对新一轮产业变革和经济社会绿色、智能、可持续发展具有重要意义。为了推进物联网有序、健康的发展，我国政府加强了对物联网发展方向和发展重点的规范引导，不断优化物联网发展的环境。

　　2011 年 11 月 28 日，工业和信息化部印发《物联网"十二五"发展规划》，提出到 2015 年，我国要在核心技术研发与产业化、关键标准研究与制定、产业链的建立与完善、重大应用示范与推广等方面取得显著成效，初步形成创新驱动、应用牵引、协同发展、安全可控的物联网发展格局。

　　2012 年 8 月 17 日，工业和信息化部印发《无锡国家传感网创新示范区发展规划纲要（2012—2020 年）》，提出依托无锡市在物联网领域的技术、应用和产业基础，建设无锡国家传感网创新示范区，先行先试，探索经验。

　　2013 年 2 月 5 日，国务院印发《关于推进物联网有序健康发展的指导意见》，提出要实现物联网在经济、社会各领域的广泛应用，掌握物联网的关键、核心技术，基本形成安全可控、具有国际竞争力的物联网产业体系，成为推动经济、社会智能化和可持续发展的重要力量。

　　2013 年 9 月 5 日，国家发展改革委、工业和信息化部、教育部、科技部、公安部、财政部、国土资源部、商务部、税务总局、统计局、知识产权局、中科院、工程院、国家标准委联合印发《物联网发展专项行动计划》（以下简称《计划》）。《计划》包含了顶层设计、标准制定、技术研发、应用推广、产业支撑、商业模式、安全保障、政府扶持、法律法规、人才培养 10 个专项行动计划。各个专项计划从各自的角度，对 2015 年物联网行业将要达到的总体目标做出了规定。

2013 年 8 月 8 日，国务院印发《关于促进信息消费扩大内需的若干意见》。提出要加快信息基础设施的演进升级，增强信息产品供给能力，培育信息消费需求，提升公共服务信息化水平，加强信息消费环境建设，完善支持政策。

2013 年 10 月 31 日，国家发展改革委办公厅印发《关于组织开展 2014—2016 年国家物联网重大应用示范工程区域试点工作的通知》，提出要通过示范工程区域试点，扶持一批物联网骨干企业，提高我国物联网技术应用水平，引导企业实现创新驱动发展，带动物联网关键技术的突破和产业化，推动我国物联网产业健康快速发展。

2014 年 8 月 27 日，国家发展改革委、工业和信息化部、科学技术部、公安部、财政部、国土资源部、住房和城乡建设部、交通运输部印发《关于促进智慧城市健康发展的指导意见》。智慧城市是运用物联网、云计算、大数据、空间地理信息集成等新一代信息技术，促进城市规划、建设、管理和服务智慧化的新理念和新模式。建设智慧城市，对加快工业化、信息化、城镇化、农业现代化融合，提升城市可持续发展能力具有重要意义。

2015 年 10 月 29 日，中共中央印发《关于制定国民经济和社会发展第十三个五年规划的建议》，提出要实施"互联网+"行动计划，发展物联网技术和应用，发展分享经济，促进互联网和经济社会融合发展。

2016 年 11 月 29 日，国务院印发《"十三五"国家战略性新兴产业发展规划的通知》，提出要实施网络强国战略，加快建设"数字中国"，推动物联网、云计算和人工智能等技术向各行业全面融合渗透，构建万物互联、融合创新、智能协同、安全可控的新一代信息技术产业体系。到 2020 年，力争在新一代信息技术产业薄弱环节实现系统性突破，总产值规模超过 12 万亿元。

2016 年 12 月 15 日，国务院印发《"十三五"国家信息化规划》，提出要推进物联网感知设施规划布局，发展物联网开环应用。实施物联网重大应用示范工程，推进物联网应用区域试点，建立城市级物联网接入管理与数据汇聚平台，深化物联网在城市基础设施、生产经营等环节中的应用。

2016 年 12 月 18 日，工业和信息化部印发《信息通信行业发展规划（2016—2020 年）》，提出到 2020 年，具有国际竞争力的物联网产业体系基本形成，包含感知制造、网络传输、智能信息服务在内的总体产业规模突破 1.5 万亿元，智能信息服务的比重大幅提升。推进物联网感知设施规划布局，公众网络机器对机器（M2M，Machine to Machine）连接数突破 17 亿。物联网技术研发水平和创新能力显著提高，适应产业发展的标准体系初步形成，物联网规模应用不断拓展，泛在安全的物联网体系基本成型。

2017 年 6 月 6 日，工业和信息化部办公厅印发《关于全面推进移动物联网（NB-IoT）建设发展的通知》，提出要加强 NB-IoT 标准与技术研究，打造完整产业体系；推广 NB-IoT 在细分领域的应用，逐步形成规模应用体系；优化 NB-IoT 应用政策环境，创造良好可持续发展条件。

2018 年 4 月 25 日，工业和信息化部关于贯彻落实《推进互联网协议第六版（IPv6）规模部署行动计划》的通知，提出要加强基于 IPv6 固定网络基础设施和应用基础设施的网络安全防护手段建设，支持开展 IPv6 网络环境下的工业互联网、物联网、人工智能等新兴领域网络安全技术和管理机制研究。鼓励企业、研究机构、高校等各方加强协同，加快 IPv6 安全技术研发、应用和融合创新。

2018 年 4 月 27 日，工业和信息化部印发《工业互联网 APP 培育工程实施方案（2018—2020 年）》，提出到 2020 年，培育 30 万个面向特定行业、特定场景的工业 APP，全面覆盖研发设计、生产制造、运营维护和经营管理等制造业关键业务环节的重点需求；突破一批工业技术软件化共性关键技术，构建工业 APP 标准体系，培育出一批具有重要支撑意义的高价值、高质量工业 APP，形成一批具有国际竞争力的工业 APP 企业；工业 APP 应用取得积极成效，创新应用企业关键业务环节工业技术软件化率达到 50%；工业 APP 市场化流通、可持续发展能力初步形成，对繁荣工业互联网平台应用生态、促进工业提质增效和转型升级的支撑作用初步显现。

2018 年 5 月 11 日，工业和信息化部、国资委印发《关于深入推进网络提速降费加快培育经济发展新动能 2018 专项行动的实施意见》，提出要加快完善 NB-IoT 等物联网基础设施建设，实现全国普遍覆盖；进一步推动模组标准化、接口标准化、公众服务平台等共性关键技术研究；面向行业需求，积极推动产品和应用创新，推进物联网在智慧城市、农业生产、环保监测等行业领域的应用。

2018 年 12 月 25 日，工业和信息化部印发《车联网（智能网联汽车）产业发展行动计划》（以下简称《计划》），以促进车联网（智能网联汽车）产业发展，大力培育新增长点、形成新动能。《计划》指出，发展车联网产业，有利于提升汽车网联化、智能化水平，实现自动驾驶，发展智能交通，促进信息消费，对我国推进供给侧结构性改革、推动制造强国和网络强国建设、实现高质量发展具有重要意义。

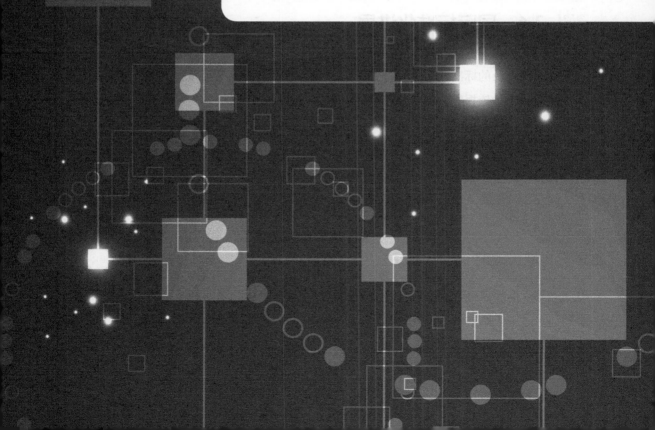

Chapter 3
第 3 章
不以规矩，不能成方圆

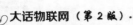

传感器、RFID、通信网络等物联网必不可少的技术，目前已比较成熟，但如何形成一个统一的网络是个关键问题，这首先涉及一个"语言标准"的问题。例如，中国的杯子和美国的杯子都要"开口说话"，中国的杯子"说"的是中文，美国的杯子"说"的是英文，它们俩就没办法沟通；再比如，郑州生产的杯子"说"豫语，广州生产的杯子"说"粤语，它们俩也没办法沟通。所以，最好让它们都"说"一种语言。这些问题都需要标准来解决。

俗话说"不以规矩，不能成方圆"。在 IT 信息行业来说同样也是如此，当前火热的物联网技术自然也不例外。物联网应用开发要做到标准先行，有了标准就等于有了话语权。在物联网标准化领域，中国与国际同步启动，具有同发优势，且在关键技术和应用上已经部分领先，实施以感知为核心的物联网标准化战略已迫在眉睫。在物联网行业内部有很多的企业以及联盟，它们在不同的标准和协议规则下工作和进行商务合作，但这是一个弱肉强食的市场。对于那些没有足够市场竞争力的物联网联盟而言，很难在市场上持续太长时间，最终也将会被淹没在更大的市场增长洪流之中。

3.1　国际标准化进展

物联网涉及的标准化组织十分复杂，既有国际、区域和国家标准化组织，又有行业协会和联盟组织。依据物联网的参考体系结构和技术框架，不同标准组织侧重的技术领域也不同，有些标准组织的工作覆盖多个层次，不同标准组织之间错综交互。

从射频识别（RFID）、机器对机器（M2M）、机器类通信（MTC, Machine Type Communication）、无线传感网（WSN, Wireless Sensor Networks），到泛在网（UN, Ubiquitous Network）、物联网（IoT）、泛在传感网（USN, Ubiquitous Sensor Network），国内外标准组织开展了与物联网相关的大量标准工作。

国际标准化组织

与物联网相关的国际标准化组织主要包括：国际电气和电子工程师协会（IEEE, Institute of Electrical and Electronics Engineers）、ZigBee 联盟、开放移动联盟（OMA, Open Mobile Alliance）、EPCglobal、互联网工程任务组（IETF, Internet Engineering Task Force）、第三代合

作伙伴计划组织（3GPP）、智能设备互联网协议（IPSO，Internet Protocol for Smart Objects）联盟、欧洲电信标准化协会（ETSI，European Telecommunications Standards Institution）、国际自动化学会（ISA，International Society of Automation）、国际标准化组织（ISO）/ 国际电工委员会（IEC）、oneM2M、AllSeen 联盟、Thread 联盟、开放互联联盟（OIC，Open Interconnect Consortium）、国际电信联盟电信标准分局（ITU–T，ITU Telecommunication Standardization Sector）、开放互联基金会（OCF，Open Connectivity Foundation）和 OMA SpecWorks 工作组。

　　ISO 主要针对物联网、传感网的体系结构及安全等进行研究；ITU–T 与 ETSI 专注于泛在网总体技术的研究，但两者侧重的角度不同，ITU–T 从泛在网的角度出发，而 ETSI 则是以 M2M 的角度对总体架构开展研究；3GPP 是针对通信网络技术方面进行研究；IEEE 针对设备底层通信协议开展研究。自 2009 年至今，物联网标准已成为国外标准化组织的工作热点。国际物联网相关的主要标准化组织如图 3–1 所示。

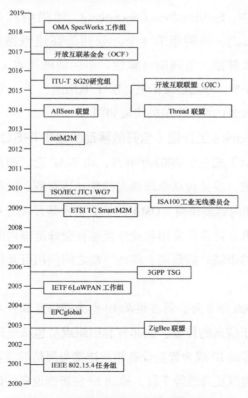

图 3-1　国际物联网相关的主要标准化组织

1. IEEE 802.15.4 工作组

为了满足低功耗、低成本的无线网络要求，IEEE 标准委员会在 2000 年 12 月正式批准并成立了 IEEE 802.15.4 工作组（后更名为 SG4w），任务就是开发一种低速率无线个域网（LR-WPAN，Low-Rate Wireless Personal Area Network）标准，它具有复杂度低、成本低、功耗很小的特点，能在低成本设备（固定、便携或可移动的）之间进行低数据率的传输。

IEEE 802.15.4 工作组原名为无线个域网（WPAN，Wireless Personal Area Networks），现更名为无线专业网（WSN，Wireless Specialty Networks），分为任务组、研究组、兴趣组和常委会 4 类。任务组有 4 个，分别是无线光通信、统一链路层控制（CLLC，Consolidated Link Layer Control）、多吉比特 / 秒无线光通信（MG-OWC，Multi-Gigabit/sec Optical Wireless Communications）、路由模块寻址（RMA，Routing Module Addressing）。研究组有 4 个，分别是低功耗广域网（LPWAN）、场域网增强（FANE，Field Area Network Enhancements）、下一代网络安全（SECN，Security Next Generation）、增强型红外—超宽带测距（EIR，Enhanced IR-UWB Ranging）。兴趣组有 4 个，分别是高速铁路通信（HRRC，High Rate Rail Communications）、太赫兹、增强型可靠性、车辆辅助技术（VAT，Vehicular Assistive Technology）。常委会有 3 个，分别是维护组、IETF 联络组、下一代无线网（WNG，Wireless Next Generation）。IEEE 802.15.4 工作组的构成如图 3-2 所示。

2. OMA SpecWorks 工作组（含开放移动联盟和 IPSO 联盟）

开放移动联盟（OMA）成立于 2002 年 6 月，由 WAP 论坛和开放式移动体系结构联盟两大标准化组织合并而成，成员包括全球领先的移动运营商、设备和网络供应商、信息技术（IT）公司以及业务和内容提供商。OMA 的核心宗旨是开发与系统无关的、开放的移动业务引擎标准，这些标准支持各种应用和业务能够在全球范围内的各种终端上实现互联互通。通过让客户在不同的市场、运营商、移动终端之间使用可互用的移动业务来促进整个移动工业市场的增长。

IPSO 联盟成立于 2008 年 9 月，旨在推动 IP 作为网络互联技术用于连接传感器节点或者其他的智能设备以便于信息的传输。该非营利组织成员包括全球多家通信和能源技术公司，其主要目标包括：推动 IP 成为智能设备相互连接与通信的首要解决方案；通过白皮书发布、案例研究、标准起草及升级等手段，推动 IP 在智能设备中的应用及其相关产品及服务的市场营销；了解智能设备相关行业和市场；组织互操作测试，使联盟成员及利益相关方证明其基于 IP 的智能设备的相关产品和服务可共同运行，且满足行业的通信标准；支持 IETF 及其他标准组织开发智能设备的 IP 技术标准。

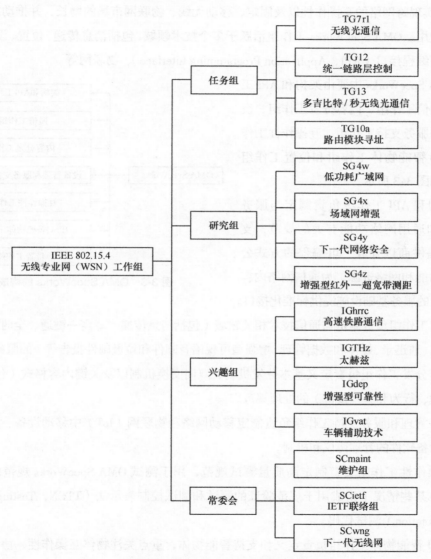

图 3-2　IEEE 802.15.4 工作组的构成

2018 年 3 月 27 日，IPSO 联盟与开放移动联盟（OMA）宣布，合并组建 OMA SpecWorks。

作为一个创新性标准开发组织（SDO，Standard Development Organization），OMA SpecWorks 的使命是针对移动和物联网（IoT）服务层制定一系列全球技术文档（包括规范、标准和白皮书），实现跨网络的互操作性以及固定、移动无线、物联网市场的增长，并推动技术文档的产业应用。OMA SpecWorks 工作组活跃于多个技术领域，包括消息传递、位置、设备管理、应用程序编程接口（API，Application Programming Interface）、物联网等。

OMA SpecWorks 主要由架构和 API 工作组、通信工作组、内容分发工作组、设备管理和服务支持工作组、互操作性工作组、IPSO 智能物体工作组和位置工作组组成，如图 3-3 所示。

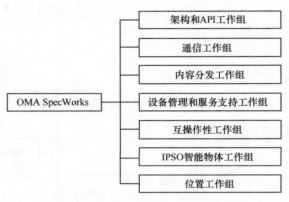

图 3-3　OMA SpecWorks 的构成

架构和 API 工作组负责制定与服务访问层和通用网络功能有关的规范，支持服务提供商以开放、可编程的方式公开设备功能和网络资源，为通信网络内容和设备上的服务基础设施提供标准化接口。

通信工作组负责制定与通信技术相关领域（包括消息传递、蜂窝一键通、全时在线、联系人信息、通讯录、媒体和数据管理、增强型可视语音邮件和垃圾邮件报告等）的服务层标准。

内容分发工作组负责定义基本分发机制、双向交换机制以及关键内容格式（包括语义、用户代理、行为和编程接口）的处理规范。

设备管理和服务支持工作组负责制定移动网络和物联网（IoT）中移动设备、服务访问和联网设备软件的管理协议和机制。

互操作性工作组负责制定高质量测试规范，用于测试 OMA SpecWorks 规范的实现方案，并在某些情况下生成用于规范验证的测试和测试控制表示法（TTCN，Testing and Test Control Notation）测试代码。

IPSO 智能物体工作组负责定义和支持智能物体，重点关注物体互操作性、协议和数据层以及身份和隐私技术。

位置工作组负责制定用于确保端到端位置服务领域的互操作性规范，并为 OMA SpecWorks 其他工作组提供位置服务的专业知识和咨询。

3. ZigBee 联盟

ZigBee 联盟成立于 2002 年 10 月，是一个高速成长的非营利组织，也是开放式物联网标准特别是智能家居标准的制定者，成员包括国际著名半导体生产商、技术提供者、技术集成商以及最终使用者，致力于制定基于 IEEE 802.15.4 标准的高可靠性、高性价比、低功耗的网络应用规范，为消费者提供更富有弹性、更容易使用的电子产品。ZigBee 联盟因其优先发力中国的战略布局使得 ZigBee 已从协议纷乱、边界林立的物联网生态体系中率先突围，形成了面向物联网时代的 ZigBee 产业生态，毫无悬念地收获了通往物联网时代产业生态的第一张"船票"。

ZigBee 联盟由委员会、工作组、研究组、攻关小组和特殊兴趣组组成。ZigBee 联盟成员分为 3 种级别，分别是推动者、参与者和采用者。推动者是联盟中最有影响力的级别，可获得董事会席位，在所有工作小组都有投票权利，对所有标准都有最终的核准权；参与者有权出席联盟所有会议，参与细则的制定、具备技术委员会候选人资格和参加研发工作，在工作小组中有投票权利，能更早地获得联盟标准以及尚处于草拟的规则文件；采用者可获得最终通过的文书并使用完成的 ZigBee 规范，允许使用 ZigBee 成员 Logo，有联盟国际活动的参与权，可了解标准的工作 / 任务小组的文档以及开发活动。ZigBee 联盟成员之间可以互相分享专业知识和技术储备，通过标准化实现更大的价值，为用户打造舒适、便利的智慧家庭体验。

4. EPCglobal

由美国统一代码协会（UCC，Uniform Code Council）和欧洲物品编码协会（EAN，European Article Number Association）于 2003 年 9 月共同成立的非营利性组织，主要职责是在全球范围内对各个行业建立和维护 EPCglobal 网络，保证供应链各环节信息的自动、实时识别，采用全球统一的标准，目的是通过发展和管理 EPCglobal 网络标准来提高供应链上贸易单元信息的透明度与可视性，以此来提高全球供应链的运作效率。EPCglobal 的前身是 1999 年 10 月 1 日在美国麻省理工学院成立的非营利性组织——自动识别中心。目前，EPCglobal 属于国际物品编码协会（GS1）。2005 年 1 月，EAN 正式更名为全球第一标准化组织（GS1，Global Standard 1st）。2005 年 6 月，UCC 正式更名为 GS1 US。

5. IETF 6LoWPAN 工作组

互联网工程任务组（IETF）于 2004 年 10 月 1 日筹划成立低功耗无线个域网（6LoWPAN，IPv6 over Low Power WPAN）工作组，着手制定基于 IPv6 的低速率无线个域网标准，即 IPv6 over IEEE 802.15.4，旨在将 IPv6 引入以 IEEE 802.15.4 为底层标准的无线个域网，实现将低功耗和低处理能力的智能物体直接连到 Internet 上，是一种将 IP 引入无线通信网络的低速率的无线个域网标准，适用于家庭、办公室、工厂环境自动化和娱乐应用以及智能电网等领域。它的出现推动了短距离、低速率、低功耗的无线个人区域网络的发展。2014 年 1 月 16 日，6LowPAN 工作组完成历史使命后解散。

6. 3GPP TSG

3GPP 是积极倡导通用移动通信系统（UMTS, Universal Mobile Telecommunications System）为主的第三代标准化组织，由全球七大标准制定组织（SSO, Standard Setting Organization）合作形成。

从组织架构上看，3GPP 主要分为项目协调组（PCG, Project Coordination Group）和技术规范组（TSG, Technical Specification Group）。PCG 主要负责 3GPP 的总体管理、时间计划、工作分配、事务协调等；TSG 主要负责技术规范开发工作，每个 TSG 下面又分为多个工作组（WG, Working Group），它可以根据工作需要，新建工作组；WG 则承担具体的标准制订任务。例如，PCG 就是工程公司的管理部门，TSG 就是公司下的工程队，WG 就是具体干活的工人。

3GPP TSG 的构成如图 3-4 所示，它包含无线接入网技术规范组（TSG RAN）、业务与系统技术规范组（TSG SA）和核心网与终端（TSG CT）技术规范组。

其中，TSG RAN 负责定义通用地面无线接入（UTRA, Universal Terrestrial Radio Access）/演进型通用地面无线接入（E-UTRA, Evolved Universal Terrestrial Radio Access）网络频分双工（FDD, Frequency Division Duplex）和时分双工（TDD, Time Division Duplex）两种工作模式的功能、要求和接口，由 WG1（物理层规范）、WG2（第 2 层、第 3 层无线资源规范）、WG3（Iu、Iub、Iur 接口规范以及 UTRAN 运维要求）、WG4（无线性能、协议以及射频参数、基站一致性测试）、WG5（移动终端一致性测试）、WG6（传统 RAN 无线电和协议）和 AH1（ITU 协调特设小组）7 个工作组构成。TSG SA 负责定义 3GPP 系统的总体架构和服务能力，并承担跨 TSG 协调职责，由 WG1（业务）、WG2（架构）、WG3（安全）、WG4（编解码）、WG5（电信管理）和 WG6（关键业务应用）6 个工作组构成。TSG CT 负责制定 3GPP 系统的终端接口（逻辑接口和物理接口）、终端能力（如执行环境）和核心网等方面的规范，由 WG1（移动性管理 / 呼叫控制 / 会话管理）、WG3（与外部网互通）、WG4（移动应用部分 / GPRS 隧道协议 / 广播信道 / 解决方案集）、WG6（智能卡应用）4 个工作组构成，WG2（能力）已停止工作，WG5（开放业务架构）已转入 OMA。

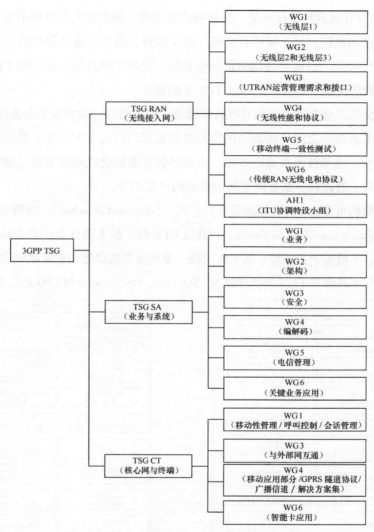

图 3-4 3GPP TSG 的构成

7. ETSI TC SmartM2M

ETSI 组织由全体大会、常务委员会、技术机构以及运作协调组（OCG，Operational Coordination Group）组成。以上各组织的活动受 ETSI 法规的管理和约束。

全体大会是 ETSI 的最高权力机构，每年通常召开两次会议，分别在春季和秋季。所有正式成员都要参加，候补成员、观察员也可参加大会，可以发表意见，但不能投票。全会将决定 ETSI 的所有政策和管理决策。全会将产生主席、副主席及大会秘书长、代理秘书长人选，通过决议和章程，讨论接纳新成员，决定预算、决算，通过每年的工作报告等。为保证各国的权利均衡，ETSI 将各国参加的成员按一定的原则进行合并，每个国家选派代表进行投票。一般的决议，同意票需超过 71% 才能通过。

常务委员会是在全会闭幕期间开展日常辅助工作的机构。常务委员会主任受大会委托，主要负责各技术委员会之间的协调和决定与各相关部门的运作方式等。其主要职能是决定成立技术委员会、选举技术委员会主席、协调各技术委员会之间的关系、研究分类计划及进度、鉴定成果、通过新标准及确定新旧标准的过渡期等。

ETSI 技术机构可分为 4 种：技术委员会（TC，Technical Committee）、特别委员会、行业规范组（ISG，Industry Specification Group）和其他 ETSI 组。技术委员会是根据其研究领域和研究内容而定的，下设若干工作组，其工作围绕一系列相关的课题在相关领域进行研究，以达到研究的连续性。其他 ETSI 组包括开源 MANO（OSM，Open Source MANO）等，如图 3-5 所示。

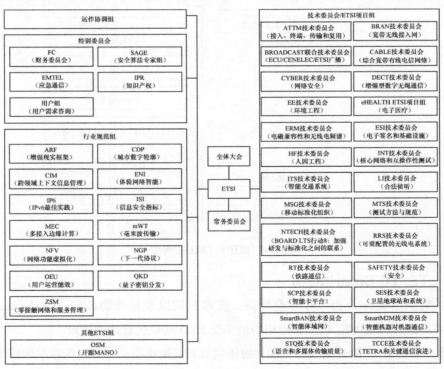

图 3-5　ETSI 的构成

运作协调组（OCG）充当技术委员会、ETSI 项目组、行业规范组（ISG）之间协调的联络点，主要职能是协助常务委员会做好标准协调工作，避免技术机构之间的任何重复工作或技术观点冲突，增强技术机构之间的合作。

8. ISA100 工业无线委员会

国际自动化协会（ISA）成立于 1945 年 4 月 28 日，前身是美国仪器、系统和自动化协会，2008 年 10 月 13 日，更名为国际自动化学会。ISA 是一个非营利技术学会，服务于从事、研究、学习工业自动化及其相关领域的工程师、技术员、企业家、教育者和学生等。ISA 是世界上制定仪器仪表和自动化标准、培养工业自动化人才的重要专业组织之一。许多 ISA 标准已得到美国国家标准协会（ANSI）的认可，国际电工委员会（IEC）也将诸多 ISA 标准采纳为国际标准。

作为 ISA 的一部分，ISA100 工业无线委员会成立于 2005 年，旨在提供工业自动化与控制应用环境的、重点在现场级的无线系统标准。该委员会致力于通过制定一系列标准、建议操作规程、起草技术报告来定义工业环境下的与无线系统相关的规程和实现技术。

9. ISO/IEC JTC 1

ISO/IEC JTC 1 是国际标准化组织（ISO）和国际电工委员会（IEC）在原 ISO/TC97（信息技术委员会）、IEC/TC47/SC47B（微处理机分委员会）和 IEC/TC83（信息技术设备）的基础上，于 1987 年合并组建而成的联合技术委员会，旨在制定、维护和促进信息技术（IT）和信息通信技术（ICT）领域的标准。JTC 1 的组织结构比较完善，由 5 个工作组和 22 个分委员会（SC，Sub Committee）构成，如图 3–6 所示。

SC41（物联网及相关技术）是 ISO/IEC JTC 1 在 2016 年 11 月召开的全会上成立的，由原 JTC 1/WG7（传感器网络）和 WG10（物联网）两个工作组合并而成，负责物联网及相关技术领域的标准化工作，是 JTC 1 物联网及相关技术（包括传感器网络和可穿戴技术）标准化计划的重点和支持者，并为 JTC 1、IEC、ISO 和其他物联网应用开发的相关实体提供指导。

ISO/IEC JTC 1 SC41 由 1 个咨询小组、3 个工作组和 7 个特设组构成。其中，1 个咨询小组为 AG 6（JTC 1/SC 41 咨询小组）；3 个工作组分别为 WG3（物联网架构工作组）、WG4（物联网互操作工作组）和 WG5（物联网应用工作组）；7 个特设组分别为 AHG 7（可穿戴设备研究组）、AHG 14（商业计划特设组）、AHG 15（沟通和外联）、AHG 16（参考架构和词汇协调研究组）、AHG 17（物联网服务的社会和人为因素研究组）、AHG 18（物联网和区块链集成研究组）、AHG 19（基于物联网参考架构实现特定上下文解决方案 / 系统架构研究组）。

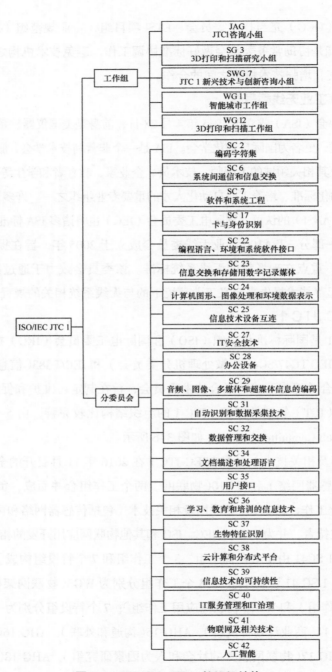

图 3-6　ISO/IEC JTC 1 的组织结构

10. oneM2M

oneM2M 是由感兴趣的标准化组织自愿发起的伙伴组织、非独立的法律实体，输出成果为技术规范或技术报告，其商标及输出成果的版权由其组织伙伴（第一类伙伴）共享。

oneM2M 专注于物联网业务层标准的制定，具体包括：通用业务层能力集的需求及用例；从独立于接入的端到端业务的角度，具有高层及详细的业务体系架构的业务层方面；基于该体系架构（开放接口与协议）的协议 /API/ 标准；安全和隐私方面（身份验证、加密、健全认证）；应用发现及可达性；互操作性，包括测试和一致性规范；收费记录的数据收集（用于收费及统计目的）；设备和应用识别和命名；信息模型和数据管理（包括存储和署名 /通知功能）；管理方面（包括实体的远程管理）；通用用例，终端 / 模块方面，包括应用和业务层、业务层和通信功能之间的业务层接口 /API。

oneM2M 下设指导委员会（SC，Steering Committee）和技术全会（TP，Technical Plenary），指导委员会或技术全会包含若干子委员会和工作组，如技术全会共有用例与需求（REQ）、架构（ARC）、协议（PRO）、安全（SEC）、管理抽象与语义（MAS，Management Abstract & Semantics）和测试（TST）6 个工作组。oneM2M 的组织结构如图 3-7 所示。

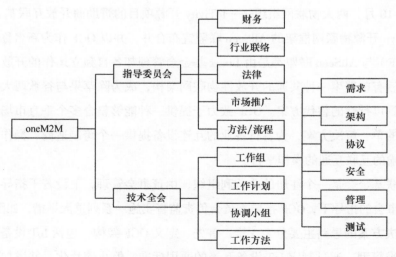

图 3-7　oneM2M 的组织结构

11. 开放互联基金会（OCF）

2013 年 12 月，全球的众多消费电子公司和技术公司成立 AllSeen 联盟，以便实现家庭、医疗保健、汽车、教育等行业的跨设备互联，它是国际上最具影响力的、非营利的家庭设备互联标准联盟，基于高通公司的近距离对等（P2P，Peer to Peer）通信技术——AllJoyn，建立互操作的通用软件框架和系统服务核心集。

2014 年 7 月，三星、博通、戴尔、爱特梅尔、戴尔和风河系统公司共同成立开放互联联盟（OIC），旨在定义一个通用的通信框架，从而实现个人计算与新兴物联网设备产生的信息流的无线互联及智能管理，适用于不同形式、不同操作系统以及不同网络供应商提供的设备。与 AllSeen 联盟等物联网团体不同，OIC 重点关注设备的连接、发现和认证标准，智能家居、消费类电子产品和企业的数据收集工具，以及使用通信技术设备的汽车和医疗等领域。此外，OIC 还致力于建立与 Wi-Fi、蓝牙、ZigBee 和 NFC 等相关的无线技术标准。由于在如何处理知识产权方面存在分歧，因而博通在 OIC 成立不久就离开了该组织。

2015 年年底，OIC 收购通用随插即用（UPnP，Universal Plug and Play）论坛的所有资产，将双方的技术与基础设施有效整合起来，让 OIC 物联网标准的应用基础更为稳固。

2016 年 2 月 19 日，OIC 更名为开放互联基金会（OCF），并将微软、高通和伊莱克斯吸纳为会员。

2016 年 10 月，两大物联网组织——IoTivity 开源项目的赞助商开放互联基金会（OCF）与提供 AllJoyn 开源物联网框架的 AllSeen 联盟宣布合并，并以 OCF 作为新名称。开放互联基金会（OCF）与 AllSeen 联盟都是由 Linux 基金会管理却各自独立运作的开放源码标准化组织，合并后有望催生一种共通的开放性物联网架构，成为除苹果与谷歌两大智慧家庭环境之外，最具可行性的替代方案。OCF 致力于提供一种能够整合多个垂直市场和使用案例间互操作性的单一解决方案，为各行各业的互连设备提供一个跨制造商、操作系统、芯片组或实体传输的互联互通的操作平台。

开放互联基金会是一个注册的非营利组织，由董事会管理，下设若干指导委员会和工作组。在董事会的指导下，OCF 指导委员会负责监督实施一系列重大举措，如图 3-8 所示。

OCF 解决方案的思路主要分为 3 步：首先，定义 OCF 架构，包括 IoT 设备、应用及服务交互的标准模型，通过制定 IoT 设备互连的通用标准，停止碎片化，并增加设备间的交互；其次，通过 IoTivity 开源计划提供 OCF 架构的参考实现及非 OCF 设备的转换层，获取开源码及使用许可，减轻开发者的负担；最后，通过符合规范和互操作测试，确保互操作性，经过正式的测试和认证程序，确保互操作性。

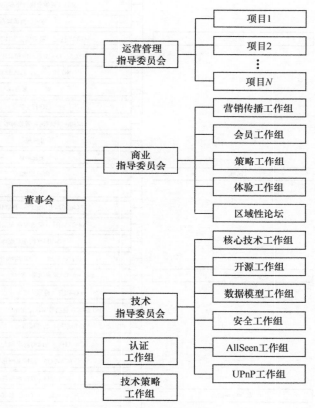

图 3-8　OCF 的组织结构

12. ITU-T SG20

国际电信联盟是联合国的一个重要的专门机构，也是联合国机构中历史最长的一个国际组织。国际电信联盟是主管信息通信技术事务的联合国机构，负责分配和管理全球无线电频谱与卫星轨道资源，制定全球电信标准，向发展中国家提供电信援助，促进全球电信发展。

ITU-T 是国际电信联盟电信标准分局，是国际电信联盟管理下的专门制定电信标准的分支机构，其组织结构如图 3-9 所示。

图3-9　ITU-T 的组织结构

2015 年 6 月 2 ~ 5 日，在日内瓦国际电联总部举行的会议上，国际电信联盟 – 电信部门（ITU–T）电信标准化顾问组（TSAG）决定将原来分散在 ITU–T 不同研究组的物联网、智慧城市的标准化工作合并，成立新的物联网标准化研究组 SG20，推进物联网与智慧城市相关的标准化工作。研究组的正式名称为"ITU–T 第 20 研究组：IoT 及其应用（包括智慧城市和社区）"，该研究组将负责制定能够使 IoT 技术协调发展的国际标准，包括机对机通信和泛在传感器网络，还将制定利用 IoT 技术应对城市建设挑战的标准。2017 年 3 月，ITU–T SG20 正式更名为"物联网、智慧城市与社区"研究组，设置 2 个工作组（WP，Working Party）、7 个课题组、4 个区域组和 2 个其他组，如图 3–10 所示。

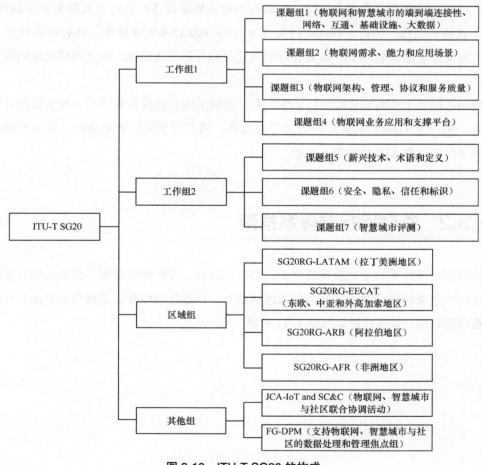

图 3-10　ITU-T SG20 的构成

13. Thread 联盟

2014 年 7 月 15 日，Thread 联盟宣布成立，该公司是谷歌 Nest 实验室、三星、ARM、高通、飞思卡尔半导体、芯科科技等公司的工作组。2018 年 8 月，苹果加入该组织，希望能够推广该协议。

Thread 联盟旨在解决物联网的互操作性、安全性、功耗和体系结构的挑战，开发和维护 Thread 作为低功耗家庭自动化网络使用的开放标准。Thread 是一种基于互联网协议（IP）的低功耗无线网状网协议，并使用开放且通过验证的标准来构建。Thread 支持设备到设备以及设备到云的通信。它可靠地连接数百（或数千）个产品，并包含强制性安全功能。Thread 网络不存在单点故障，可以在添加或删除设备时进行自我修复和重新配置，且易于设置和使用。同时，Thread 网络基于 IEEE 802.15.4 无线标准，具有极低功耗和延迟，从而使得电池供电的 Thread 设备能够与互联网保持永久连接，而无须移动电话或专有网关。

Thread 协议正逐渐被智能家居领域众多厂商所采用，它具备低功耗、易于使用且安全的优势。第一个 Thread 标准于 2015 年 7 月发布，具有可扩充性和可靠性，以及智能手机级别的身份验证和 AES 加密安全功能。

3.2 物联网标准体系框架

物联网标准体系的建立应遵照全面、明确、兼容、可扩展的原则。在全面综合分析物联网应用生态系统设计、运行涵盖领域的基础上，将物联网标准体系划分为基础共性标准和行业应用标准，其总体框架如图 3-11 所示。

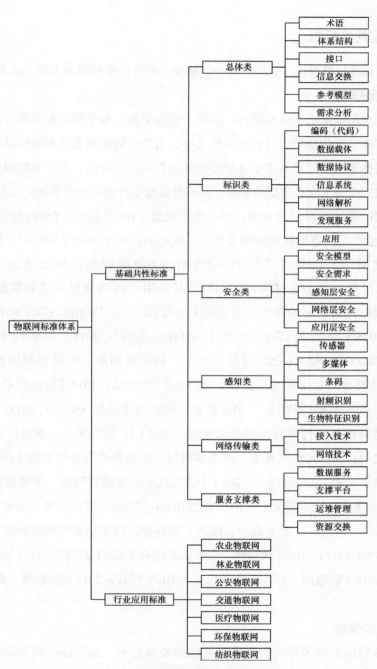

图 3-11　物联网标准体系总体框架

3.2.1　基础共性标准

基础共性标准包括总体、标识、安全、感知、网络传输和服务支撑六大类标准。

1. 总体类标准

总体类标准包括术语、体系结构、接口、信息交换、参考模型和需求分析标准等，它们是物联网标准体系的顶层设计和指导性文件，负责对物联网通用系统体系结构、技术参考模型、数据体系结构设计等重要基础性技术进行规范。目前，出于对物联网的认识、为物联网标准化工作提供战略依据的需要，该部分标准亟待立项并开展制定工作。

在物联网的总体标准制定方面，国际电信联盟（ITU）提出了泛在网的概念，并成立了 SG20 工作组专门从事物联网标准工作，已发布 ITU-T Y.4000《物联网：概述》、ITU-T Y.4050《物联网：术语和定义》、ITU-T Y.4100《物联网的共性要求》、ITU-T Y.4401《物联网功能框架和能力》、ITU-T Y.4111《基于语义的物联网需求和框架》、ITU-T Y.4114《大数据时代物联网的具体要求和能力》等建议书。ISO/IEC JTC1 SC41 已发布 ISO/IEC 20924：2018《物联网（IoT）词汇》、ISO/IEC 30141：2018《物联网（IoT）参考体系结构》、ISO/IEC 29182-1：2013《信息技术　传感器网络　传感器网络参考体系结构（SNRA）　第 1 部分：总体概述和要求》、ISO/IEC 29182-2：2013《信息技术　传感器网络　传感器网络参考架构（SNRA）　第 2 部分：词汇和术语》、ISO/IEC 29182-3：2014《信息技术　传感器网络　传感器网络参考架构（SNRA）　第 3 部分：参考体系结构视图》、ISO/IEC 29182-4：2013《信息技术　传感器网络　传感器网络参考架构（SNRA）　第 4 部分：实体模型》、ISO/IEC 29182-5：2013《信息技术　传感器网络　传感器网络参考架构（SNRA）　第 5 部分：接口定义》、ISO/IEC 29182-6：2014《信息技术　传感器网络　传感器网络参考架构（SNRA）　第 6 部分：应用》等标准。国家物联网基础标准工作组总体项目组已发布 GB/T 33474-2016《物联网　参考体系结构》、GB/T 33745-2017《物联网　术语》、GB/Z 33750-2017《物联网　标准化工作指南》、GB/T 35319-2017《物联网　系统接口要求》等标准。

2. 标识类标准

物联网编码标识技术作为物联网最基础的关键技术，编码标识技术体系由编码（代码）、数据载体、数据协议、信息系统、网络解析、发现服务、应用等共同构成的完整技术体系。物联网中的编码标识已成为当前的焦点和热点问题，部分国家和国际组织都在尝试提出一种适合于物联网应用的编码。我国物联网编码标识存在的突出问题是编码标识不统一，方案不兼容，无法实现跨行业、跨平台、规模化的物联网应用。

ISO/IEC 中同编码标识相关的机构包括 SC 2（编码字符集）、SC 6（系统间通信和信息交换）、SC 17（卡与身份识别）、SC 24（计算机图形、图像处理和环境数据表示）、SC 29（音频、图像、多媒体和超媒体信息的编码）、SC 31（自动识别和数据采集技术）、SC 32（数据管理和交换）和 SC 34（文档描述和处理语言）等，已发布 ISO/IEC 15693-1：2018《识别卡无触点的集成电路卡　邻近式卡　第 1 部分：物理特性》、ISO/IEC 15693-2：2006《识别卡　无触点的集成电路卡　邻近式卡　第 2 部分：空中接口和初始化》、ISO/IEC 15693-3：2009《识别卡　无触点的集成电路卡　邻近式卡　第 3 部分：防冲突和传输协议》、ISO/IEC 8824-1：2015《信息技术　抽象语法表示法 1（ASN.1）　基本表示法规范》、ISO/IEC 8824-2：2015《信息技术　抽象语法表示法 1（ASN.1）　信息对象规范》、ISO/IEC 8824-3：2015《信息技术　抽象语法表示法 1（ASN.1）　约束规范》、ISO/IEC 8824-4：2015《信息技术　抽象语法表示法 1（ASN.1）　ASN.1 规范的参数化》、ISO/IEC 9834-1：2012《信息技术　开放系统互连　OSI 注册机构的操作规程　第 1 部分：国际对象标识符树的一般程序和顶端弧》、ISO/IEC 9834-2：1993《信息技术　开放系统互连　OSI 注册机构的操作规程（第 2 部分）：OSI 文档类型注册规程》、ISO/IEC 9834-3：2008《信息技术　开放系统互连　OSI 注册机构的操作规程（第 3 部分）：ISO 和 ITUT 联合管理的顶级弧下对象标识符弧的注册》、ISO/IEC 9834-4：1991《信息技术　开放系统互连　OSI 注册机构的操作规程（第 4 部分）：VTE 配置文件注册》、ISO/IEC 9834-5：1991《信息技术　开放系统互连　OSI 注册机构的操作规程（第 5 部分）：VT 控制对象定义的注册》、ISO/IEC 9834-6：2005《信息技术　开放系统互连　OSI 注册机构的操作规程（第 6 部分）：应用进程和应用实体的注册》、ISO/IEC 9834-7：2008《信息技术　开放系统互连　OSI 注册机构的操作规程（第 7 部分）：国际组织的 ISO 和 ITU-T 联合注册》、ISO/IEC 9834-8：2014《信息技术　开放系统互连　OSI 注册机构的操作规程（第 8 部分）：通用唯一标识符（UUID）的生成及其对象标识符的使用》、ISO/IEC 9834-9：2008《信息技术　开放系统互连　OSI 注册机构的操作规程（第 9 部分）：标签识别应用和服务的对象标识符弧注册》等标准。EPCglobal 推出了电子产品编码标准，这是 RFID 技术中普遍采用的标识编码标准。EPCglobal 在物品标识解析方面，制定了对象名解析服务（ONS，Object Naming Service）标准，并建设 ONS 应用系统，在物流行业有广泛应用。国家物联网基础标准工作组标识项目组已发布 GB/T 31866–2015《物联网标识体系　物品编码 Ecode》、GB/T 35419–2017《物联网标识体系　Ecode 在一维条码中的存储》、GB/T 35420–2017《物联网标识体系　Ecode 在二维码中的存储》、GB/T 35421–2017《物联网标识体系　Ecode 在射频标签中的存储》、GB/T 35422–2017《物联网标识体系　Ecode 的注册与管理》、GB/T 35423–2017《物联网标识体系　Ecode 在 NFC 标签中的存储》、GB/T 36461–2018《物联网标识体系　OID 应用指南》、GB/T 36604–2018《物联网标识体系　Ecode 平台接入规范》和 GB/T 36605–2018《物联网标识体系　Ecode 解析规范》等标准。

3. 安全类标准

安全类标准由安全模型、安全需求、感知层安全、网络层安全、应用层安全等标准构成。物联网是基于现有网络将物联系起来，因而决定了它的安全问题，既同现有网络的安全密切联系，又具有一定的特殊性。除了传统的安全问题，针对物联网特殊的安全需求，不同的安全组织已经开展了相关工作。但总体来说还处在探索阶段，各大标准化组织主要从各自领域进行安全标准的研究，缺乏针对物联网系统安全的技术标准分析研究。ISO/IEC 已发布 ISO/IEC 29180：2012《信息技术　系统间通信和信息交换　泛在传感器网络的安全框架》、ISO/IEC 19790–2012《信息技术　安全技术　加密模块的安全需求》等标准。ITU–T 已发布 ITU–T Y.4116《运输安全服务的要求、用例和业务场景》、ITU–T Y.4457《运输安全服务的体系结构框架》、ITU–T Y.4806《支持物联网安全的安全功能》等规范性建议书。国家物联网基础标准工作组安全项目组已发布 GB/T 31507–2015《信息安全技术　智能卡通用安全检测指南》、GB/T 35318–2017《公安物联网感知终端安全防护技术要求》、GB/T 35592–2017《公安物联网感知终端接入安全技术要求》、GB/T 35317–2017《公安物联网系统信息安全等级保护要求》、GB/T 35290–2017《信息安全技术　射频识别（RFID）系统通用安全技术要求》等国家标准。

4. 感知类标准

感知类标准是物联网标准工作的重点和难点，是物联网的基础和特有的一类标准，感知类标准要面对各类被感知的对象，涉及信息技术之外的多种技术，由于复杂性、多样性、边缘性、多领域性造成的难度是很突出的，其核心标准亟待突破。感知技术是物联网产业发展的核心，目前感知类标准呈现小、杂、散的特征，严重制约了物联网产业化和规模化发展。感知类标准主要包括传感器、多媒体、条码、射频识别、生物特征识别等技术标准，涉及信息技术之外的物理、化学专业，以及广泛的非电技术。当前，主要的相关标准组织包括 ISO、IEC、EPCglobal、IEEE、WGSN 和电子标签工作组等。

ISO/IEC JTC1/SC31 负责制订条形码、二维码、RFID 技术标准、应用标准，JTC 1/SC37 负责制定生物特征识别标准，已经发布的标准包括 ISO/IEC 19784–1：2018《信息技术　生物识别应用编程接口　第 1 部分：BioAPI 规范》、ISO/IEC 19784–2：2007《信息技术　生物识别应用编程接口　第 2 部分：生物统计存档功能提供商接口》、ISO IEC DIS 20027–2018《信息技术　拍击拉伸指纹指南》、ISO/IEC 18000–2：2009《信息技术　用于物品管理的射频识别技术　第 4 部分：低于 135 kHz 通信的空中接口的参数》、ISO/IEC 18000–3：2010《信息技术　用于物品管理的射频识别技术　第 3 部分：13.56 MHz 空中接口通信参数》、ISO/IEC 18000–4：2018《信息技术　用于物品管理的射频识别技术　第 4 部分：2.45 GHz 空中接口通信参数》、ISO/IEC 18000–6：2013《信息技术　用于物品管理的射频识别技术　第 6 部分：860 ~ 960 MHz 频率下的空中接口通信参数》、ISO/IEC 18000–7：2014《信息技术　用于物品管理的射频识别技术　第 7 部分：433 MHz 频率下的空中接口通信参数》、ISO/IEC 15415：2011《信息技术　自动识别和数据采集技术　条码符号印制质量的检验规范　二维符号》、ISO/IEC 15416：2016《信息技术　自动识别和数据采集技术　条码符号印制质量的检验规范　线性符号》、ISO/IEC 15417：2007《信息技术　自动识别和数据采集技术　Code 128 条码符号规范》、ISO/IEC 15418：2016《信息技术　自动识别和数据采集技术　GS1 应用标识符及 ASC MH10 数据标识符和维护》、ISO/IEC 15419：2009《信息技术　自动识别和数据采集技术　条形码扫描仪和解码器性能检验》等国际标准。

5. 网络传输类标准

物联网网络传输类标准包括接入技术和网络技术两大类标准，接入技术包括短距离无线接入、广域无线接入、工业总线等，网络技术包括互联网、移动通信网、异构网等组网和路由技术。网络传输类标准相对比较成熟和完善，在物联网发展的早期阶段基本能够满足应用需求。为了适应在特定场景下的物联网需求，国内外主要标准组织展开了针对物联网应用的新型接入技术和优化的网络技术研究，并取得了一定的成果。

ITU–T SG 13 研究下一代网络（NGN）支持泛在网络、泛在传感器网络的需求，网络架构等标准工作。ISO/IEC JTC1/SC6 研究电信与系统间信息交换，包括无线局域网、时间敏感性网络、泛在网等，SC41 全面启动物联网国际标准的制定工作。IEEE 802.1 对传统以太网的竞争接入技术进行优化，以满足时间敏感性场景需求。IEEE 802.3 针对工业场景的需求，在实时性、数据线供电、单根双绞线传输等方面对传统的以太网技术进行了增强。IEEE 802.15.4 定义设备间的低速率个域网中物理层和 MAC 层通信规范。IEEE 802.3 制定无线局域网接入标准，IEEE 802.11ah 定义 1 GHz 以下频段操作，针对物联网应用场景的低功率广域无线传输技术。传感器网络标准工作组开展通信与信息交互、协同信息处理、标识、安全、接口、网关、无线频谱研究与测试、传感器网络设备技术要求等工作。

6. 服务支撑类标准

物联网服务支撑类标准包括数据服务、支撑平台、运维管理、资源交换标准。数据服务标准是指数据接入、数据存储、数据融合、数据处理、服务管理等标准。支撑平台标准是指设备管理、用户管理、配置管理、计费管理等标准。运维管理标准是指物联网系统的运行监控、故障诊断和优化管理等标准，也涉及系统相关的技术、安全等合规性管理标准。资源交换标准是指物联网系统与外部系统信息共享与交换方面的标准。

目前，海量存储、云计算、大数据、机器学习、面向服务的架构（SOA，Service Oriented Architecture）等技术标准可为物联网应用支撑提供帮助，但针对物联网应用的支撑标准需求分析及现有标准评估工作尚处于探索阶段。现有标准组织针对数据接入、设备管理、运行监控方面有相关研究，但缺乏对于系统合规性以及其他方面的管理研究。在我国，为了推动物联网信息资源共享和交换，物联网资源交换标准已经开始进行相关研究。

ISO/IEC JTC 1 开展了中间件、接口、集装箱货运和物流供应链等应用支撑领域的标准工作。ITU-T F.744 研究泛在传感器网络中间件的服务描述和需求，Y.2234 研究 NGN 开放业务环境能力，Y.2234 为 NGN 描述了一种开放服务环境。物联网基础标准工作组开展物联网信息共享和交换系列标准、协同信息处理、感知对象信息融合模型的研究，目前物联网信息共享和交换总体要求、总体架构、数据格式、数据接口等系列标准正在制定中。

3.2.2 行业应用标准

物联网业务应用标准具有鲜明的行业属性，需要按照行业配置、推进。由于物联网涉及的行业众多、行业发展不平衡，现在缺失多的是行业应用标准，导致物联网建设不能满足最终应用的要求，这也是直接制约物联网发展的主要因素。标准缺失导致物联网面临竖井式应用、重复建设的问题，当前的物联网应用呈现小、杂、散的特征，标准化需求迫切。发展物联网业务应用标准采取从国情出发、兼顾国际适用的方针。国家非常重视物联网业务应用标准的建设，已经在农业、林业、公安、交通、医疗、环保、纺织 7 个行业开展先行的标准建设试点，有望在不久的将来取得显著的突破。

农业物联网应用标准工作组正在开展《农业物联网应用服务标准》《设施农业物联网传感设备基础规范》《设施农业物联网感知数据描述标准》《设施农业物联网调节、控制设备规范》《设施农业物联网感知数据传输技术标准》等农业物联网相关标准化工作。

林业物联网应用标准工作组已发布 GB/T 33776.4–2017《林业物联网　第 4 部分：手持式智能终端通用规范》、GB/T 33776.602–2017《林业物联网　第 602 部分：传感器数据接口规范》、GB/T 33776.603–2017《林业物联网　第 603 部分：无线传感器网络组网设备通用规范》、LY/T 2413.1–2015《林业物联网　第 1 部分　体系结构》、LY/T 2413.2–2015《林业物联网　第 2 部分　术语》和 LY/T 2413.3–2015《林业物联网　第 3 部分　信息安全通用技术要求》等国家标准和行业标准，正在开展《林业物联网　标识分配规则》《林业物联网传感器技术规范》《林业物联网　面向视频的无线传感器网络技术要求》《林业物联网　面向视频的无线传感器网络媒体访问控制和物理层规范》等林业物联网相关标准化工作。

公共安全行业物联网应用标准工作组已发布 GB/T 35318–2017《公安物联网感知终端安全防护技术要求》、GB/T 35592–2017《公安物联网感知终端接入安全技术要求》、GB/T 35317–2017《公安物联网系统信息安全等级保护要求》、GA/T 1266–2015《公安物联网术语》和 GA/T 1267–2015《公安物联网感知层信息安全技术导则》等国家标准和行业标准，正在开展《公安物联网视频图像内容描述规范》《公安物联网视频图像源标注与存储规范》《公安物联网感知层传输安全性评测要求》《公安物联网示范工程软件平台与应用系统检测规范》《公安物联网视频图像内容分析系统技术要求》《公安物联网前端感知汇聚节点安全管理与远程维护技术要求》等公安物联网标准化工作。

物联网交通领域应用标准工作组已发布 GB/T 35070.1–2018《停车场电子收费　第 1 部分：CPU 卡数据格式和技术要求》、GB/T 35070.2–2018《停车场电子收费　第 2 部分：终端设备技术要求》、GB/T 35070.3–2018《停车场电子收费　第 3 部分：交易流程》、GB/T 35070.4–2018《停车场电子收费　第 4 部分：关键设备检测技术要求》、GB/T 31024.1–2014

《合作式智能运输系统　专用短程通信　第 1 部分：总体技术要求》、GB/T 31024.2–2014《合作式智能运输系统 专用短程通信　第 2 部分：媒体访问控制层和物理层规范》、GB/T 33577–2017《智能运输系统　车辆前向碰撞预警系统　性能要求和测试规程》等国家标准，正在开展《交通运输　物联网标识规则》《交通运输　物联网标识应用分类及编码》《交通运输　信息安全规范》《内河船舶 2.45 GHz 射频识别系统技术规范》《面向个人移动便携终端智能交通运输信息服务应用数据交换协议》《合作式智能运输系统　专用短程通信　第 4 部分：设备应用规范》《合作式智能运输系统　专用短程通信　第 3 部分：网络层和应用层规范》《智能交通　数据安全服务》《智能交通　数字证书应用接口规范》《智能运输系统　扩展型倒车辅助系统　性能要求与检测方法》和《智能运输系统　换道决策辅助系统　性能要求与检测方法》等交通物联网相关标准化工作。

　　医疗健康物联网应用标准工作组正在开展《医疗健康物联网　应用系统体系结构与通用技术要求》《医疗健康物联网　人体感知信息融合模型》《医疗健康物联网　可信电子病案追溯管理技术规范》《医疗健康物联网　感知设备数据命名表　第 1 部分：总则》《医疗健康物联网　感知设备数据命名表　第 2 部分：体温计》《医疗健康物联网　感知设备数据命名表　第 3 部分：血氧仪》《医疗健康物联网　感知设备数据命名表　第 4 部分：心电测量仪》《医疗健康物联网　感知设备数据命名表　第 5 部分：血压计》《医疗健康物联网　感知设备数据命名表　第 6 部分：血糖仪》《医疗健康物联网　感知设备数据命名表　第 7 部分：能量监测仪》《医疗健康物联网　感知设备数据命名表　第 8 部分：位置标识》等医疗物联网的标准化工作。

　　环保物联网应用标准工作组已发布 HJ928–2017《环保物联网　总体框架》、HJ 929–2017《环保物联网　术语》、HJ930–2017《环保物联网　标准化工作指南》等行业标准，正在开展《环保物联网　危险废物（含医疗废物）监控系统采集、传输与处理技术导则》《环保物联网　危险化学品监控系统采集、传输与处理技术导则》《环保物联网　放射源监控系统采集、传输与处理技术导则》《环保物联网　感知设备技术规范》《环保物联网　感知设备位置编码规范》《环保物联网　接入设备技术规范》等环保物联网相关的标准化工作。

　　纺织服装物联网应用标准工作组由中国纺织工业联合会于 2016 年牵头组建，国标委批复成立，旨在推进纺织服装行业物联网及其相关领域标准体系建设与相关标准的研制工作。2017 年 12 月 14 日，纺织服装物联网应用标准工作组第一次工作会议在山东泰安召开。

第 4 章

感知层：物联网的皮肤和五官

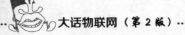

根据技术框架，物联网通常可分为 3 层：感知层、网络层和应用层。感知层相当于人体的皮肤和五官，网络层相当于人体的神经中枢和大脑，应用层相当于人的社会分工。感知层包括条码和扫描器、RFID 标签和读写器、摄像头、GPS、传感器、传感器网络等。其中条码和 RFID 标签显示身份，传感器捕捉状态，摄像头记录图像，GPS 进行跟踪定位，最终实现识别物体、采集信息的目标。

4.1　条码：物联网的第一代身份证

现如今，有一样东西与我们的生活越来越密不可分，甚至我们每天都要用到它好几次，利用率连牙刷和毛巾都望尘莫及。你猜到了开头，却猜不中结局。对，它就是条码。它现在已经成为人们日常工作和现实生活中随处可见的符号。例如，在商品外包装上，都印有一组黑白相间的条纹，这就是商品的第一代"身份证"——条码。它是一种通行于国际市场的"共同语言"，是商品进入国际市场和超市的"通行证"，是全球统一标识系统和通用商业语言中最主要的条码标识之一。

不想见到条码都很难。饭店超市、公交地铁、食品饮料、微信、支付宝……条码已经完成了对人们的合围。虽然条码如今已经普及到"寻常百姓家"，在我们的生活和工作中无处不在，但你就不想知道条码到底隐含了什么秘密？不想了解二维码的前世今生吗？现在，我们就从条码的身世说起，讲述条码记录世界的故事。

4.1.1　条码的身世

想象一下没有条码的超市会是什么样子：超市工作人员需要花大把时间登记每种商品的名称和售价，并定期对货存数量进行盘点，收银员需要逐个记录卖出的商品。19 世纪初到 20 世纪末，从事产品生产和供应（特别是大型超市）的人们意识到：随着消费水平的不断提高以及商品需求量和种类的迅猛增加，他们需要一种更高效、更快捷的生产供应体系。

1. 约翰 · 柯默德的"卡片分拣机"专利

条码技术最早产生于 20 世纪 20 年代，诞生于西屋电气的实验室里。一位名叫约翰 · 柯默德（John Kermode）的发明家想对邮政单据实现自动分拣。他的想法是在信封上做条码标记，条码中的信息是收信人的地址，就像今天的邮政编码。

为此，柯默德发明了最早的条码标识，设计方案非常简单，即一个"条"表示数字"1"，两个"条"表示数字"2"，以此类推。随后，他又发明了由基本元件组成的条码识读设备：一台扫描器和一台译码器。扫描器能够发射光并接收反射光，而译码器具有测定反射信号条和空的方法，以及使用测定结果的方法。

柯默德的扫描器利用当时新发明的光电池来收集反射光。"空"反射回来的是强信号，"条"反射回来的是弱信号。与当今高速度的电子元器件应用不同的是，柯默德利用磁性线圈来测定条和空。他用一个带铁芯的线圈在接收到来自空的信号的时候吸引一个开关，在接收到条的信号的时候，释放开关并接通电路。因此，最早的条码阅读器速度很慢，噪声很大，开关由一系列继电器来实现，"开"和"关"由打印在信封上"条"的数量决定。通过这种方法，可用条码符号直接对信件进行分拣。

此后不久，柯默德的合作者道格拉斯·杨（Douglas Young），对柯默德发明的条码进行了一些改进。"柯默德码"所包含的信息量相当低，且很难编出 10 个以上的不同代码，而"杨码"使用更少的条，但是利用条之间空的尺寸变化，就像今天的统一商品条码（UPC 码）符号使用 4 个不同的条空尺寸。新的条码符号可在同样大小的空间对 100 个不同的地区进行编码，而"柯默德码"只能对 10 个不同的地区进行编码。

1930 年 11 月 5 日，约翰·柯默德、道格拉斯·杨和哈利·斯巴克斯向美国专利商标局（USPTO, United States Patent and Trademark Office）提交了名为"卡片分拣机"的专利申请，并在 1934 年 12 月 18 日获得专利（专利号为 1985035），如图 4-1 所示。这种卡片分拣机，可以读取由纸上 4 个条形组成的简单代码。印刷的条形图由一种称为"光电池电路"的早期相机读取。目标是自动支付水电费，将明信片上印有的原始 4 条码发送给每位顾客，然后在付款时读取。

1932 年，哈佛商学院硕士生华莱士·弗林特（Wallace Flint）在其学位论文中提出，可以在大型超市结账系统中应用穿孔卡片（Punchcard）。基本思路是：消费者在进入超市时，工作人员为其发放一张穿孔卡片（相当于一份菜单）。消费者选取想要购买的东西，并在穿孔卡片对应商品上打孔。结账时，消费者把卡片交给收银员，收银员将其插入阅读器中，该阅读器是可以读取穿孔卡片打孔信息的机器，并能够激活机器将与其对应的商品通过传送带从仓库送到消费者手中。仓库管理系统能够自动记录已经售出的商品。理想很丰满，现实很骨感。当时，能够读取穿孔卡片的机器造价十分昂贵，且体积非常大，这种方法在当时并未得到采用。

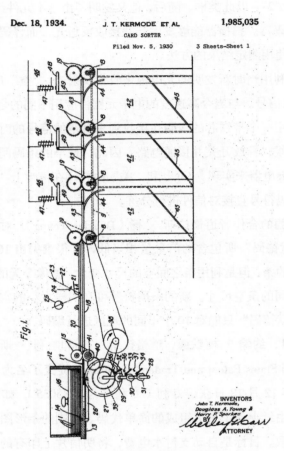

图 4-1 "卡片分拣机"的专利

2. 伍德兰的公牛眼码

现代条码理念的真正出现是在 1948 年。某天，一名美国费城本地的知名食品连锁店——食品博览（Food Fair）老板，来找德雷克塞尔理工学院的（1970 年更名为德雷克塞尔大学）一位院长，希望院方能够帮助他开发一套结账时自动读取商品信息的系统。然而，院长的脑袋摇得像拨浪鼓。当时，正在德雷克塞尔理工学院攻读研究生学位的伯纳德·西尔弗（Bernard Silver）无意间听到了他们的谈话，并将谈话内容透露给当时 27 岁的研究生同学（同时兼任学院机械工程系讲师）——诺曼·约瑟夫·伍德兰（Norman Joseph Woodland）。两人对这一事件产生了浓厚的兴趣，决定放手试一把。

两人早期的构想之一是，用荧光墨水印制产品信息，然后用紫外光读取。他们研发一台设备来测试这一理念。方法非常有效，但是荧光墨水不稳定，且打印成本过高。研究一时陷入僵局。伍德兰确信解决方法必定近在咫尺，于是他从研究生院退学，集中精力从事该问题的研究。他把自己关在迈阿密的祖父母家里。从 1948 年到 1949 年冬，他长时间坐在一把沙滩椅上沉思。

条码的灵感要从迈阿密海滩说起。"我搬了一把沙滩椅去海滩，摆了个舒服的姿势。我在冥思苦想：下一步到底该怎样玩？我究竟需要什么？答案显而易见，要以视觉形式呈现信息，就必须要进行编码。我需要的第一件东西是代码！迄今为止，我知道的唯一代码就是摩尔斯电码。这得益于我年轻时代的童子军经历。那段熟悉的旋律不断在耳边回响：嘀嘀嘀，嗒嗒嗒，嘀嘀嘀。猜一猜，这是什么东西？恭喜你答对了！SOS（紧急呼救）信号。嘀嘀嘀代表字母 S，嗒嗒嗒代表字母 O。我突发奇想，假如将优雅简约、组合无限的摩尔斯电码改编成图形，结果会怎么样呢？我开始无所事事地在沙子上划动自己的手指。我把 4 根手指插进沙子里，可不知为什么又把手指拔了出来。结果不言而喻，平坦的沙滩出现了 4 条沟。这是我的杰作！于是，我瞬间脑洞大开：OMG！现在我有 4 条线，它们可宽可窄，可以代替点和线。我可以用线条的形式来进行编码，宽窄不同的线条代表不同的含义！So easy！聪明如我机智如斯！这一启示性的画线之举只不过是个开始。仅仅几秒之后，我用仍在沙子里的 4 根手指，画出一个整圆。条码就是这样发明的，就在那个时候在那个地方发明的。惊不惊喜？神不神奇？意不意外？"2004 年 5 月 31 日，诺曼·约瑟夫·伍德兰在接受时任《财富》杂志高级编辑尼古拉斯·瓦查维尔（Nicholas Varchaver）采访时如是说。伍德兰非常欣赏圆形图案的全向性。他的推理是，这样的话，收银员在扫描一件商品时就无须考虑其方向。

1949 年 10 月 20 日，伍德兰和西尔弗向美国专利商标局（USPTO, United States Patent and Trademark Office）提交了名为"分类仪器和方法"的专利申请，并在 1952 年 10 月 7 日获得专利（专利号为 2612994），如图 4-2 所示。约翰·柯默德等人的专利成为由伍德兰和西尔弗专利中引用的"现有技术专利"之一。这种条码最大的特点是将竖直的条码弯曲成环状，就像是箭靶或公牛眼一样。公牛眼码的好处在于无论什么方向都可以扫描出来，缺点是太浪费空间。

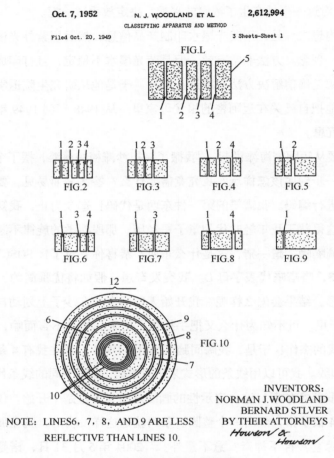

图 4-2　伍德兰和西尔弗的专利

　　伍德兰和西尔弗设计的条码识读设备有书桌般大小，且必须用黑油布严密包裹起来才能工作，以防止环境光进入。这台条码识读设备的核心器件是一只 500 W 白炽灯泡和一只电影音轨采用的 RCA935 光电倍增管。伍德兰将 RCA935 光电倍增管与示波器连接起来，然后将打印有条码符号的纸张沿着光源发出的窄束入射光的垂直方向移动，并使反射光束对准光电倍增管。尽管有时入射光会使纸张冒烟烧焦，可是设备还是达到了预期效果：当纸张移动时，示波器上显示的光电倍增管读数开始跳变，伍德兰和西尔弗共同实现了印制材料的电子化机器识读。

1951 年，伍德兰开始在 IBM 公司上班，他说服 IBM 雇用一名顾问来对伍德兰和西尔弗的条码专利进行评估。该顾问认为专利具有可观的应用潜力，但距离商用，至少还需要 5 年。IBM 报出几次价格，但都低于他们的心理预期。1952 年，飞歌（Philco）先以 1 500 美元的价格从伍德兰和西尔弗手中购买了条码专利，并于当年转手卖给了 RCA 公司。整个 20 世纪 60 年代，RCA 公司持续试图开发条码的商业应用，直到专利于 1969 年到期。

3. KarTrak 标签

1959 年，北美铁路公司研发部经理们齐聚一堂，希望找出一种能够自动识别火车和其他车辆的方法。在美国铁路协会（AAR，Association of American Railroads）的牵头组织下，许多公司开发出自动设备识别（AEI，Automatic Equipment Identification）系统。美国铁路协会选择了 4 种系统进行现场测试，即通用电气的 RFID 系统、阿贝克斯（Abex）公司的微波系统、威伯科（Wabco）公司的黑白条码系统以及俄亥俄州通用电话与电子设备公司（GTE，General Telephone and Electronics）西尔韦尼亚分公司的彩色条码系统。除 RFID 系统外，所有这些系统的标签都安装在火车的两侧和轨旁扫描器上。

最终，GTE 西尔韦尼亚分公司胜出，作为全美自动车辆识别系统的标准。GTE 的彩色条码系统名为 KarTrak，由麻省理工学院硕士大卫·柯林斯（David Collins）开发。这种系统的车上设备主要是符号板，符号板由高折射率的玻璃微珠制成，具有由原光路返回的特性。符号板包含红、蓝、白、黑 4 种颜色的 13 种模块，并按车号固定编定码组，如图 4-3 所示。

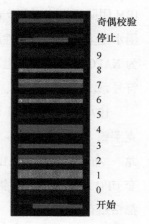

KarTrak 标签是一种包含 13 行水平标识的盘子，通常由上而下进行读取。其中，第 13 行为奇偶校验位，第 12 行为停止位，第 6 ~ 11 行为车号，第 2 ~ 5 行为设备所有者代码，第 1 行为开始位。地面设备是扫描器。当扫描器用氙气白光扫描车辆的符号板时，符号板即对地面设备反射不同颜色的编码信息。地面设备接收反射来的信息后，经过滤色片、光电转换、译码、校核后输出采集的车辆号码，送往处理中心。

1967 年 10 月 10 日，美国铁路协会要求全美火车安装 KarTrak 系统。不过，随着时间的推移，人们发现"KarTrak"白光系统抗污染能力较差，符号板使用时间越长，车号采集的错误率越大，且在全国范围内使用氙气灯以及培训铁路员的费用

图 4-3　KarTrak 标签

过于高昂，因而这种系统从 1977 年起就不再使用。

1969 年，KarTrak 系统的发明者大卫·柯林斯（David Collins）成立的计算机识别（Computer Identics）公司发明出识别条码的设备。该设备使用激光来代替白炽灯泡，因为氦氖激光器能够完美地识别出条码，具有快速性、精确性和可靠性。

4. UPC 条码

1966 年，美国国家食物连锁协会（NAFC，National Association of Food Chains）召开了自动结账系统的专题会议，要求制造商研制一种能够加快货物验收速度的设备。RCA 应邀参加会议并启动一个内部项目，旨在开发基于靶心代码的系统。克罗格（Kroger）杂货连锁店自愿参与测试。1967 年，RCA 在辛辛那提的克罗格超市安装了第一套条码扫描系统。这些条码并不是直接预印在产品包装上的，而是由店员粘贴上去的。这种条码不仅可以快速扫描出价格，还可以实时地告诉零售商哪些商品已被售出。实践证明，该条码存在着严重问题：打印机有时会沾上墨水，从而使得条码在大多数方向上无法读取。然而，无论系统如何方便，都有一个共同的问题尚未解决，那就是如何使每件商品都有一种通行全国甚至于全世界的标准代码，且亟须一种通用的扫描器。

1970 年夏，应国家食物连锁协会要求，洛哥艾肯（Logicon）公司开发出食品工业统一码（UGPIC，Universal Grocery Products Identification Code）。同时，以乔治·劳尔为首的 IBM 团队研发出通用产品代码（UPC，Universal Product Code），该代码沿着条纹方向打印，墨水越多，代码可读性越高。1973 年 4 月 3 日，IBM UPC 打败其他 7 种条码方案，被确定为 NAFC 标准，这是世界上首个条码标准。IBM 针对未来行业需求设计了 5 种版本的 UPC 符号系统，即 UPC-A、UPC-B、UPC-C、UPC-D 和 UPC-E。

1974 年 6 月 26 日 8:01，位于美国俄亥俄州特洛伊市的马什（Marsh）超市。消费者克莱德·道森（Clyde Dawson）从他的篮子里取出了 10 片装黄箭口香糖，交由收银员沙龙·布坎南（Sharon Buchanan）扫描，这是 UPC 的第一次商业亮相，如图 4-4 所示。这套 UPC 系统由国家收银机（NCR，National Cash Register）公司安装，超市里 27 种商品上都粘贴有 UPC 条码。

UPC 条码（UPC-A、UPC-B、UPC-C 和 UPC-D）一般包括 12 位数字，每个字符由两个黑线条和两个白线条组成。条码由左右两个半截线条组成，便于实现双扫描识别。这种代码还有一种缩短码，即 E 型短版本码，它由 6 位数字组成，只能进行单向扫描识别。

UPC 条码有四大优点：一是利用商店结账机可快速加以识别；二是从各种角度都能识别；三是印刷成本比较便宜；四是无须多余的费用，适用于各种商品。

图 4-4 最早被打上条码的商品——黄箭口香糖

4.1.2 商品上的黑白两道

国家标准 GB/T 12905–2000《条码术语》将条码定义为：由一组规则排列的条、空及其对应字符组成的标记，用以表示一定的信息，即条码是由一组宽度不同、平行相邻的黑色条纹和空白，按预设的格式与间距组合起来的符号。这是人与计算机“沟通”的一种特定语言。千万不要小看了这一组条、空组成的条码，条码曾经成为影响我国出口产品档次的一个重要因素。中国有些名酒驰名中外，就因为包装盒上没有条码，只好屈居国外商品货架底层，价格低了很多。我国有些省市生产的时钟漂洋过海之后，外商加上条码，摇身一变身价倍增而出现在高级自选商店。

如今，琳琅满目的商品市场上，只要稍加注意你就会发现许多商品的外包装都印有粗细不同、平行相间的黑线条图案，这就是条码。在零售商品结算时，收银员只需要在激光扫描器上扫描每件商品的条码，便可以马上知道商品的价格，实现快速结算。整个过程只花了几秒。这样的结算方式，比起过去传统上用计算器和算盘的结算方式可要快多了。这一切都得益于商品上的条码。

条码在我们的生活中无处不在。它是由一组规则排列的条、空以及对应的字符组成的特殊标记。从表面来看，条码大体雷同，其实不然，在商品售出时，无论它如何千变万化，只要把条码在光电扫描器上通过一下，瞬时就知道该商品的品名、价格等信息，这些带有神秘色彩的条码中，到底隐藏着什么秘密呢？

条码是一种供光电扫描器识读、由计算机自动识别的特殊代码，深色为条，浅色为空，条、空代表的数字是特定的商品代码。下方的这一串数字和条、空所表示的信息是相同的。那么数字在条码中到底起着什么样的作用呢？通俗地说，就像我们的电话号码，前几位代表的是区号，代表你所在的区域，后几位代表的是号码的相关信息。条码也是如此，数字是直观的，代表这一商品的相关信息。

以生活中常用的 EAN–13 为例，根据 GB 12904–2008《商品条码　零售商品编码与条码表示》的规定，它是由厂商识别代码、商品项目代码、校验码 3 部分组成的 13 位数字代码，分为 4 种结构，其结构如表 4–1 所示。

表 4-1　13 位代码结构

结构种类	厂商识别代码	商品项目代码	校验码
结构一	$X_{13}X_{12}X_{11}X_{10}X_9X_8X_7$	$X_6X_5X_4X_3X_2$	X_1
结构二	$X_{13}X_{12}X_{11}X_{10}X_9X_8X_7X_6$	$X_5X_4X_3X_2$	X_1
结构三	$X_{13}X_{12}X_{11}X_{10}X_9X_8X_7X_6X_5$	$X_4X_3X_2$	X_1
结构四	$X_{13}X_{12}X_{11}X_{10}X_9X_8X_7X_6X_5X_4$	X_3X_2	X_1

厂商识别代码由 7 ~ 10 位数字组成，中国物品编码中心负责分配和管理。厂商识别代码是由前缀码和厂商代码构成的。

商品项目代码由 2 ~ 5 位数字组成，一般由厂商编制，也可由中国物品编码中心负责编制。

校验码为 1 位数字，用于检验整个编码的正误。校验码计算方法见 GB 12904–2008《商品条码　零售商品编码与条码表示》。

现在，让我们认识一下身边商品的条码吧！如图 4–5 所示，前 3 位数字代表的是国家或地区的代码。瞧！690 代表中国大陆地区的厂商。中间 4 位数（1285）是厂商代码，它由中国物品编码中心进行分配和管理，代表着这一商品的生产厂商编号。后 5 位数（99121）是商品项目代码，一般由各厂商自行确定产品代码，代表商品类型、品牌、包装等。最后 1 位数（9）是校验码。在超市购物时，我们可以使用手机来扫描商品条码（手机的扫描功能之强大远远超出你的想象，不仅可以扫描二维码，也可以扫描一维码），并通过中国物品编码中心的后台支持，得到商品的简要信息。

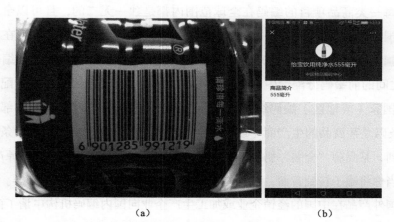

（a）　　　　　　　　　　（b）

图 4-5　手机识别商品条码

当然，用户也可登录中国物品编码中心网站查询，得到与商品有关的详细信息，如图
4-6 所示。如果此时你手中拿的是"贻宝"矿泉水，那么恭喜你，你可能买了假的商品了！

图 4-6　网站查询商品条码

那么，问题来了，条码能表示商品是国产的还是进口的吗？不能。为了保证每一家企业生产的每一类商品项目的编码在全球范围内都是独一无二的，且可以全球通用，前缀码必须由国际物品编码协会统一分配给各国（或地区）成员组织，然后在前缀码的基础上再由各国（或地区）成员组织分配给申请注册的企业。目前国际物品编码协会已将690～695之间的前缀码分配给中国物品编码中心使用，而前缀码只表示分配和管理厂商识别代码的国家（或地区）编码组织成员，而并非原产地，也就是说开头部分是690～695之间的条码是某商品的生产商（或经销商）在中国大陆地区申请的商品条码。细心的你或许注意到，某品牌"金装"奶粉在其罐子上清晰注明"原装进口"和"原产地：丹麦"等字样，而当你将罐子转到背面，看到的13位的条码前缀却是"69"的字样。此种现象很有可能是该国外产品在中国的经销企业或加工生产企业向国内编码机构申请了商品条码。

零售商品代码是一个统一的整体，在商品流通过程中应整体应用。在编制零售商品代码时，应遵循如下基本原则。

- 唯一性。这是商品编码的基本原则，是指相同的商品分配相同的商品代码，基本特征相同的商品视为相同的商品；不同的商品分配不同的商品代码，基本特征不同的商品视为不同的商品。通常情况下，商品的基本特征包括商品名称、商标、种类、规格、数量、包装类型等产品特性。企业可根据所在行业的产品特征以及自身的产品管理需求为产品分配唯一的商品代码。因此，条码的唯一性表示基本特征相同的商品拥有唯一的条码，而不是每件商品都拥有唯一的条码。

- 无含义。它是指零售商品代码中的商品项目代码，不表示与商品有关的特定信息。有含义的编码，通常会导致编码容量的损失。厂商在编制零售商品代码时，最好使用无含义的流水号（连续号），这样能够最大限度地利用商品项目代码的编码容量。

- 稳定性。它是指零售商品代码一旦分配，若商品的基本特征没有发生变化，就应保持不变。同一商品，无论是长期连续生产，还是间断式生产，都必须采用相同的标识代码。即使该商品停止生产，其标识代码应至少在4年之内不能用于其他商品上。另外，即便商品已不在供应链中流通，由于要保存历史纪录，需要在数据库中较长期地保留它的标识代码，因而在重新启用商品标识代码时，需要将此因素考虑在内。

条码是比较经济、实用的一种自动识别技术，其优点如下。

- 输入速度快：与键盘输入相比，条码输入的速度是键盘输入的 5 倍，并且能实现"即时数据输入"。

- 可靠性高：键盘输入数据出错率为三百分之一，利用光学字符识别技术出错率为万分之一，而采用条码技术误码率低于百万分之一。

- 采集信息量大：利用传统的一维条码一次可采集几十位字符的信息，二维条码更可以携带数千个字符的信息，并有一定的自动纠错能力。

- 灵活实用：条码标识既可以作为一种识别手段单独使用，也可以和有关识别设备组成一个系统实现自动化识别，还可以和其他控制设备连接起来实现自动化管理。

- 条码标签易于制作，对设备和材料没有特殊要求，识别设备操作容易，不需要特殊培训，且设备也相对便宜。

4.1.3 条码构成有"门道"

当然，数据是直观的视觉图像，现在也可以手动输入计算机，而上半部的条、空组合则是对数据的翻译，旨在方便机器的扫描和识别，只需要轻轻扫描一下，就可以立刻知道商品的相关信息，简单而快捷。

以 EAN-13 条码为例，我们再来看看条码的结构吧！EAN-13 条码符号的每个条码字符的条与空分别由若干个模块组配而成，一个模块宽的条表示二进制"1"，一个模块宽的空表示二进制"0"。EAN-13 条码由左侧空白区、起始符、左侧数据符、中间分隔符、右侧数据符、校验符、终止符、右侧空白区及供人识别的字符组成，如图 4-7 和图 4-8 所示。

图 4-7 EAN-13 条码的符号结构

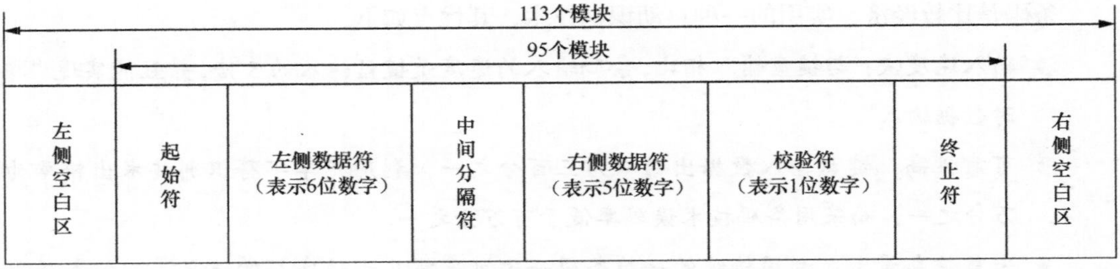

左侧空白区	起始符	左侧数据符（表示6位数字）	中间分隔符	右侧数据符（表示5位数字）	校验符（表示1位数字）	终止符	右侧空白区

（95个模块，总计113个模块）

图 4-8　EAN-13 条码符号构成

左侧空白区位于条码符号最左侧，与空的反射率相同的区域，其最小宽度为 11 个模块宽。模块是构成条码符号的最小单元。当放大系数为 1 时，EAN-13 条码的模块宽度为 0.330 mm。起始符位于条码符号左侧空白区的右侧，表示信息开始的特殊符号，由 3 个模块组成。左侧数据符位于起始符右侧，表示 6 位数字信息的一组条码字符，由 42 个模块组成。中间分隔符位于左侧数据符的右侧，是平分条码字符的特殊符号，由 5 个模块组成。右侧数据符位于中间分隔符右侧，表示 5 位数字信息的一组条码字符，由 35 个模块组成。校验符位于右侧数据符的右侧，表示校验码的条码字符，由 7 个模块组成。终止符位于条码符号校验符的右侧，表示信息结束的特殊符号，由 3 个模块组成。右侧空白区位于条码符号最右侧，与空的反射率相同的区域，其最小宽度为 7 个模块宽。供人识别字符位于条码符号的下方，与条码相对应的 13 位数字，优先选用 GB/T 12508−1990《光学识别用字母数字字符集　第二部分：OCR−B 字符集印刷图象的形状和尺寸》中规定的 OCR−B 字符集，字符顶部和条码字符底部的最小距离为 0.5 个模块宽。

供人识别字符有何作用呢？大家都有这样的体验：在超市购物时，有些条码因污损或弯曲无法由扫描器识别时，收银员会手动输入一长串字符，这串字符就是供人识别的字符。手动输入的效果与用扫描器识别效果相同，但速度相差甚远。

说到这里，大家不禁会问：超市里商品那么多，工作人员如何使用条码对其进行管理？工作人员只需要将从全国各地发来的商品，通过对商品条码一次性地进行扫描录入，就可以实现对数万种、几百万件商品进行类型、价格、数量等的准确统计，它与结算前台的收银系统是共享的。当收银员扫描到商品上的条码时，收银系统就会很快地显示该商品的相关信息。反过来，配送中心会根据计算机系统所提供的前台销售信息，及时地做出反应。哪些商品卖了多少需要进货，哪些商品库存多少，哪些商品的货架该上货了，一目了然、清清楚楚。

　　此外，超市经常会做活动，此时商品价格发生变化，甚至经常出现有买有送的情况。怎么办呢？其实，管理人员事先已经将新价格的条码信息重新输入并存储在计算机中。当收银员再次扫描同一物品时，显示的已是变化后的价格。同时，为了避免扫描失误，工作人员一般会将商品与赠品捆绑在一起以避免扫到赠品，或者直接在赠品上标注"送""赠品"等字样，收银员一看便知，不会再让顾客吃哑巴亏。

　　除了商品条码之外，期刊条码和图书条码也较为常见，特别是对于我们这些从事教学和科研工作的高校"都教授"来说。图 4-9 所示为本人担任编委的中国科技核心期刊《信息网络安全》封面左下角印制的条码，其编码规则遵循国家标准 GB/T 16827–1997《中国标准刊号（ISSN 部分）条码》。

　　《信息网络安全》期刊属于连续出版物，其中，中国标准刊号代码为 977167111218705。

图 4-9　中国标准刊号（ISSN 部分）条码

连续出版物是指一种具有固定不变的名称、无限期出版、通常带有卷期和年月标识的出版物。中国标准刊号代码由 15 位数字组成，其具体结构如表 4–2 所示。

表 4-2　中国标准刊号（ISSN 部分）代码结构

主代码				附加码
前缀码	数据码（ISSN 号）	年份码	校验码	
977	$X_1 X_2 \cdots X_7$	$Q_1 Q_2$	C	$S_1 S_2$

　　主代码由前缀码、数据码、年份码和校验码 4 部分构成。前缀码为 3 位数字，977 是国际物品编码协会指定给国际标准刊号（ISSN，International Standard Serial Number）专用的前缀码。数据码为 7 位数字 $X_1 X_2 \cdots X_7$，它是不含校验码的中国标准刊号的 ISSN 部分（如《信息网络安全》期刊的 ISSN 代码为 16711122，不含校验码 2 的 ISSN 部分为 1671112）。年份码为 2 位数字，年份码标识年份，以公历年份的最后两位数字表示（我们给出的是《信息网络安全》2018 年杂志封面，因而年份码为 18）。校验码按国家标准 GB 12904–2008《商品条码　零售商品编码与条码表示》规定的方法计算得出。附加码为两位数字，表示连续

出版物的系列号（周或月份的序号）。我们选择的是《信息网络安全》2018年第5期，因而附加码为05。

中国标准书号是国际标准书号（ISBN，International Standard Book Number）系统的组成部分。该系统创建于1970年，它是国际出版业和图书贸易通用的标识编码系统。一个ISBN唯一标识一部在制作、销售和发行中的专题出版物。以《大话物联网》为例，其编码规则遵循国家标准GB/T 5795–2006《中国标准书号》，如图4-10所示。

图4-10 中国标准书号条码

中国标准书号由标识符"ISBN"和13位数字组成。13位数字分为5部分：EAN·UCC前缀、组区号、出版者号、出版序号、校验码。书写或印刷中国标准书号时，标识符"ISBN"使用大写英文字母，其后留半个汉字空，数字的各部分应以半字线隔开：ISBN EAN·UCC前缀–组区号–出版者号–出版序号–校验码。如《大话物联网》的中国标准书号为ISBN 978–7–115–24538–0。

那么，扫描器如何识读条码？当光电扫描器发出的光束扫过条码时，扫描光线照在浅色的空上容易反射，而照到深色的条上则不反射，这样被条空反射回来的强弱、长短不同的光信号即转换成相应的电信号，经过处理后变为计算机可接受的数据，从而识读出商品上条码的信息。商品信息输入电子收款机后，计算机自动查阅商品数据库中的价格数据，再反馈给电子收款机，随机打印出售款清单和金额，这一切速度之快、几乎与扫描条码同步完成。条码是一种信息采集的新技术，它的最大优点是输入速度快，商店经理可随时掌握商品销售信息和库存情况，以便合理地调整进货，加快资金周转。

因此，我们不难看出，印刷在商品包装袋上的条码，像一条条商品信息的纽带，将世界各国制造厂商和形形色色的商品，有机地联系起来，又清清楚楚地加以识别。它使商品在世界迅速流通，解除各国文字语言的障碍，给计算机信息采集带来很多方便，为建立起全球性的商品交易集体化网络，发挥着很大的作用。

4.1.4　店内条码：与商品条码共舞

　　除了商品上的条码外，在购买糖果等散装食品时，会使用一种独特的条码——店内条码。这样的条码，又是怎么制作出来的呢？工作人员先将商品的名称和保质期输入计算机备案数据库内，消费者只要将所购食品放在稳重器上，然后输入商品相关的信息后，就可以进行打印了。就像这个条码打印机一样，从输入到打印，这个过程就是这么简单。

　　超市独特的利用扫描器和 POS 机进行结算的方式，决定了其店内所有的商品都必须要有一个数字标识来代表其规格、价格等详细信息，这是商品条码产生和发展的根源。但商品条码客观上无法涵盖一切。在商品条码的盲区里（主要是一些散装商品），店内条码就成为超市唯一的选择，这是店内条码产生的根源。从这一角度来看，店内条码会在一定范围内和商品条码长期共存。实际上，在条码应用最为广泛的日用百货超市中，店内条码依然占有一定的比例。

　　在我们的生活中，店内条码其实随处可见，如图 4-11 所示。它是如何制作出来的呢？当你在家乐福或是沃尔玛购买一些散装的糖果或新鲜蔬菜时，你会先把它们放进一个塑料袋子里。在称重台，超市工作人员先将商品名称和保质期输入计算机备案数据库内，然

复方罗汉果止咳冲剂

2 000000 110011

国药准字 Z45021837
售价：1.60
有效期 36 个月
剂型：冲剂
生产厂商：南宁维威制药

图 4-11　店内条码

后为商品称重，把袋子封口，并将即时打印出来的一个小标签贴在袋子上。从输入到打印，这个过程就是这么简单。这个小标签上标有商品的规格、质量、价格和一个条码。如果你细心的话，就会发现该条码是以 20 ～ 24 开头的，这就是店内条码。

　　与大多数人想象的不一样，店内条码并不是超市或企业自己随意制作的，必须遵循相应的国家标准——GBT 18283–2008《商品条码　店内条码》。店内条码的编码分为两种：不包含价格等信息的 13 位代码和包含价格等信息的 13 位代码。

　　不包含价格等信息的 13 位代码由前缀码、商品项目代码和校验码组成，如表 4-3 所示。其中，$X_{13}X_{12}$ 为前缀码，其值为 20 ～ 24。X_{11} ～ X_2 为商品项目代码，由 10 位数字组成，

由商店自行编制。X_1 为校验码，为 1 位数字，根据前 12 位计算而成，用于检验整个代码的正误。

表 4-3　不包含价格等信息的 13 位代码结构

前缀码	商品项目代码	校验码
$X_{13}X_{12}$	$X_{11}X_{10}X_9X_8X_7X_6X_5X_4X_3X_2$	X_1

包含价格等信息的 13 位代码由前缀码、商品种类代码、价格或度量值的校验码、价格或度量值代码和校验码组成，如表 4-4 所示。其中，$X_{13}X_{12}$ 为前缀码，其值为 20 ~ 24。商品种类代码由 4 ~ 6 位数字组成，用于标识不同种类的零售商品，由商店自行编制。价格或度量值代码由 4 ~ 5 位数字组成，用于表示某一具体零售商品的价格或度量值信息。结构三和结构四包含价格或度量值的校验码，为 1 位数字，根据价格或度量值代码的各位数字计算而成，用于检验整个价格或度量值代码的正误。X_1 为校验码，为 1 位数字，根据前 12 位计算而成，用于检验整个代码的正误。

表 4-4　不包含价格等信息的 13 位代码结构

结构种类	前缀码	商品种类代码	价格或度量值的校验码	价格或度量值代码	校验码
结构一	$X_{13}X_{12}$	$X_{11}X_{10}X_9X_8X_7X_6$	无	$X_5X_4X_3X_2$	X_1
结构二	$X_{13}X_{12}$	$X_{11}X_{10}X_9X_8X_7$	无	$X_6X_5X_4X_3X_2$	X_1
结构三	$X_{13}X_{12}$	$X_{11}X_{10}X_9X_8X_7$	X_6	$X_5X_4X_3X_2$	X_1
结构四	$X_{13}X_{12}$	$X_{11}X_{10}X_9X_8$	X_7	$X_6X_5X_4X_3X_2$	X_1

需要说明的是，店内条码是根据商品种类和价格由超市自己确定的。与能在国际上通用的商品条码不同，店内条码只能在超市自己的信息系统内使用，用于结算、库存、配送和商品的管理。

4.1.5　解读二维码的方格迷宫

不知道从什么时候开始，二维码已经悄然走进了我们的生活，购买商品要扫二维码，添加好友要扫二维码，投票测评要扫二维码，共享单车要扫二维码……二维码俨然已经成为人们生活中不可或缺的一部分。有人的地方就有江湖。有江湖的地方就有二维码。那么大家有没有想过，这个长相奇怪的东西，我们真的了解它吗？它到底是怎么来的？工作原理到底是什么样？

1. QR 码应运而生

20 世纪 60 年代，日本迎来高速增长期，众多的商品超市如雨后春笋般涌现。当时超市使用的现金出纳机要靠手动输入商品价格，负责收银的工作人员常因手腕的麻木和"腱鞘炎"而苦恼不已。

"能否为超市收银员减负呢？"条码的出现解决了这一苦恼。POS 系统的成功开发，仅通过光感读取条码，价格就会自动显示在出纳机上，读取的商品信息还能传送到计算机上。这样，条码得以普及，但新课题随之而来：条码的容量有限。

"编码本身要是能够含有更多的信息就好了""希望具有汉字和假名的处理功能"……当时正在从事条码读取机研发的 Denso Wave 公司（日本电装株式会社旗下的子公司）对此类需求了如指掌。日本电装于 1949 年从丰田汽车公司独立出来，但主要业务仍然是给丰田供应汽车零配件。由于高精度的汽车零配件需要匹配很多信息，而传统的条形码信息容量很有限。如何在零件标签上存储更多的产品信息，成了日本电装需要攻克的难题。Denso Wave 作为日本电装旗下负责信息技术的子公司，承接了这项攻关任务。在这一背景下，研发小组怀着"一定要满足客户需求"的心愿，投入新型的二维码研发之中。

"当时其他公司研发的二维码把重点放在信息扩容上"，负责 QR 码研发的原昌宏回首当年如是说。条码只能横向（一维）存储信息，而二维码则能纵横二维存储信息。原昌宏（Masahiro Hara）的考虑是，除了能够容纳大量的信息外，研发的代码还要便于读取，研发小组仅仅只有两人。

研发小组面临的最大问题是如何实现条码的高速读取。有一天，原昌宏的脑海里浮现出一个思路："若附上'此处有编码'这样的位置信息，结果会怎样？"四角形的"定位图案"应运而生。将这一图形放入二维码中，便可实现其他公司无法模仿的高速读取。定位图案为何要使用那种四角形的呢？

原昌宏解释说："因为这种图形在票据等当中出现频率最小"。也就是说，如果附近存在着同样的图形，读取机就会将其误认为是代码。为了防止这种误读，定位图案必须是唯一的图形。经过全面考虑，原昌宏等人决定将印刷在广告单、杂志、纸板等处的绘图和文字全部变成黑白两色，对其面积比率进行彻底的调查。研发小组日以继夜地对无数的印刷品进行调查，终于得出印刷品中"最不常用的比率"，即1：1：3：1：1。这样，便确定了定位图案黑白部分的宽幅比率。所形成的结构是，扫描线可以从360°进行全方向无死角扫描，无论从哪个方向扫描，一旦扫到其独特的比率，便可计算出代码的位置。

研发项目启动后经过一年半的时间，在经历了几多曲折之后，可容纳约7 000个数字的QR码终于诞生了。其特点是能进行汉字处理、大容量，而且读取速度比其他编码快10倍以上。

1994年，Denso Wave公司发布QR码。QR码这一名称源自"快速反应"（Quick Response），包含了原昌宏等人追求高速读取能力的研发概念。这一编码能否作为替代条码的二维码而得到人们的认同，原昌宏在QR码发布之初并没有十足的把握。尽管如此，他心里仍只有一个念头，就是"这么好的产品，希望让更多的人了解并使用"。为此，他奔波于各个企业和团体，积极进行推介。

功夫不负有心人，汽车零部件生产行业的"电子看板管理"开始采用QR码，为提高生产率以及出货管理、单据制作的效率做出了贡献。出于可追溯性的考虑，QR码开始应用于食品、药品以及隐形眼镜生产业界的商品管理等方面。QR码的普及还得益于另一要素，即规格公开，使之成为人人都能自由使用的编码。Denso Wave公司事实上放弃了对QR码的专利费用的索求，只针对企业用户量身定制的二维码洽谈收费。无须成本、可放心使用的QR码现已作为"公共代码"，在全世界得到广泛应用。

2002年，QR码普及到普通个人。其契机在于，具有QR码读取功能的手机开始上市。这种不可思议的图形吸引着人们，通过读取可以很方便地访问手机网站，获取各种优惠券。正是因为这种便利性，QR码迅速在社会上得以普及。如今，QR码的应用范围更加广泛，名片、电子票、机场的出票系统等，几乎无所不包。

2012年4月17日，徐蔚提交国际专利合作条约（PCT, Patent Cooperation Treaty）申请：采用条形码图像进行通信的方法、装置和移动终端（如图4-12所示），并先后拿下了中国、美国、日本和欧盟等区域的二维码扫码技术专利权。两者的区别在于：日本的QR二维码是数字信息存储器，而徐蔚的"扫一扫"专利是一个"扫码→解码→执行"的闭环系统，保护的是"扫码"这一行为，其对象是包括二维码在内的所有条形码图像。

2014年6月17日，在二维码发明20周年之际，欧洲专利局将2014"欧洲发明奖最受欢迎奖"隆重颁发给原昌宏。在颁奖致辞中，欧洲专利局代表提出，"二维码的社会价值和科技意义都同等伟大。"尽管如此，创始人原昌宏从发明之初就一直不看好二维码能够被社会广泛应用。Denso Wave 公司虽然拥有二维码技术的专利权，但并没有考虑过向全社会收费或出售专利。Denso Wave 想做的，仅仅是向企业用户推广日本电装内部的二维码管理体系，以此收取一些费用。

著录项目	全文文本	全文图像

CN102711057A[中文]　　　CN102711057A[英文]　　　CN102711057B[中文]
CN102711057B[英文]

发明名称 --- 采用条形码图像进行通信的方法、装置和移动终端

申请号	CN201210113851.8
申请日	2012.04.17
公开（公告）号	CN102711057A
公开（公告）日	2012.10.03
IPC分类号	H04W4/12; G06F17/30; H04N1/00; H04W88/02
申请（专利权）人	徐蔚
发明人	徐蔚
优先权号	
优先权日	
申请人地址	江苏省镇江市新区镇江经十二路468号科技新城研发双子楼A座809室
申请人邮编	212009
CPC分类号	

图 4-12　"二维码扫一扫专利"

2. 解剖 QR 码

国家标准 GB/T 18284–2000《快速响应矩阵码》规定了 QR 码的符号结构。每个 QR 码符号由正方形模块组成的一个正方形阵列构成，它由编码区域和包括寻像图形、分隔符、定位图形和校正图形在内的功能图形组成。功能图形不用于数据编码，符号的四周为空白区，如图 4-13 所示。

符号版本和规格。QR 码符号共有 40 种规格，分别为版本 1、版本 2⋯⋯版本 40。版本 1 的规格为 21 模块 ×21 模块，版本 2 的规格为 25 模块 ×25 模块，以此类推，每一版本符号比前一版本每边增加 4 个模块，直到版本 40，其规格为 177 模块 ×177 模块。深色模块表示二进制 1，浅色模块表示二进制 0。

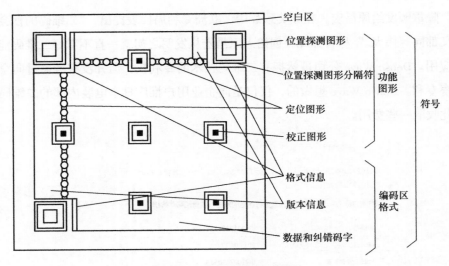

图 4-13 QR 码的符号结构

寻像图形包括 3 个相同的位置探测图形，分别位于符号的左上角和左下角。每个位置探测图形可以看作是由 3 个重叠的同心正方形构成，它们分别为 7×7 个深色模块、5×5 个浅色模块和 3×3 个深色模块，且位置探测图形的模块宽度比为 1 : 1 : 3 : 1 : 1，如图 4-14 所示。符号中其他地方遇到类似图形的可能性极小，因而可以在视场中迅速识别可能的 QR 码符号。识别组成寻像图形的 3 个位置探测图形，可以明确界定视场中符号的位置和方向。

分隔符。在每个位置探测图形和编码区域之间有宽度为 1 个模块的分隔符，它全部由浅色模块组成。

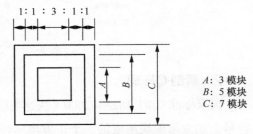

图 4-14 位置探测图形的结构

定位图形。水平和垂直定位图形分别为 1 个模块宽的 1 行和 1 列，由深色与浅色模块交替组成，其开始和结尾都是深色模块。水平定位图形位于符号上部的两个位置探测图形之间，在第 6 行。垂直定位图形位于符号左侧的两个位置探测图形之间，在第 6 列。它们的作用是确定符号的密度和版本，提供决定模块坐标的基准位置。

校正图形。每个校正图形可看作是 3 个重叠的同心正方形，由 5×5 个深色模块、3×3

个浅色模块以及位于中心的 1 个深色模块组成。校正图形的数量视符号的版本号而定，版本 2 以上（含版本 2）的符号均有校正图形。

编码区域包括表示数据码字、纠错码字、版本信息和格式信息的符号字符。

空白区。它为环绕在符号四周的 4 个模块宽的区域，其反射率应与浅色模块相同。

QR 码的突出优点如下。

- 存储大容量信息。传统条码只能处理数十位左右的信息量，QR 码可处理条码的几十倍到几百倍的信息量。一个 QR 码最多可以包含数字数据 7 089 个字符、字母数字数据 4 296 个字符、8 位字节数据 2 953 个字符、中国汉字数据 1 817 个字符。

- 图形体积较小。QR 码使用纵向和横向两个方向处理数据，如果是相同的信息量，QR 码所占空间为条码的 1/10 左右，而微 QR 码可以在更小的空间内处理数据。

- 可高效处理各种文字。QR 码支持所有类型的数据，如数字、英文字母、日文字母、汉字、符号、二进制、控制码等。每个全角字母和汉字都用 13 bit 的数据处理，效率较高，与其他二维码相比，可以多存储 20% 以上的信息。

- 抗污损能力强。QR 码具备"纠错功能"，即使部分编码变脏或破损，也可以恢复数据。数据恢复以码字为单位（这是组成内部数据的单位，每 8 bit 代表 1 个码字），包括 4 种纠错等级，可恢复的码字比例为：L 级 7%；M 级 15%；Q 级 25%；H 级 30%。

- 全方位无死角读取。QR 码从 360° 任一方向均可快速读取，奥秘在于 QR 码中的 3 处定位图案，可帮助 QR 码不受背景样式的影响，实现快速稳定的读取。

- 支持数据合并功能。QR 码可以将数据分割为多个编码，最多支持 16 个 QR 码。使用这一功能，可以在狭长区域内打印 QR 码，还可以把多个分割编码合并为单个数据。

在介绍二维码原理之前，我先给大家说一下条码，也就是超市收银员结账时扫的那个码。计算机在水平方向上识别粗细不均的黑白条，就能找出藏在里面的商品编号信息，如价格、商品名称。相比于条码只在一个维度上工作的原理，二维码在水平和垂直两个维度上都携带有信息，即做成方块状的东西。条码和二维码这对好基友，说白了其实就是给数字和字母还有符号等信息换了一身衣服，把它们打扮成了能让计算机识别的黑白条和方块。

那么最关键的问题来了，这种方块是怎么变成能被计算机识别的图案的呢？这就要提到一个人类具有划时代的发明了，那就是二进制。我们平时使用的数字和字母还有汉字等各种字符，虽然画风完全不同，但是机智的人类发明了一种方法，使它们都能被统一转变为 0 和 1 组成的二进制数字序列，这个转化的过程叫作编码。

国际上有几套通用的编码规则。我们今天就用一个例子给大家感受一下编码是怎么回事。如 AB，这是由两个英文字母组成的字符。根据编码规则，每个独立的英文字母都有一个唯一的十进制数字与之对应，而像 AB 这样的字符串，则要在对应数字的基础上再进行运算，并把运算结果转化为二进制，就是一串数字。对了，在整个计算机和物联网文明都是建立在这种二进制编码上的。你爱看的抖音视频，在你的手机上只是一串 0 和 1 而已。

回到二维码的生成原理上，字符经过数据分析、数据编码、纠错编码、构造最终信息、在矩阵中布置模块、掩模、生成格式和版本信息等步骤，就可得到最终的二进制编码。在这串编码中，一个 0 对应的就是一个浅色小方块，一个 1 对应的就是一个深色小方块。我们把这些小方块按照 8 个一组，填进大方块中，这就是一个完整的可被手机相机识别的二维码图案。

对了，不知道大家注意到没有，为什么所有的二维码，都有 3 个小方块在边上？其实这 3 个一模一样的小方块是用来给手机相机定位的，这样不管你的二维码是正着扫还是倒着以及左右扫，都能被手机相机识别，并且扫出来的结果都一样。

4.2 电子标签：物联网的第二代身份证

随着射频识别（RFID）的发展和普及，贴有电子标签的商品随处可见。如今，贴有电子标签的商品随处可见，充斥于社会生活的每一个角落。窄带物联网（NB-IoT）和 5G（第五代移动通信）进一步推动了基于 RFID 的物联网发展，让人们产生无限的遐想，RFID 再次成为全球的技术热点。

与我们将第一代居民身份证换发为第二代居民身份证一样，商品的身份证也在"升级"。作为物联网的第二代身份证，电子标签将伴随商品从仓库到商店再到购买者，甚至一直到变成垃圾的整个生命过程。同时，顾客还可以通过这种智能标签直接了解他们所需的商品，并立刻得到带有标签的商品的有关信息。

4.2.1　RFID 的来源

1."金唇"窃听器

1943 年 11 月 28 日至 12 月 1 日，苏、美、英三国首脑在伊朗首都举行了史上著名的德黑兰会议。会后，苏联部长会议主席斯大林认为要掌握更多的美国核心机密，于是向克格勃领导人贝利亚下达了死命令，要对美国大使阿维列拉·卡里曼（Averell Harriman）的办公室进行窃听，可以不惜一切代价，动用一切手段。重压之下，贝利亚与克格勃特工们开始绞尽脑汁思考如何在美国驻苏联大使馆安放窃听器，头发白了不少。

1943 年 12 月 17 日，克格勃头子贝利亚得意洋洋地向斯大林邀功，声称为美国大使馆私人定制的窃听设备已经准备停当，其性能杠杠的，且它还有个非常 "Sexy" 的名字——金唇（The Thing）。它是由俄罗斯人雷奥·特雷门（Leon Theremin）发明的。湖南卫视王牌节目《我是歌手》第二季你一定看过吧！ 2014 年 3 月 28 日那场半决赛竞演中，音乐总监梁翘柏先是使用特雷门琴为周笔畅演奏，然后周笔畅又把玩特雷门琴耍酷，帅气的动作引得现场粉丝阵阵尖叫，特雷门琴也是特雷门于 1919 年发明的。

特雷门琴是世界上第一种也是唯一一种不需要身体接触即可演奏的电子乐器。它利用包含两个分布电容（可感应人体与大地）的 LC 振荡器工作单元来发声。垂直天线用于调节频率，手离垂直天线越近，音调越高；圆形天线用于调节音量，手离圆形天线越远，声音越大。演奏的要领是准确把握双手位置与所需音符之间的关系。从全球范围来看，也只有 20 余名国宝级特雷门琴演奏家。之所以这么少，是因为在特雷门琴上进行音阶练习是很困难的，触觉上得不到任何依靠，需要在空中做手势，玩转两根天线。

书归正传。贝利亚如获至宝，将发明金唇窃听器的喜事告诉了斯大林。因此，苏联将使用金唇窃听器对美国驻俄大使馆进行窃听的行动顺理成章地命名为"金唇行动"。单从外形来看，金唇窃听器就像一只长着尾巴、奇丑无比的小蝌蚪，如图 4–15 所示。

"一切窃听器都需要电源"。然而，这一说法被打破了，由于金唇窃听器不内置电源，不向外发射电磁波，仅由外部电磁场驱动，因而反窃听设备无法捕捉到任何信号，代表了当时的世界级水平。300 m 以内大耗电量振荡器所发出的微波脉冲都能够被金唇窃听器捕捉到。更为奇特的是，它的工作寿命长得惊人。

金唇窃听器的主要部件是谐振腔传声器，该部件由谐振腔和电容传声器组成。美国无线电公司 1941 年获得的超高频调制器专利（专利号为 2238117）描述了谐振腔声音调制的原理，如图 4-16 所示。

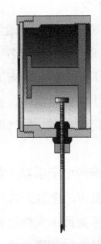

图 4-15　金唇窃听器的外形

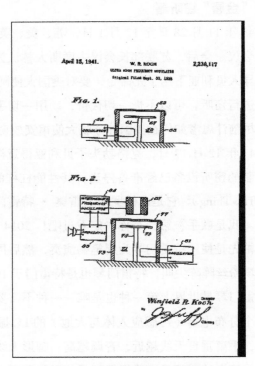

图 4-16　专利"超高频调制器"

无源谐振腔用指定频率的无线电信号激活，美国国家安全局（NSA，National Security Agency）称为"照射"。微小电容薄膜连接到固定波长的金属天线上。克格勃在对面楼里用高强度的雷达照射天线时，大使办公室里的声音穿过木雕，引起薄膜振动。薄膜振动改变电容的容量，声音振动信息就会调制到无线电波上，通过天线发射出去。在远处的接收机解调信号，可以听到房间里的声音。普通的无线电接收机就可以解调无线电信号和输出声音。

图 4-17 显示的是基于各种研究报告推测的窃听器结构。它长得很像拨浪鼓，主要分

为两个部分：一个是上面的麦克风，另一个是下面的天线。麦克风的原理和今天的电容式麦克风类似，通过鼓膜的位移改变麦克风空腔的电容。下面的天线和电容腔相连，电容的大小决定天线的共振频率。波源打在天线上之后，天线反射的波形的振幅和频率都会由于共振频率的变化而改变。麦克风由抛光镀银的铜圆柱体作为高品质谐振腔，中心蘑菇形圆盘作为电容器与 75 μm 厚的金属薄膜一起封闭，天线由圆柱体侧面的绝缘孔进入空腔，与电容耦合。

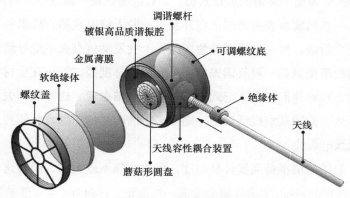

图 4-17　窃听器结构

空腔的直径为 19.7 mm，长 17.5 mm。天线长约 22.8 cm，圆柱体前面的金属薄膜可以调节电容的容量。蘑菇型圆盘表面有凹槽，可减少隔膜的气动阻尼，蘑菇型圆盘和隔膜之间的距离为 230 μm。

腔体的尺寸精心设计，可在非常高的频率（如 1 320 MHz）上谐振，降低被偶然发现的概率。窃听器由外部的电磁波激活和关闭，如图 4-18 所示。房间里的声音使薄膜产生振动，空腔内部空间的变化产生变化的电容容量，可以产生调制声音的调幅或调频信号。

图 4-18　窃听器原理

金唇窃听器通过无线电信号识别特定目标并读写相关数据，无须识别系统与特定目标之间建立机械或光学接触，是第一种利用被动技术（不用电源）传输声音信号的窃听器。与现代无源电子标签一样，只有通过外部发起者发送的无线电频率才能将金唇窃听器激活，转入工作状态。在其他时间，金唇窃听器都处于休眠状态。虽然金唇窃听器不是电子标签，但是人们仍将其视为射频识别技术的先驱。

2. 瓦特与死亡射线

一束激光扫过，环顾四周你发现身边的一切都消失了，突然你感到一阵剧痛，低头发现手指不见了？这是梦？还是真实发生了？是什么武器能够这么威力无穷？死亡射线！1923 年，英国著名发明家哈里·格林德尔·马修斯（Harry Grindell Matthews）宣称发明了死亡射线，瞬间成为整个英国的焦点人物，事后证明这是一条忽悠人的虚假信息。

与此同时，一系列故事表明德国正在开发另一种无线电武器。故事各不相同，但一个共同的线索是死亡射线，另一个线索是使用信号干扰发动机点火系统导致发动机停摆。一个让耳朵起茧的故事梗概是一对英国夫妇开车到黑森林度假，汽车在乡村突然抛锚。士兵们走到他们身边，宣称他们正在进行武器测试。测试结束后，这对英国夫妇毫不费劲地启动了发动机。不久，德国某家报纸刊登一则故事，插图是位于黑森林的费尔德贝格山上安装了一种大型无线电天线。

虽然对死亡射线的情报持高度怀疑态度，但空军部不敢大意，因为这在理论上是可行的。如果建造出这样的系统，则轰炸机会变成一堆废铁。1934 年，空军部悬赏 1 000 英镑（约合 8 884 元）来鼓励国内精英从事"死亡射线"研究，只要杀死 200 yd（约合 183 m）远的绵羊即可获得此项"巨款"。空军部的意图非常明显，使用"死亡射线"来击杀飞行员。当时，就有一小拨人研究通过强射频波束来形成"死亡射线"。

1934 年 11 月，英国空军大臣伦敦德里勋爵（Lord Londonderry）批准成立防空科学研究委员会（SSAD，Scientific Survey of Air Defense），由伦敦帝国学院院长亨利·蒂泽德（Henry Tizard）担任主席，空军部科学研究室主任哈里·温佩里斯（Harry Wimperis）成为委员之一，而物理学家阿尔伯特·罗（Albert Rowe）担任秘书。

1935 年 1 月，当时温佩里斯意欲寻找无线电专家帮助他理解死亡射线的概念时，有人向他举荐了时任英国国家物理实验室无线电研究部主任的罗伯特·沃森·瓦特（Robert Watson Watt）。此人又红又专，是改良蒸汽机发明人詹姆斯·瓦特的后代，曾研究通过接收无线电噪声并做三角计算来测定雷爆位置。温佩里斯写信给瓦特（如图 4-19 所示），请他论证死亡射线的可行性。1935 年 1 月 18 日，两人正式见面，瓦特承诺一定会高度重视此事。

瓦特找到阿诺德·威尔金斯（Arnold Wilkins）帮忙，但嘱咐其一定要保密。他要求威尔金斯计算出在 5 km 距离、高度为 1 km 处将 4 升水从 37℃ 加热到 41℃ 所需的无线电能量。威尔金斯立刻推测出这是一个与死亡射线相关的问题。威尔金斯通过简易快速的计算，证明所需能量是当时电子技术无法提供的。也就是说，即使采用当时最强功率的无线电波，也不会对飞机造成任何损伤，更别说杀伤飞行员了。

当威尔金斯给出否定答案时，瓦特问道，"如果死亡射线无法实现，那么我们总得帮助空军部队做些什么。"威尔金斯记得早年曾阅读过射击阵地指挥官（GPO，Gun Position Officer）的报告，注意到当时轰炸机的翼展约为 25 m，对于波长为 50 m 或工作频率为 6 MHz 的无线电信号来说，恰好形成半波长偶极子天线。从理论上讲，这将有效反射信号，并可由接收器接收，以提供临近飞机的早期预警。

图 4-19　罗伯特·沃森·瓦特

阿诺德·威尔金斯开展了大量的理论和实践工作，来证明雷达可以发挥显著的作用。瓦特给温佩里斯写回信，断言死亡射线是大忽悠，但补充道与其将注意力放到一件不可能完成的任务上，倒不如转而探讨虽艰巨却还靠谱的无线电探测问题，且承诺在必要时提交采用无线电方法探测飞机的定量分析报告。

1935 年 1 月 28 日，防空科学研究委员会第一次正式会议对瓦特的回信进行了讨论。与会代表一致认为瓦特的理念非常实用，但问题是能否实现。物理学家阿尔伯特·罗和温佩里斯共同检查了信中的数学公式，貌似准确无误。他们立即回信要求瓦特提供一份更为详尽的研究报告。

1935 年 2 月 14 日，瓦特和威尔金斯发布了一份题为《采用无线电方法探测飞机》的秘密备忘录。在备忘录中，瓦特和威尔金斯首先研究了飞机可能存在的各种自然发射（来自发动机点火系统的光、热和无线电波），并证明敌人极易将无线电波屏蔽到无法察觉的水平。他们的结论是，需要用到自身发射器发射的无线电波。

在备忘录中，沃森·瓦特用基本物理学知识的简单计算证明了无线电回波探测的可行性，描述了该系统的运行方式，并建议构建一个覆盖 300 km 空域的无线电回波探测网。他还十分谨慎地认为：这种探测系统不仅可以测出它与飞机的距离，甚至还可以测出飞机的方位和高度。

有这么好的创意，防空科学委员自然会十分重视，他们当即决定拨款 4 000 英镑（约 34 828 元）用于启动系统的研发。他们请求供应和研究空军成员休·道丁向财政部再要 1 万英镑（约 87 070 元）。道丁对瓦特的理论报告印象极为深刻，但在追加拨款之前要求瓦特做一次回波探测概念的验证试验，让空军部们眼见为实。

威尔金斯建议在北安普敦郡达文特里（Daventry）使用发射功率为 10 kW、波长为 49.8 m 的英国广播公司（BBC，British Broadcasting Corporation）广播电台作为发射器。1935 年 2 月 26 日，他们将接收器和示波器安装在货车内，停在距离 BBC 短波站 10 km 外威登（Weadon）村附近的一块空地上。两副半波长偶极子天线相距 100 ft（约合 30 m），且与 BBC 发射器对齐。天线与双信道接收机相连，而接收机又连接到阴极射线示波器（CRO，Cathode Ray Oscilloscope）。瓦特使用单信道移相器来抵消地波干扰。汉德利·佩季公司生产的"黑福德"轰炸机飞行高度为 10 000 ft（约合 3 048 m），4 次穿越 BBC 广播电台的发射波束，3 次对阴极射线示波器产生了显著影响，试验取得圆满成功，如图 4-20 所示。

几天后，财政部拨款 12 300 英镑（约 106 910 元）用于雷达的深度开发。1935 年 5 月 13 日，为防御德国战机的袭击，英国开始在东海岸的奥福德纳斯（Orfordness）安装雷达。这些雷达在第二次世界大战中发挥了重要作用。达文特里实验宣告了世界上第一台实用雷达的诞生，而雷达的改进和应用则催生了射频识别技术。关于瓦特是如何将雷达转化为现实的，感兴趣的读者可观看电影《不列颠上空的堡垒》（*Castles in the Sky*）。

图 4-20　达文特里试验

3. 斯托克曼的 RFID 理论奠基之作

1948 年 10 月，哈里·斯托克曼（Harry Stockman）在 IEEE 的前身——无线电工程师学会（IRE，Institute of Radio Engineers）的论文集上发表《利用能量反射的方法进行通信》。论文包括散射目标的雷达传输、非散射目标的通信传输、调制方法、测试结果和实际应用 5 部分。

文章指出，点对点通信是一种拥有诸多不同特性的新型传输系统。无线电波、光波或声波（主要是微波、红外和超声波）可以在近似镜面反射条件下用于传输。能量反射通信的主要特征包括：方向性强、自动定位、安全性高、识别和导航手段简单、具备干扰衰落消除功能、语音发射机设计容易。参照常规雷达传输，斯托克曼讨论了能量反射通信的基本理论，推导出能量反射的传播规律，并与雷达传播规律进行了比较。他描述了调制反射器所采用的不同方法，并对各种实验室和现场测试结果进行了讨论。最后，探讨了能量反射通信适合的民用领域。

论文奠定了射频识别（RFID）技术的理论基础，成为射频识别理论发展的里程碑。斯托克曼给出的结论是："毋庸置疑，能量反射通信在雷达中的应用价值已经得到了充分证明。在所提的方法中，我们使用时间函数对目标进行调制。显然，在能量反射通信诸多基本问题得到解决、能量反射通信得到广泛应用之前，我们需要开展大量艰苦卓绝的研发工作。"事实正如他所预言：在射频识别成为现实之前，人类花了大约 30 年时间才解决了他所说的诸多技术问题。

4. 首台 RFID 原型设备

1970 年 5 月 21 日，马里奥·卡杜罗（Mario Cardullo）向美国专利商标局（USPTO）提交了名为"应答器装置和系统"的专利申请，并在 1973 年 1 月 23 日获得专利（专利号为 3713148）。这是第一台带有存储器的被动式无线电应答器，也是第一种现代 RFID 原型设备。

该专利设计了一种新型通用应答器设备和系统，其中，基站向远程应答器发送"询问"信号，应答器回送"应答"信号作为响应。应答器包括可变或可写存储器，它能对所发送的询问信号做出响应，可用于处理信号以及选择性地将数据写入存储器或从存储器读出数据。然后，应答器从内部存储器读出的数据中选择并发送应答信号，该信号可以在基站处进行解析。在优选的发明实例中，应答器根据需发送的询问信号产生自身的工作功率，这样确保应答器设备是独立的。因此，人们将马里奥 · 卡杜罗视为射频识别的发明者。

4.2.2　9527 是我的终身代号

为什么我们的快递可以一直准确无误地在路线上？为什么学校图书馆里海量的图书却管理得整齐有序？为什么有些不小心失窃的物品可以迅速追踪回来？而这些都得利用 RFID 技术，因为在物联网的时代，它是数据连接、数据交流的关键技术之一。

什么是 RFID 技术？ GB/T 29261.3–2012《信息技术　自动识别和数据采集技术　词汇　第 3 部分：射频识别》对射频识别的定义为：在频谱的射频部分，利用电磁耦合或感应耦合，通过各种调制和编码方案，与射频标签交互通信、唯一读取标签身份的技术。

目前，射频识别（RFID）技术已显示出强大的生命力，应用范围十分广泛，发展前景极其乐观。射频识别与条码分属两种不同的技术，具有不同的适用范围，但有时也会发生重叠。两者之间在写入信息能力、实现远距离识别、具有批量识别功能等方面有着较大的区别。

与传统条码识别技术相比，射频识别的优势主要表现在以下方面。

1. 能够为每件物品分配唯一的标识

以往使用条码时，由于长度的限制，物流行业只能给每类产品定义一个类码，也就是说，一批牛奶，不管保质期是哪一天，它们在商场的代码都是一样的，商场无法通过代码判断每一件产品的准确库存周期。RFID 彻底解决了这一问题，它让所有产品都拥有独一无二的 ID。这对企业资源规划（ERP，Enterprise Resource Planning）和供应链管理（SCM，Supply Chain Management）系统来说是革命性的突破。每个电子标签具有唯一性，意味着系统可以识别单个物体。如果未来的某一天你在街头看到某个人的脖子上挂着嵌有电子标签的项圈，或者穿着印制有电子标签、可重现个人行踪的个性 T 恤，或者在裸露的皮下组织注射电子标签，千万不要觉得奇怪，因为这是每件物品（包括人类）在这个世界上独一无二的数字代号，就像 9527 代表周星驰演的唐伯虎在华府的编号，如图 4–21 所示。例如，GB/T 35290–2017《信息安全技术　射频识别（RFID）系统通用安全技术要求》规定：电子标签应具有不可更改的唯一标识。

图 4-21　唐伯虎在华府的终身代号：9527

2. 批量识别，扫描速度快

条码扫描仪一次只能扫描一个条码，读写器可同时识别和读取多个电子标签。无须接触，读写器就能直接读取信息至数据库，一次性处理多个标签，并将处理状态写入标签。RFID 读写器的扫描速度远快于传统条码技术，如远望谷 RFID 超高频读写器 XC–RF850 单标签读取最高速率为 140 次 / 秒，最大读取距离为 12 m，最大写入距离为 6 m。同时，RFID 技术可识别高速运动物体并可同时识别多个标签，操作快捷方便。这就意味着，在使用 RFID 之后，读取设备会同时自动获得货品信息，将传统的单体处理方式变为"批处理"方式，在提高工作效率的同时还可以大幅减少人力成本开支。例如，GB/T 36435–2018《信息技术　射频识别　2.45 GHz 读写器通用规范》规定：读写器应具备多标签识别能力、脱机工作能力和汉字处理功能。

3. 体积小，易封装

RFID 在读取上并不受尺寸大小与形状的限制，不需要为了读取精确度而配合纸张的固定尺寸和印刷品质。电子标签更加趋于小型化与多样化，以应用在不同产品。电子标签能隐藏在大多数材料或产品内，同时可使被标记的货品更加美观。电子标签的外形多样（如卡形、环形、钮扣形、笔形等），体积小，使之能封装在纸张、塑胶制品上，使用起来非常方便。例如，GB/T 36364–2018《信息技术　射频识别　2.45 GHz 标签通用规范》规定：电子标签应由天线、芯片、电池和外封装等构成；标签尺寸应符合具体应用要求，其值应在产品标准中规定。

4. 抗污染能力强，可实现穿透性识别

传统一维条码的载体是纸张，因而易受污染，但电子标签最重要的优点就是非接触式识别，因而对水、油和化学药品等物质具有很强的抵抗性。在黑暗或脏污的环境之中，读写器照常可以读取电子标签上的数据。由于条码是附于塑料袋或外包装纸箱上，因而特别容易受到磨损。电子标签是将数据存于芯片当中，因而可以免受污损。虽然二维码也具有一定的抗污染能力，但仍然无法与电子标签抗衡。读写器能透过泥浆、污垢、油漆涂料、油污、木材、水泥、塑料、水和蒸汽来读取电子标签，且不需要与标签直接进行接触，因而使其成为肮脏、潮湿环境下的理想选择。例如，GB/T 36364–2018《信息技术 射频识别 2.45 GHz 标签通用规范》规定：标签应具有检测内部电池是否低电量的功能；标签工作的温度范围为 –20℃ ~ 65℃，相对湿度范围为 30% ~ 80%（40℃），大气压范围为 86 ~ 106 kPa；对标签施加 4 kV 的静电释放（ESD，Electro Static Discharge）后，标签应能正常工作。

5. 可重复使用

RFID 支持可读写功能。传统条码里面的信息是只读的，如果你想改变里面的内容，增加新的信息，你只能重新打印一张条码，旧条码即被废弃。标签数据可以利用编程进行动态修改，你可以在标签制造出来后，通过读写器随时写入你想要增加的信息。这一点对于物流中的节点记载、货物追踪特别有用。由于无机械磨损，因而电子标签的使用寿命非常长，读写次数非常多。例如，GB/T 36364–2018《信息技术 射频识别 2.45 GHz 标签通用规范》规定：标签数据应至少能保持 5 年；标签数据的读次数应大于 10 万次，写次数应大于 1 万次；可更换电池标签的平均故障间隔时间（MTBF，Mean Time Between Failure）的 m_1 值应不小于 5 000 h，不可更换电池标签的平均故障间隔时间（MTBF）的 m_1 值应不小于 3 000 h。

6. 穿透性和无屏障阅读

传统条码技术是利用光电效应，利用条码扫描器将光信号转换成电信号，进而读出条码所"存储"的信息。传统条码是一个"近视眼"，它只有在足够靠近条码识别器的时候，才可以被"认"出来。而电子标签则不同，只要处于读写器的接收范围之内，就可以被"感

应"并且正确地识别出来，读写器的收发距离可长可短，根据它本身的输出功率和使用频率的不同，从几厘米到几十米不等。由于无线电波有着强大的穿透能力，因而用户可以隔着一段距离，甚至隔着箱子或其他包装容器就可扫描里面的商品，而无须拆开商品的包装。在被覆盖的情况下，RFID 技术能够穿透纸张、木材和塑料等非金属或非透明的材质，并能够进行穿透性通信，但不能穿透铁质金属。例如，GB/T 36435–2018《信息技术　射频识别　2.45 GHz 读写器通用规范》规定：读写器最大发射功率或等效全向辐射功率（EIRP，Effective Isotropic Radiated Power）为 100 mW；在误码率为 10^{-5} 的条件下，读写器接收信号的最小功率应小于 –60 dBm。

7. 数据的存储容量大

一维条码的存储容量一般为几十字节，二维码最大的存储容量可达数千字节，而电子标签的容量理论上可以无穷大。随着存储载体的发展，数据容量也有不断扩大的趋势。未来物品所需携带的信息会越来越大，对标签所能扩充容量的需求也相应增加。电子标签的数据存储容量大，标签数据可更新，特别适合于存储大量数据或物品上所存储数据需要经常改变的情况。例如，GB/T 36364–2018《信息技术　射频识别　2.45 GHz 标签通用规范》规定：标签的存储容量应符合应用要求。

8. 安全性

一维条码无法进行加密，二维码只能进行简单的加密，而电子标签承载的是数字化信息，其数据内容可经由密码保护，使其内容不易被伪造及改造。例如，GB/T 35290–2017《信息安全技术　射频识别（RFID）系统通用安全技术要求》规定：标签应只允许通过口令验证的读写器访问其用户区，不同标签或同一标签的不同存储区域的访问口令各不相同；标签应能防止其存储数据被未经授权的攻击者篡改；标签应只响应协议及制造商规定的指令，对于无法识别的指令应不予响应；标签应具备随机数发生器，以产生安全的随机数；标签应具备对其传输的数据提供完整性服务的能力；标签应具备前向安全性，即当标签中的密钥泄露时，应能使标签之前与读写器交互的消息仍然安全；标签应支持加密算法加密并带校验的敏感信息存储。

在信息社会，提升数据采集的效率和准确程度，是每个行业共同关注的焦点，而 RFID 技术无疑在这方面跨出了一大步。射频识别技术和条码识别技术的比较如表 4–5 所示。

表 4-5 射频识别技术和条码识别技术的比较

功能	条码识别技术	射频识别技术
信息载体	纸、塑料薄膜、金属表面	带电可擦可编程只读存储器（EEPROM）
读取数量	读取时只能一次一个	可同时读取多个电子标签资料
远距离读取	读条码时需要光线	电子标签不需光线就可以读取或更新
信息量	小	大
读 / 写能力	标签信息不可更新（只读）	标签信息可反复读写
读取方式	CCD 或激光束扫描	无线通信
读取方便性	表面定位读取	全方位穿透性读取
高速读取	移动中读取所有限制	可以进行高速移动读取
坚固性	当条码脏污或损坏后将无法读取，即无耐久性	电子标签在严酷、恶劣与肮脏的环境下仍然可读取资料
保密性	差	最好
正确性	条码需要人工读取，因而有人为疏漏的可能性	电子标签读取无须人工参与，正确性高
智能化	无	有
抗干扰能力	差	很好
寿命	较短	最长
成本	最低	较高

4.2.3 RFID 的"朋友圈"

RFID 系统是一种自动识别和数据采集系统，包含一台或多台读写器以及一枚或多枚标签，数据传输通过对电磁场载波信号的适当调制实现。那么，RFID 系统的组成是怎样的？电子标签分为哪几类？ RFID 系统是如何进行工作的？

GB/T 35290–2017《信息安全技术 射频识别（RFID）系统通用安全技术要求》规定：RFID 系统由电子标签、读写器、通信链路及后端系统 4 部分构成，如图 4–22 所示。

其中，电子标签是一种数据载体，用于物体或物品标识，具有信息存储功能，可接收读写器的电磁场调制信号，并返回响应信号。读写器是一种用于从电子标签获取数据和向电子标签写入数据的电子设备，通常具有冲突仲裁、差错控制、信道编码、信道解码、信源编码、信源译码和交换源端数据等过程。通信链路是指 RFID 系统中两个节点之间的物理通道，包括标签与读写器之间的空中接口通信链路以及读写器与后端系统之间的网络传输链路。后端系统是由中间件、计算机终端、数据库、服务器等软硬件组成的系统。

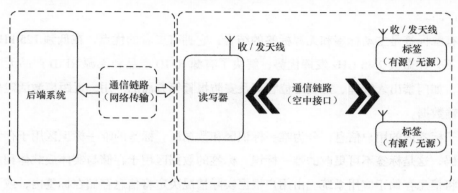

图 4-22　RFID 系统构成

电子标签根据供电方式、数据调制方式、工作频率、可读写性和数据存储特性的不同可以分为不同的种类。如根据标签的供电形式分为有源标签（主动标签）、无源标签（被动标签）和半有源标签。

主动标签是指自身带有内部电源供应器，用以供应内部 IC 所需电源以产生对外信号，并具有产生无线电信号能力的标签。有源标签使用标签内电池的能量，识别距离较长，可达几十米甚至上百米，但是其寿命有限并且价格较高。由于标签自带电池，因而有源标签的体积比较大，无法制作成薄卡（如信用卡标签）。有源标签距读写器天线的距离较无源标签要远，且需定期更换电池。此类产品具有远距离自动识别的特性，通常应用于一些大型场景中，如智能停车场、智慧城市、智慧交通和物联网等领域，其工作频段为微波 2.45 GHz 和 5.8 GHz、超高频 433 MHz。

被动标签是指反射并调制从读写器接收的载波信号的电子标签。无源标签本身不带电池，自然也不能发射信号，但是它和一个“线圈”封装在一起，利用耦合的读写器发射的电磁场能量作为自己的能量。接近读写器时，在读写器自身磁场的作用下，由于“电磁感应线圈”中将会形成电流，从而激活标签发射出信号来。无源电子标签质量轻、体积小，寿命可以非常长，成本低，可以制成各种各样的薄卡或挂扣卡。无源标签的发射距离受限制，一般是几十厘米到几十米，且需要有较大的读写器发射功率。无源标签工作时，一般距读写器的天线比较近。此类标签需要近距离接触式识别，如饭卡、银行卡、公交卡和身份证等，这些卡类型都是在识别时需要近距离接触，工作频率主要包括低频125 kHz、高频13.56 MHz、超高频433 MHz和915 MHz。被动标签是我们生活中比较常见，也是发展较早的产品。

半有源标签是主动标签和无源标签的结合，它拥有二者的优点，在低频125 kHz频率的触发下，让微波2.45 GHz发挥优势，解决了有源RFID产品和无源RFID产品无法解决的问题，如门禁出入管理、区域定位管理及安防报警等方面的应用，近距离激活定位，远距离传输数据。

电子标签内的用户信息，分为唯一标识区和数据区。标签的唯一标识区用于存储唯一标识代码，这是标签不可更改的唯一标识。标签的数据区用于存储与实体或载体相关的信息，可将信息存储于应用系统。由用户根据实际情况决定将信息存储在标签内，或通过解析服务对用户区的信息进行动态更新。

RFID系统的工作原理并不复杂：标签进入读写器有效识别范围时，接收读写器发出的射频信号，凭借感应电流所获能量发送出存储在芯片中的产品信息（无源标签或被动标签），或者主动发送某一频率的信号（有源标签或主动标签）；读写器读取信息并解码后，送至中央信息系统进行数据处理。

在射频识别系统工作过程中，空间传输通道中发生的过程可归结为3种事件模型：数据交换的目的；时序是数据交换的实现方式；能量是时序得以实现的基础。射频识别系统的模型如图4-23所示。发生在读写器和电子标签之间的射频信号的耦合类型有两种：感应耦合和电磁耦合。

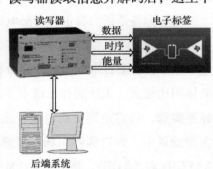

图 4-23　射频识别系统的模型

感应耦合：变压器模型，通过空间高频交变磁场实现耦合，依据电磁感应定律。感应耦合方式一般适合于中、低频工作的近距离射频识别系统。典型的工作频率有：125 kHz、225 kHz和13.56 MHz。识别作用距离小于1 m，典型作用距离为10 ~ 20 cm。

电磁耦合：雷达原理模型，发射出去的电磁波，碰到目标后反射，同时带回目标信息，依据的是电磁波的空间传输规律。电磁耦合方式一般适用于高频、微波工作的远距离射频识别系统。典型的工作频率有：433 MHz、915 MHz、2.45 GHz 和 5.8 GHz。识别作用距离大于 1 m，典型作用距离为 3 ~ 10 m。

4.3 传感器：物联网的神经元

物联网需要对物体具有全面感知的能力，对信息具有互连互通的能力，并对系统具有智慧运行的能力，从而形成一个连接人与物体的信息网络。传感器技术、通信技术和计算机技术并称为信息技术的三大支柱，它们构成了信息系统的"感官""神经"和"大脑"，分别用于完成信息的采集、传输和处理。传感器是物联网的感觉器官，可以感知、探测、采集和获取目标对象各种形态的信息，是物联网全面感知的主要部件，是信息技术的源头，也是现代信息社会赖以生存和发展的技术基础。

随着现代传感器技术的发展，信息的获取从单一化逐渐向集成化、智能化和网络化方向发展，众多传感器相互协作组成网络，又推动了无线传感器网络的发展。传感器的网络化将帮助物联网实现信息感知能力的全面提升，传感器本身也将成为实现物联网的基石。

4.3.1 生活，被传感器所包围

楼梯间的红外线感应灯、手机上的指纹识别，以及那些不用身体接触也可以直接测量步数、心律、脉搏和体温的各种电子产品……老实说，这些东西在我们的生活中越来越常见，我们享受着这些科技产品给生活带来的便利。但是，在享用这些功能的时候，你可曾想过这些功能的背后隐藏着多少科技吗？

其实，这些智能产品都采用了一种叫作传感器的硬件。传感器在日常生活中的应用范围很广，种类繁多，大到一辆汽车，小到一个智能手环，它们所包含的传感器，无不是人类智慧结晶的体现。如果你问，是谁改变了这个世界，是苹果？是阿里？是华为？是马云？都不是。是传感器改变了这个世界。

什么，传感器？传感器不是老早之前就有的东西吗？为什么现在才说它改变了这个世界呢？没错，传感器不是新物件。早在 N 年前，逻辑元件、记忆元件与感测元件就已经并列为电子系统的三大元件。从压力测量到机械测量，再到电气测量的发展经历很多的变革，

以及到如今的传感器时代，那是一个电子元件的历史蜕变。随着云端概念的普及，传感器元件以黑马之姿，打出属于自己的一片天下。

传感器的应用在现实生活中随处可见。自动门利用人体的红外波来开关门；烟雾报警器是利用烟敏电阻来测量烟雾的浓度；手机的照相机和数码相机是利用光学传感器来捕获图像；电子秤是利用力学传感器来测量物体的质量。

以智能手机为例。手机发展到今天，人们都感受到了智能手机带来的便利，但很少有人去思考智能手机为什么智能。它可以在你横屏看照片的时候非常智能地把照片横向并放大。当有电话打进来时，你把手机贴近耳朵，屏幕就会自动关闭。手机还可以感受周围的温度和气压等。用手机玩游戏的时候，只需要左右晃动手机，屏幕里的赛车就可以左右躲避障碍物，就好像手中不是一部手机，而是赛车方向盘一样。

智能手机为什么智能？因为手机中安装有各种各样的传感器，而这些传感器可以感知到用户使用手机的动作，并帮助用户更轻松地使用手机。这里所说的手机传感器，并不是指手机中单一的电器元件，而是指手机中多种传感器集合在一起的传感器群。

与功能手机相比，智能手机不仅在手机硬件上有了很大的提升，而且为多种传感器创造了更好的发展平台。传感器的加入使得用户与手机有了更深层次的互动，随着智能手机应用软件生态系统的不断发展，采用各种传感器的应用 App 让一众手机玩家趋之若鹜。书归正传，手机中究竟有哪些类型的传感器呢？它们的功能又是什么呢？具体来说，智能手机的传感器种类繁多，包括重力 / 加速度传感器、方向传感器、陀螺仪、GPS、距离传感器、光线传感器、图像传感器、指纹识别传感器、气压传感器、湿度传感器、温度传感器、声音传感器、磁场传感器、紫外线传感器、心率传感器、血氧传感器等，如图 4-24 所示。

重力 / 加速度传感器。说到重力传感器，它的首次应用还是出现在第一代 iPhone 上面，还记得当时乔老爷子将手机横转 90° 之后，手机屏幕页面一下子变成横屏了吗？是的，这就是重力传感器所起的作用，从技术层面来说，手机重力感应是利用压电效应实现的。传感器内部一块重物和压电片整合在一起，通过正交两个方向产生的电压大小来计算出水平方向。可以让手机实现横竖屏智能切换、拍照照片朝向、重力感应类游戏等。说得简单一些，你原本是将手机竖直的拿在手里面，当你将手机横转 90° 时，手机内部的重力传感器会检测到手机重力位置的变换，从而将屏幕页面随着手机的重心横转 90°。或者当手机处在一个水平面时，手机内的重力传感器会根据手机细微的重力变化来做出相应的反应。加速度传感器的工作原理与重力传感器相同，它通过 3 个维度来确定加速度的方向，功耗更小，但精度低，可用于计步和确定手机摆放位置的朝向角度。加速度可以是常量（如 g），也可以是变量。它可以根据重力感应产生的加速度来推算出手机相对于水平面的倾斜度。因此，虽然二者在功能上相同，但是加速度传感器的应用范围要比重力传感器更广。这就是加速度传感器需要独立存在的原因。不过，随着技术的发展，在不久的将来，加速度传感器与重力传感器整合成一个传感器将成为发展趋势。

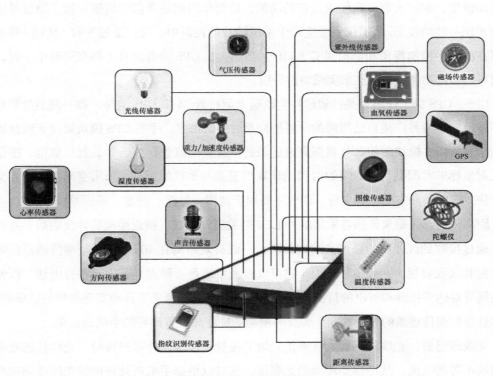

图 4-24　形形色色的手机传感器

　　方向传感器。赛车类游戏一直都是非常受大家欢迎的一类竞速类游戏，究其原因是用户在玩赛车类游戏时，使用有方向传感器的手机就可以让手机屏幕瞬间变身方向盘，无比真实地体验赛车的临场感。虽然单纯使用重力传感器也能玩赛车类游戏，但是在操作体验上稍逊一筹。没有安装方向传感器的手机也只能"呵呵"了。方向传感器并不是传说中的指南针，它是指用于检测手机本身处于何种方向状态的部件，当手机处于正竖、倒竖、左横、右横、仰、卧等状态时，举例来说，当用户将手机旋转后，屏幕图像可以自动跟着旋转并切换长宽比例，同时文字或者菜单之类的页面也跟着旋转。它与重力传感器不同，类似于应用角速度传感器，因为它还能感应到水平面上的方位角、旋转角和倾斜角。

陀螺仪。陀螺仪遵守角动量守恒定律，一个正在高速旋转的物体（陀螺）在旋转轴没有受到外力影响时，方向不会发生任何改变。陀螺仪就是以这一原理为依据，用它来保持一定的方向。三轴陀螺仪可以替代 3 个单轴陀螺仪，能同时测定 6 个方向的位置、移动轨迹及加速度。相信大家一定使用过它的功能，最简单的就是微信中的摇一摇（通过晃动手机来实现一些功能）。陀螺仪一般应用于手机游戏的控制中，可以通过平移 / 转动 / 移动手机可在游戏中控制视角和虚拟现实（VR）。当然，当 GPS 没有信号（如在隧道中）时，陀螺仪可以根据物体运动状态来实现惯性导航。

GPS。GPS 的工作原理是：地球特定轨道上运行着 24 颗 GPS 卫星，每一颗卫星都在时刻不停地向全世界广播自己当前的位置坐标及时间戳信息。手机 GPS 模块通过天线接收到这些信息。GPS 模块中的芯片根据高速运动的卫星瞬间位置作为已知的起算数据，根据卫星发射坐标的时间戳与接收时的时间差计算出卫星与手机的距离，采用空间距离后方交汇的方法，确定待测点的位置坐标。GPS 主要用于地图、导航、测速、测距等场景。

距离传感器。距离传感器采用红外 LED 灯发射红外线，被近距离物体反射后，红外探测器通过接收到红外线的强度来测定距离，一般有效距离在 10 cm 内。距离传感器同时拥有发射和接收装置，一般体积较大。它可以检测手机是否贴在耳朵上正在打电话，以便自动关闭屏幕达到锁屏和省电的目的，也可用于皮套、口袋模式下自动实现解锁与锁屏功能。虽然这是距离传感器的全部功能，但这一项功能现在却是每部智能手机的标配。

光线传感器。光线传感器通常采用光敏三极管，在接受外界光线时，光线传感器会产生强弱不等的电流，从而感知环境的光亮度。它可以根据手机所处环境的光线强弱来自动调节屏幕自动背光的亮度，白天提高屏幕亮度，夜晚降低屏幕亮度，使得屏幕看得更清楚，且不会产生刺眼的感觉。同时，还可以配合距离传感器来检测手机是否在口袋里以防止误触。光线传感器出现的时间比较早。2002 年，诺基亚 7650 开始在手机中安装光线传感器。这一传感器最大的好处在于它既有利于保护眼睛，又能降低手机功耗。

图像传感器。它是一种将光学图像转换成电子信号的设备，广泛应用于数码相机和其他电子光学设备中。根据产品类型划分，图像传感器可分为电荷耦合器件（CCD，Charge

Coupled Device）、互补金属氧化物半导体（CMOS，Complementary Metal Oxide Semiconductor）以及接触式图像（CIS，Contact Image Sensor）传感器 3 种。图像传感器主要用于拍照、视频、扫码、直播等场景。

指纹识别传感器。当前的智能手机基本上都具备指纹识别功能。主流技术是电容式指纹识别和超声波指纹识别。电容指纹传感器的原理是：手指构成电容的一极，另一极是硅晶片阵列，通过人体带有的微电场与电容传感器间形成微电流，指纹的波峰波谷与感应器之间的距离形成电容高低差，从而描绘出指纹图像。超声波指纹传感器的原理：直接扫描并测绘指纹纹理，甚至连毛孔都能测绘出来。因此，超声波获得的指纹是 3D 立体的，而电容指纹是 2D 平面的。超声波不仅识别速度更快，而且不受汗水、油污的干扰，指纹细节更丰富难以破解。大家可能会注意到，在指纹识别区域外围有一圈不锈钢环。因为大部分手机的指纹识别传感器采用电容式指纹采集方式，而这种采集方式需要解决两大问题：一是如何让手指带电；二是检测到手指在采集区且让检测电容阵列带电。手机中的不锈钢环正是起到了这一作用，让手指带电并触发电容检测阵列带电。指纹识别传感器主要用于加密、解锁、支付等场景。

气压传感器。它分为变容式或变阻式气压传感器，将薄膜与变阻器或电容连接起来，气压变化导致电阻或电容的数值发生变化，从而获得气压数据。GPS 计算海拔会有 10 m 左右的误差，气压传感器主要用于修正海拔误差（把误差降至 1 m 左右），当然也可用于辅助 GPS 定位立交桥或楼层的位置。

湿度传感器。在基片上覆盖一层用感湿材料制成的膜，当空气中的水蒸气吸附在感湿膜上时，元件的电阻率和电阻值都发生变化，利用这一特性即可测量湿度。湿度传感器主要用于天气预报、室内监测、运动和健康等场景。它是一种能感受温度并转换成可用输出信号的传感器，是温度测量仪表的核心部分，按测量方式可分为接触式和非接触式两大类。

温度传感器。手机中的温度传感器功能较多：一是可用于检测手机温度，一旦过高，会弹出报警提示或自动关机，以保护手机零部件不受损害；二是可以检测外部环境的温度，实时显示在手机屏幕上，让用户更方便地了解温度变化情况；三是可以用于测量体温，提示用户身体健康状况。

声音传感器。它的作用相当于话筒，用于接收声波，显示声音的振动图像，但不能对噪声的强度进行测量。该传感器内置一个对声音敏感的电容式驻极体话筒。声波使话筒内的驻极体薄膜振动，导致电容的变化，而产生与之对应变化的微小电压。这一电压随后被转化成 0 ~ 5 V 的电压，经过 A/D 转换被数据采集器接收，并传送给手机处理模块。声音传感器主要用于音频 / 视频通话、录音、聊天、发送指令等场景。

磁场传感器。说起这一名字，大家可能会比较陌生，但提到它的功能，大家应该都会恍然大悟。磁场传感器最简单的应用就是手机上的指南针。采用各向异性磁致电阻材料，感受到微弱的磁场变化时会导致自身电阻产生变化，因而手机要旋转或晃动几下才能准确地指示方向。使用指南针，可以实现在手机不联网的情况下指示方向。因此，它可以配合 GPS 在地图上导航方向或者应用于金属探测器。

紫外线传感器。利用某些半导体、金属或金属化合物的光电发射效应，在紫外线照射下会释放出大量电子，检测这种放电效应可计算出紫外线强度。紫外线传感器主要用于运动和健康等场景。

心率传感器。通过用高亮度 LED 光源照射手指，当心脏将新鲜血液压入毛细血管时，亮度（红色的深度）呈现如波浪般的周期性变化，通过摄像头快速捕捉这一有规律变化的间隔，再通过手机内应用换算，从而判断出心脏的收缩频率。心率传感器主要用于运动和健康等场景。

血氧传感器。血液中血红蛋白和氧合血红蛋白对红外光和红光的吸收比率不同，用红外光和红光两种 LED 同时照射手指，测量反射光的吸收光谱，就可以测量血氧含量。血氧传感器主要用于运动和健康等场景。

说了那么多，大家不难发现，智能手机之所以智能，背后的功臣就是手机中的这些传感器。它们使手机从功能机时代演进到智能机时代。当人们每天都在大谈手机 CPU 是几个核芯、多大功率时，不要忽视这些真正给人们带来便利的手机传感器。如果把 CPU 比作一部手机的心脏的话，那么集成在手机内的各种传感器就是手机的灵魂，正是它们的存在，手机才变得更加智能、更加好用。

4.3.2　人类五官的延伸

传感器来自于"感觉"一词。人用眼睛看，可以感觉到物体的形状、大小和颜色；用耳朵听，可以感觉到声音的尖细和强弱；用鼻子嗅，可以感觉到气味的芳香；用舌头尝，可以感觉到酸、甜、苦、辣；用身体触，可以感觉到物体的软硬和冷热。眼睛、耳朵、鼻子、舌头和身体是人类赖以生存而感受外界刺激所必须具备的感官。

人的五官能够接受外界光线、温度、声音等刺激，并将它们转化为相应的生物物理、生物化学的信号，通过神经系统传输到大脑。大脑对信号进行分析判断，发出指令，使机体产生相应的活动。

人体为了从外界获取信息，必须借助于感觉器官，但是单靠人们自身的感觉器官，在研究自然现象和规律以及生产活动中，它们的功能就远远不够了。为适应这种情况，就需要传感器。

传感器可以工作于人类无法忍受的高温、高压、辐射等恶劣环境，还可以检测出人类无法感知的微弱磁离子、射线等信息。高温、高压以及远距离场景中的物理量，不易直接测量，传感器可以将其变化情况转化为电压、电流等电学量的变化。电学量易于测量和处理，且能使用电子计算机进行分析，来得到所需的数据，最后由执行器完成显示、记录、控制等功能。通过分析电学量变化即可知道那些对应的非电学量变化。信息采集依赖于传感器，信息处理依赖于计算机。如果把计算机比作人类的大脑，执行器比作人类的手臂，则传感器是人类五官的延伸，俗称为"电五官"，如图 4-25 所示。

图 4-25　人与机器的对应关系

传感器与人类五大感觉器官的比较如表 4-6 所示。

表 4-6　传感器与人类五大感觉器官的比较

传感器	人类感觉器官
压敏 / 温敏 / 流体传感器	触觉
气敏传感器	嗅觉
光敏传感器	视觉
声敏传感器	听觉
化学传感器	味觉

虽然你每天都在用，但是你能说出什么是传感器吗？ GB/T 7665-2005《传感器通用术语》规定："传感器指能感受被测量并按照一定的规律转换成可用输出信号的器件或装置，通常由敏感元件和转换元件组成。"敏感元件指传感器中能直接感受或响应被测量的部分；

转换元件指传感器中能将敏感元件感受或响应的被测量转换成适于传输或测量的电信号部分，当输出为规定的标准信号时，则称为变送器。

传感器是把非电学物理量（如位移、速度、压力、温度、湿度、流量、声强、光照度等）转换成易于测量、传输、处理的电学量（如电压、电流、电容等）的一种元件。

需要说明的是，并不是所有传感器都能明显区分出敏感元件和转换元件两个部分，有的是二者合为一体。例如，热电偶是一种感温元件，可以测量温度，被测热源的温度变化可以由热电偶直接转换成热电势输出。

传感器转换元件输出的信号（通常为电信号）都很微弱，传感器一般还需要配以测量电路，有时还需要加辅助电源。测量电路是将转换元件输出的信号进行放大和补偿，以便于传输、处理、显示、记录和控制等。随着集成技术在传感器中的应用，敏感元件、转换元件、测量电路和辅助电源常常组合在一起，集成在同一芯片上。

传感器的构成如图 4-26 所示，由敏感元件、转换元件和测量电路 3 部分组成，有时还需要加上辅助电源。

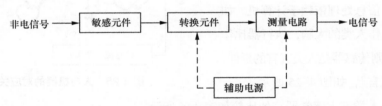

图 4-26 传感器的构成

敏感元件指传感器中能直接感受或响应被测量的部分，它直接感受被测非电学量，输出与被测量有确定对应关系的、转换元件所能接受的其他物理量，如膜片或膜盒把被测压力变成位移量。敏感元件是传感器的核心，也是研究、设计和制作传感器的关键。

转换元件指传感器中能将敏感元件感受或响应的被测量转换成适于传输或测量的电信号部分，它把敏感元件输出量变换为电学量输出，如差动变压器把位移量转换为电压输出。需要指出的是，并不是所有的传感器都能明显地区分敏感元件和转换元件两部分，有些传感器转换元件不止一个，有些传感器（如热电偶）将敏感元件和转换元件合为一体。

测量电路是将转换元件输出的电信号进行进一步的转换和处理，如放大、滤波、线性化、补偿等，以获得更好的品质特性，便于后续电路实现显示、记录、处理及控制等功能。

测量电路的类型视传感器的工作原理和转换元件的类型而定。不同类型的传感器，其测量电路也不同。常见的有电桥电路、阻抗变换电路、振荡电路、放大电路、相敏整流电路和滤波电路等。

辅助电源是可选项，主要负责为敏感元件、转换元件和测量电路供电。无源型是最简单、最基本的传感器构成形式，它只由敏感元件单独组成。输入量多为力学量（力、湿度、速度、加速度），输出量一般是电学量。它最大的特点是，还需要外接电源，其敏感元件能够从被测对象直接获取能量，并将能量转换为电量，但一般输出的能量较弱，如热电偶传感器、压电传感器等通常是无源传感器。有源型通常建立在无源型的基础上，它与无源型的不同之处在于，为了确保敏感元件的工作点稳定，使用了辅助能源。辅助能源主要起激励作用，它既可以是电源，也可以是磁源。有源传感器的特点是，不需要测量电路即可有较大的电量输出，如光电管、光敏二极管、霍尔式传感器等。

4.3.3 小小"尘埃"改变未来世界

为调查神鹰（Condor）号宇宙飞船的失踪，强大的"所向披靡"号宇宙飞船降落在名为雷吉斯三世（Regis III）的星球。船员们在调查过程中发现，在这个貌似没有生命的荒凉星球上，存在着多种具有自治、自修复能力的微小机器人。与达尔文"物竞天择"的进化论相似，机器人的进化是靠战争完成的。战争中幸存者往往是群居的昆虫状纳米机器人。它们平时对人无害而且行为简单。而一旦被激怒，它们会迅速聚集成一个庞大的"昆虫"云，通过个体间的自组织，表现出十分复杂的行为能力，并发射强大的电磁辐射浪涌来击溃入侵者……

这一与电影《阿凡达》类似的星球之战的场景，源自波兰科幻小说大师史坦尼斯劳·莱姆（Stanistaw Lem）1964 年出版的《所向披靡》（*The Invincible*）。该书中有关纳米机器人的感知、自治、自修复和群体内部通信与自组织的描述，被视为对智能尘埃最早的畅想。

几十年后，人类迎来了纳米科技的巅峰时代。勋爵亚历山大·冲植·芬克尔—麦格劳对新维多利亚国僵化的应试教育极度不满，因而征召国内最好的纳米技术工程师约翰·珀西瓦尔·哈克沃思来开发一种新型交互式图书——《淑女养成指南》，并将其作为生日礼物送给 4 岁的孙女伊丽莎白·芬克尔—麦格劳。

巧合的是，哈克沃思刚好有一位 4 岁的女儿菲奥娜，他渴望自己的宝贝闺女也能拥有与众不同的人生启蒙，因而他串通 X 博士，非法复制出两本《淑女养成指南》。但不料其中一本被新舟山岛贫民窟的自行车党、穷小子哈弗抢走，送给他的妹妹内尔。

为了把内尔培养成英雄，《淑女养成指南》启蒙绘本教她从武术到计算机编程的各种东西。其实，这本指南是一台巨大的交互式计算设备，每一页都可以根据人的直觉变化讲述不同的故事，它是人工智能和人类活动的结合。所有与《淑女养成指南》有牵涉的人物，命运都在发生着改变。他们的故事交织出《钻石年代》一幕幕扣人心弦的场景。

这是赛博朋克流大师、小说家和散文家尼尔·斯蒂芬森（Neal Stephenson）1995 年出版的小说《钻石年代》（*The Diamond Age*）（如图 4-27 所示）中的情节。在书中，作者描述了一个奇幻而可怕的未来。在这个未来世界中，人类已学会使用"纳米粒"做任何事情。空气中弥漫着尘埃，哈弗的肺中吸入大量尘埃。每天晚上，哈弗回到家里后不停地咳嗽，肺里充满了智能电子尘埃。这些尘埃是新维多利亚国散布在空气中，用于搜集人类世界万事万物的数据信息、监控目标人群的纳米设备。

智能尘埃的灵感正是源于这两部科幻小说以及兰德公司的前期研究成果。1992 年 10 ~ 12 月间，受美国国防高级研究计划局（DARPA，Defense Advanced Research Projects Agency）的委托，兰德公司召开了一次主题为"未来技术驱动的军事行动革命"的专题研讨会。该研讨会旨在确定未来 20 年能够引发军事行动颠覆性变革的前沿技术。

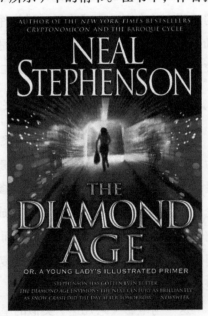

图 4-27 《钻石年代》（*The Diamond Age*）

研讨会第一阶段推出了 7 项技术：生物技术和生物工程、微纳技术、未来信息技术（包括虚拟现实）、自治系统、新材料、先进能源和电力技术、先进车辆和推进技术。研讨会第二阶段正式确定了 5 项前沿技术：甚小系统（包括微纳技术、未来信息技术和自治系统技术）、生物分子电子学、军事物流新技术、网络空间安全、单兵装备性能增强技术。

报告用了近一半的篇幅来论证甚小系统，并提出了"智能箔条"的理念，即飞机或直升机播撒大量具有飞行或滑行能力的微型设备，它们具有足够的机动能力，能够悬浮于空中，直到它们侦测到来自于雷达或无线电发射器发射的电磁波，然后滑翔到发射体，降落在它的上面或附近。降落完成后，智能箔条能够完成两项任务之一：等待扫描激光询问，此时即使发射器关闭，智能箔条也能使用逆向反射器来报告发射器的位置；当智能箔条自带电源时，可以主动发送发射器的位置信息。这些微型设备具备板载信息处理以及发射器类型识别能力。

1997 年，加州大学伯克利分校的克里斯托弗·皮斯特（Kristofer Pister）、乔·卡恩（Joe Kahn）以及伯哈德·博瑟（Bernhard Boser）向 DARPA 提交了一份名为《智能尘埃》的项目申报书。该项目旨在开发一种体积为 1 mm³ 的无线传感器节点，并于 1998 年获得 DARPA 的资助。

由于 DARPA 的资助范围并不包括传感器，皮斯特与其同事一开始并未把目标放在特殊的传感器上，而是将研究重点放在系统的微型化、集成技术和能源管理等方面。同时，为了配合皮斯特的智能尘埃项目，DARPA 网络嵌入式系统技术（NEST, Network Embedded System Technology）办公室还资助伯克利分校的杰森·希尔（Jason Hill）和大卫·卡勒（David Culler）开发超小型操作系统 TinyOS。

2001 年 3 月 12 ~ 14 日，皮斯特、卡勒及加州大学伯克利分校、MLB 公司（无人机制造商，2015 年 5 月被马丁无人机公司收购）在位于加州二十九棕榈村的海军陆战队空战地面作战中心（MCAGCC, Marine Corps Air Ground Combat Center），进行了一次名为"利用无人机部署的传感器网络跟踪车辆"的固定 / 移动通信实验。目标包括：由无人机沿公路投放微尘（Mote），形成传感器网络；在地面节点之间建立起时间同步的多跳通信网络；检测并跟踪通过网络的车辆；将车辆运动轨迹信息从地面网络传输给无人机；将车辆运动轨迹信息从无人机传输到空战地面作战中心。

传感器节点包括主板、传感器板和电源板。主板包含 1 个工作频率为 916.5 MHz、调制方式为开关键控（OOK, On-Off Keying）的微处理器和支持电路；电源板只是一种电池连接器；传感器板包含一枚 2 轴霍尼韦尔 HMC1002 磁力计，分辨率约为 40 mGs，采样频率为 5 Hz。3 块板和锂电池的总质量不到 1 oz（约合 28 g）。这些节点是从克尔斯博（Crossbow）科技公司购买的。这些微尘节点可以检测超过 5 m 的客车以及 10 m 外的公共汽车和卡车。

第 1 天：由人工部署的 8 颗微尘节点形成的传感器网络成功检测到悍马、轻型装甲车、卡车、牵引式货车、越野车，并生成了方向和速度的估计值。无人机在 150 ft（约合 46 m）

高度，以 30 mi/h（约合 48 km/h）时速飞行，将 6 颗微尘投放在公路半径为 5 m 的区域内。悲催的是，由于无人机发射时的几次错误启动，所投微尘中的电池耗尽。TinyOS 研究团队加班、加点重写软件，直到次日凌晨 3 时。使用该软件，微尘的耗电量降低一半。

第 2 天：实验工作一团糟，说出来都是泪。

第 3 天：MLB 公司的史蒂夫·莫里斯（Steve Morris）在山顶手抛无人机升空，在高度为 100 ft（约合 30 m）、距交叉路口 150 ft（约合 46 m）的位置投下 6 颗微尘。这些微尘在公路一侧 20 m 处，形成半径为 5 m 的部署区域，如图 4-28 所示。

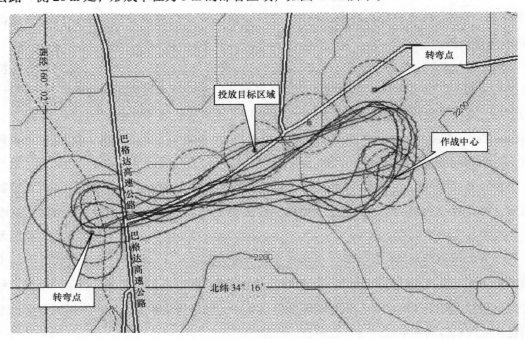

图 4-28　无人机的飞行路线

微尘着陆后，立即建立相互之间的联系，构成一个无线传感器网络，并将各自的时钟进行同步。它们的任务是监测公路上停放的牵引式货车的运动轨迹。当牵引式货车通过时，微尘周围的磁场就会发生变化。磁力计及时记录这些变化，并将通过时间消息以多跳方式进行转发。然后，与其他微尘采集的数据结合，采用最小二乘法求出最佳拟合线，计算车辆的行驶方向和速度，并将结果存储在内存中。1 h 后，无人机再次通过投放区，向地面网络发送了一条查询请求，地面网络以轨迹信息作为响应：上午 11:31，速度 4 ft/s（约合

1.22 m/s）。无人机飞越作战中心，将轨迹信息传输到与笔记本电脑相连的微尘上。

2003 年 7 月，加州大学伯克利分校的研究人员进行了一次更加复杂的试验，证明了智能尘埃还能对敌军部队的行踪进行监视。试验中，100 颗微尘被部署在一个 18 m 能见方的区域内，只知道位于 4 个角的微尘的准确位置。虽然其他大多数微尘无法与位于四角的微尘直接进行通信，但是它们通过超声波信号确定各自与最近微尘的间距，并通过复杂的分布式运算法则计算出当前微尘所处的经纬度。研究人员将一辆无线电控制的小车放在正方形区域内，通过遥控四处游走。这些微尘利用各自的磁力计来监测小车的活动，计算出其位置，并将信息传送给另一辆自动小车，使之随着遥控车一直移动，所有这些都是实时完成的。这是一次不同寻常的试验，因为试验中的微尘必须不断重构其多级传感器网络，以保证在跟踪其他车辆的同时保持与自动小车之间的联系，这里的自动小车实质上就是一台移动基站。

所有这些功能的实现都与微型操作系统密不可分。同样是这些微尘，还可以便捷地进行重新设定，完成另一项完全不同的任务。用户只需在计算机中设计一个程序，并将其发送给距离最近的一颗微尘既可。该微尘对自己进行重新设定，再将新指令发送给其他微尘，这样新程序就像病毒一样在整个网络中传播开来，每两个微尘间的传播仅需 30 s。最后，所有微尘都在为新的任务而待命了。

智能微尘是一种典型的无线传感器网络。随着无线传感器网络的广泛应用和下一代互联网的发展，基于 IP 的无线传感器网络已成为未来发展的必然趋势。GB/T 30269.303–2018 《信息技术　传感器网络　第 303 部分：通信与信息交换：基于 IP 的无线传感器网络网络层规范》定义了基于 IP 协议的无线传感器网络的网络拓扑、协议栈结构、网络层及其适配层协议和服务，适用于基于 IP 技术的无线传感器网络的设计和开发。

基于 IP 协议的无线传感器网络的网络拓扑如图 4–29 所示。根据支持协议的不同，可以分为两种对等子网：IPv4/IPv6 无线传感器网络。每个子网可以是一种分布式混合网络结构。在网络运行中，每个路由节点均有消息报文转发功能。节点完成信息采集后通过路由器转发网关，通过网关接入 IPv4/IPv6 骨干网。

该网络拓扑定义了网关、协调器、路由节点和终端节点 4 类逻辑功能设备。其中，网关负责无线传感器网络与 IPv4/IPv6 骨干网的协议转换与数据映射；协调器是网络组织的管理者，一个网络只有一个协调器，负责管理网络中的其他节点（路由器和子节点）；路由节点负责实现数据中转；终端节点负责将传感器或执行器接入无线传感器网络。节点泛指路由节点和终端节点。客户端即用户端，是指与服务器相对应、为客户提供本地服务的程序。

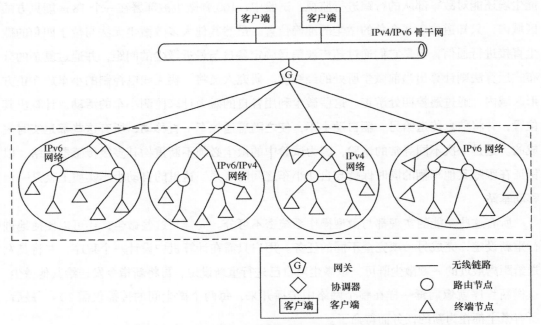

图 4-29 基于 IP 协议的无线传感器网络的网络拓扑

IPv4/IPv6 骨干网既可以是以太网，也可以是 GB 15629.11–2003《信息技术 系统间远程通信和信息交换 局域网和城域网 特定要求 第 11 部分：无线局域网媒体访问控制和物理层规范》定义的网络，还可以是其他标准定义的网络。

无线传感器网络的协议栈结构基于 OSI 模型，由各层及其模块组成，如图 4–30 所示。每一层都分别为相邻的上一层提供一系列特定服务（如物理层为媒体访问控制层提供服务），主要包括数据实体提供数据传输服务和管理实体提供除数据传输之外的其他各种服务。每一服务实体都通过 SAP 向其邻居的上一层提供一个接口，每一 SAP 都支持不同的服务原语以实现不同的功能要求。

物理层和 MAC 层应符合 GB/T 15629.15–2010《信息技术 系统间远程通信和信息交换 局域网和城域网 特定要求 第 15 部分：低速无线个域网（WPAN）媒体访问控制和物理层规范》的要求。

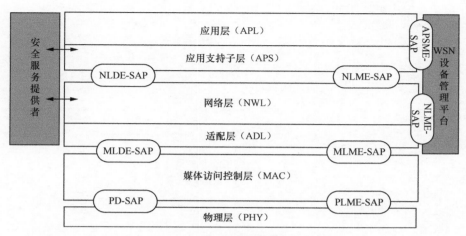

图 4-30 协议栈结构

适配层是在网络层定义的一个中间层，向上提供 MAC 层对 IP 访问的支持，拥有无状态地址自动配置、分片重组、网络层报头压缩、确定性支持等功能。

网络层支持节点之间在网络层的路由发现和维护、邻居发现和相关邻居信息的保存、节点间数据传输机制，以及网络管理和设备的维护。

应用支持子层既定义了数据服务与管理服务（数据服务允许应用对象传输数据，管理服务提供了绑定机制），又定义了帧格式和帧类型规范。它通过一组为传感器网络的设备对象和制造商定义的应用对象共用的服务，提供网络层和应用层之间的接口。

第 5 章

网络层：物联网的
神经中枢和大脑

世界正以惊人的速度迈向万物互联，预计到 2020 年网络连接数量将达 700 亿，而实现这些目标的背后需要强大的通信网络，它能提供超宽带的接入，对业务需求的快速响应，具备网络智能，实现按需配置、自动组网，使"无网不胜"成为物联网成功的基石。

网络层包括通信与互联网的融合网络、网络管理中心、信息中心和智能处理中心等，涉及的关键技术包括光通信网络、移动通信网、异构网、虚拟专用网（VPN，Virtual Private Network）、互联网、M2M 网络、局域网、Wi-Fi、自组织网络和总线网等。本节重点介绍互联网、移动通信网和 ZigBee 技术。

5.1 互联网

因"物"的所有权特性，物联网应用在相当一段时间内都将主要在内网和专网中运行，形成分散的众多"物连网"，但最终会走向互联网，形成真正的"物联网"。没有互联网，就无法实现物联网。

随着物联网的兴起，百亿量级的智慧设备需要运行，互联网协议第四版（IPv4，Internet Protocol Version 4）地址资源心有余而力不足，正面临日益枯竭的窘态，基于 IPv6 的下一代互联网部署正在驶入"快车道"。

5.1.1 互联网的前身：阿帕网

互联网是在美国早期军用计算机网——ARPANET（阿帕网）的基础上，经过不断的发展变化而形成的。高级研究计划局（ARPA，Advanced Research Projects Agency）是美国国防部下属的行政机构之一，负责对事关国家安全的颠覆性技术进行关键性投资。ARPA 成立于 1958 年 2 月 7 日，1972 年 3 月改名为 DARPA，但在 1993 年 2 月改回原名 ARPA，至 1996 年 3 月再次改名为 DARPA。其总部位于佛吉尼亚州阿灵顿郡，下辖生物技术办公室（BTO，Biological Technologies Office）、国防科学办公室（DSO，Defense Sciences Office）、信息创新办公室（I2O，Information Innovation Office）、微系统技术办公室（MTO，Microsystems Technology Office）、战略技术办公室（STO，Strategic Technology Office）、战术技术办公室（TTO，Tactical Technology Office）6 个技术办公室。

1962 年 10 月，DARPA 成立信息处理技术办公室（IPTO, Information Processing Techniques Office），主任是麻省理工学院心理学和人工智能专家、马萨诸塞州剑桥市 BBN 科技公司（2009 年成为雷神的全资子公司）的副总裁约瑟夫·利克莱德（J.C.R.Licklider），被公认为全球互联网的开山领袖之一。1960 年 3 月，利克莱德在《IRE 电子学中人的因素会刊》上发表了题为《人机共生》的学术论文，详细阐述了利用联网的计算机提供先进的信息存储和检索服务的理念。

利克莱德很早就预见到数字计算机的巨大潜力，他曾说服 BBN 领导层以 3 万美元的价格购买了当时最先进的 Royal McBee 数字计算机，并向数字设备公司总裁肯·奥尔森建议生产 PDP-1 计算机。1960 年 11 月，BBN 购买了首台 PDP-1 计算机，并成功完成了分时操作系统的公开演示。

分时意味着多个用户分享同一台计算机，多个程序分时共享硬件和软件资源。分时操作系统指在一台主机上连接多个带有显示器和键盘的终端，同时允许多个用户通过主机的终端，以交互的方式使用计算机，共享主机中的资源，它是一种多用户交互式操作系统。

1963 年 4 月 23 日，利克莱德向办公室同事发送了一份备忘录，讨论"星际计算机网络"的概念，这是一个旨在允许计算机用户之间进行一般通信的计算机网络。这份文件成为利克莱德在 ARPA 供职期间的经典作品之一。

"我意识到，只有在极少数情况下，整个系统中的大部分或全部计算机才能在综合性网络中一起运行。尽管如此，可是我仍认为研发综合性网络依旧是件有趣且重要的事情。如果想要把我模糊概念中的这一计算机网络变成现实，则我们至少需要 4 台大型计算机、6 ～ 8 台小型计算机、大量磁盘文件和磁带。当然，远程控制台和电传打字机基站也是必不可少的。所有这些设备开足马力，我们才有可能构建出计算机网络。"这是利克莱德在备忘录中对自己交互式信息处理技术未来规划的最清晰阐述。他构想了一套由世界各地相互连接的计算机组成的系统，每个人通过这个系统都能从任何站点快速获得数据和程序。这一概念在本质上与今天的互联网非常相似。

作为交互式计算机处理技术的首席倡导者，利克莱德首先希望人们能够理解这个概念。在他眼中，未来每个人都将拥有一台计算机。他努力向人们展示两方面的内容：未来的人们是如何直接与计算机进行交互，以及所有计算机是如何连接在一起的。他极具预见性地展示了个人计算机和现代互联网的概念。实际上直到若干年后，个人计算机和现代互联网才真正出现在世界上。

利克莱德领导的代表性项目是数学和计算（MAC，Mathematics and Computation），这是世界上首次个人计算的大规模实验，旨在实现更高水平的人机交互。该项目由麻省理工学院罗伯特 · 法诺因教授主责，法诺因因为与克劳德 · 香农共同发明香农 – 法诺编码和提出法诺不等式而知名，是最早的开源软件倡导者之一。1963 年 1 月 1 日，MAC 项目申报书提交给 ARPA IPTO。1963 年 3 月 1 日，项目获 ARPA 批准，资助金额达 222 万美元。1963 年 7 月 1 日，MAC 项目正式启动。MAC 项目的主要目标之一是在第一代分时操作系统——兼容分时系统（CTSS，Compatible Time–Sharing System）的基础上，开发第二代分时操作系统——MULTICS。该项目对商业和国防用途的计算机系统的设计产生了深远的影响。几年后，MAC 项目发展成为世界上第一个在线社区，包括在线公告板、电子邮件、虚拟友谊、开源软件交换和黑客。

1964 年，利克莱德举荐计算机图形学之父、虚拟现实之父伊凡 · 苏泽兰（Ivan Sutherland）接手信息处理技术办公室（IPTO）主任的领导工作。1965 年，苏泽兰从美国国家航空航天局（NASA，National Aeronautics and Space Administration）聘请到 33 岁的罗伯特 · 泰勒（Robert Taylor）（如图 5-1 所示）当他的副手。不久后，苏泽兰开始把全部技术工作交给这位年轻人管理。

泰勒的办公室位于美国五角大楼的第 3 层。泰勒办公室的里面有一间是终端室，里面摆放着 3 台终端，分别与远方的 3 台主机相连：1 台主机是 AN/FSQ-32 固态计算机，配置在加州圣莫尼卡市系统开发公司（SDC，System Development Corporation）

图 5-1　罗伯特 · 泰勒（Robert Taylor）

（1986 年被 Unisys 收购），安装有首批支持多用户和计算机间通信的操作系统——Q-32 分时系统；1 台主机是通用电器公司的 GE-645 大型计算机，配置在麻省理工学院 MAC 项目组，安装有 CTSS 操作系统；1 台主机是科学数据系统（SDS，Scientific Data Systems）公司（1969 年被施乐收购，成为施乐数据系统公司）的 SDS 940 计算机，配置在加州大学伯克利分校 Genie 项目组，安装有伯克利分时系统。

当时，ARPA 资助的这 3 个分时项目都处于在研状态，它们在各自区域内笼络用户，但这些用户都是本地用户，因为没有网络可用。除了与 ARPA 的通信之外，所有其他通信都是本地的。3 台终端型号各不相同、互不兼容，各有各的程序语言、操作系统和上层连接方式。由于 3 套程序和指令都不一样，一旦有急事，泰勒便急得像热锅上的蚂蚁一般。因为这 3 台终端连接的都是 IPTO "大客户"，承担着 ARPA 资助的分时项目。这些设备本身是一流的，但 3 台格格不入的终端，其嘈杂之声整日不绝于耳，听起来活像一间小破屋中乱糟糟地开了好几台电视机，同时播放不同的频道。"显而易见，我们得想个办法把这些'活宝'联到一块儿去。"泰勒在接受采访时表示。

1965 年年底，针对 ARPA 资助的 3 个分时项目在通信方面的现状，泰勒想到了两个问题：一是如何在这 3 种分时系统间建立社区，使得互不相识的人们共用分时系统、共享数据文件，电子邮件可以支持人们在分时系统内部建立社区，但无法实现分时系统间的用户交流；二是如何在这 3 种分时系统间进行无缝切换通信，3 种分时系统的用户指令各不相同，当泰勒与 SDC 的研究人员在线交流时，如果需要加州大学伯克利分校或麻省理工学院的相关人员参与，他必须移到对应终端使用相应用户指令来实施。泰勒坚信，应当能够建立一种将 3 种分时系统连接起来的网络，用户可以通过 1 台终端与网络上的任何 1 台计算机进行通信。这一创新理念就是阿帕网。

1966 年 2 月，泰勒正式接替苏泽兰，成为信息处理技术办公室的第 3 任主任，时年 34 岁。要搭建阿帕网，首要的问题是钱。深思熟虑后，泰勒走进 ARPA 局长赫兹菲尔德的办公室，向他讲述了自己的构想。泰勒着重强调，如果联网成功，那么不同厂商的计算机可相互沟通，军方再也不必为选择哪家的产品而伤脑筋。

"这件事儿靠谱不？"赫兹菲尔德问道。

"八九不离十，我们已经想好了该怎么做。"泰勒回答说。

"这个想法很好，我喜欢。小伙子，撸起袖子加油干吧！"赫兹菲尔德非常痛快地为阿帕网开了绿灯，他从弹道导弹防御预算中拿出 100 万美元，拨给泰勒作为启动经费。

泰勒走出办公室，看了看表："我的天，只用了 20 min。"

万事俱备，只欠东风。有了赫兹菲尔德的支持，有了经费保障，还缺一个项目负责人来主管该网络的设计制造工作。这个人既要通晓计算机，又要精通远程通信，这样的双料人才打着灯笼都难找。这时，泰勒瞄准了麻省理工学院林肯实验室的年轻人——劳伦斯·罗伯茨（Lawrence G. Roberts），如图 5-2 所示。

罗伯茨是一位自带光环的天才学霸，他能在 10 min 内读完一本大砖头书，并说出图书的梗概和要点。他毕业于麻省理工学院，父母都是耶鲁大学的化学博士。罗伯茨是一位典型的技术宅男，他学识渊博、思想深邃，却不喜欢与人交往。泰勒亲自登门拜访，向罗伯茨谈了阿帕网计划，泰勒把全部情况都倒了出来，但罗伯茨仍不表态。"基本上这个很难。"他干巴巴地说了一句。

图 5-2　劳伦斯·罗伯茨
（Lawrence G. Roberts）

泰勒觉得罗伯茨的回答等于礼貌式回绝。他失望地离去，打算另谋人选。但是，罗伯茨仿佛就是为阿帕网而生的，除了他似乎没有第二人选。数周后，泰勒再次登门，虽然罗伯茨不再那么冷漠，但还是彬彬有礼地暗示泰勒：他在实验室干得风生水起，不想去华盛顿当一名技术官僚。

屡遭拒绝后，泰勒竟使出了"杀手锏"，向赫兹菲尔德求援："咱不是掌握着林肯实验室的项目经费吗？难道您就没有办法让那里的一个小职员来为我们服务？"赫兹菲尔德立即给林肯实验室主任罗伯特·威瑟拨了电话。不一会儿，他很可爱地向泰勒做了个 V 形手势："这事妥妥的！去准备罗伯茨同志的就职仪式吧！"

1967 年 1 月，泰勒聘请罗伯茨担任 ARPA 信息处理技术办公室的项目经理，负责阿帕网的工作。1967 年 4 月，罗伯茨与 IPTO 首席研究员们在密歇根州安娜堡召开了阿帕网设计会议。罗伯茨的预案是需要为每个站点编写将计算机连接到网络的软件，因为整个 DARPA 社区中部署了诸多不同类型的计算机和操作系统。

在与会者看来，建设阿帕网的工作量之大令人咋舌。设计了第一台现代个人计算机的物理学家韦斯利·克拉克当即向罗伯茨建议，可以采用另外一种设计思路。会议结束后，克拉克单独向罗伯茨汇报了自己的理念：在每个站点部署一台名为接口消息处理器（IMP，Interface Message Processor）的小型计算机来处理阿帕网的接口，用于接收远程计算机传来的信息，并将其转化为本地计算机兼容的格式，实现线路的调度，因而每个站点只需要为每种标准 IMP 编写一种接口程序。接口消息处理器就是当前网络最关键的设备——路由器的雏形。罗伯茨吸取了克拉克的意见，并将修改后的方案整理成学术论文。

1967 年 10 月 1 ~ 4 日，第 1 届 ACM 操作系统原理研讨会（SOSP，Symposium on Operating System Principles）在美国田纳西州加特林堡市召开。罗伯茨的学术论文——《多计算机网络与计算机间通信》出现在大会论文集中，文中提出了使用消息网络来实现本地和远程用户程序的方法，描述了使用接口消息处理器（IMP）来实现计算机间通信，给出了阿帕网的拓扑结构。

来自英国的年轻工程师罗杰·斯坎特伯里（Roger Scantlebury）为罗伯茨带来了重要信息：斯坎特伯里的大 Boss、英国国家物理实验室（NPL，National Physical Laboratory）的唐纳德·戴维斯（Donald Davies），已于 1965 年提出了分组交换的理念。国家物理实验室分组交换网络的线路速率为 1.5 Mbit/s，罗伯茨决定将分组交换作为阿帕网的数据传输标准，并将其线路速率从 2.4 kbit/s 升级到 50 kbit/s。

分组交换采用的是存储转发传输方式，将一条长报文分解为若干个较短的分组，然后把这些分组（携带源、目的地址和编号信息）逐个发送出去。

斯坎特伯里带来的信息意义非同寻常，相当于为阿帕网的诞生打通了任督二脉。有趣的是，当年戴维斯团队因为经费所限，抓阄决定谁来美国参会，结果斯坎特伯里成为历史上重要的"英国锦鲤"。戴维斯团队的分组交换方案在技术和细节上都明显领先于阿帕网团队，网络速度更是快几十倍以上。这绝对是一次机缘巧合的历史重大事件，大大加快了阿帕网的进程，为之后的成功立下了汗马功劳。

1968 年 6 月 3 日，罗伯茨将一份题为《资源共享的计算机网络》的完整计划呈送给泰勒，ARPA 于 6 月 21 日批准了该计划，并向 140 名潜在投标人发布了报价请求（RFQ，Request for Quotation）。大多数计算机科学公司认为 ARPA 的方案是非常古怪的，只有 12 家公司递交了网络承建的标书。在这 12 家公司中，ARPA 仅将其中 4 家视为顶级承包商。

1968 年年底，ARPA 只考虑两家承包商，并于 1969 年 4 月 7 日将构建网络的合同授予 BBN 科技公司。最初的 BBN 公司 7 人团队以其技术的特殊性胜出，并很快构建了首个试运行系统。这一团队的负责人是弗兰克·哈特（Frank Heart），其中包括罗伯特·卡恩（Robert Kahn）。

BBN 构建的网络与罗伯茨提出的 ARPA 计划非常相似：由称为接口消息处理器（IMP）的小型计算机来构成网络，接口消息处理器用作连接本地资源的网关。在每个站点，接口消息处理器负责执行存储转发分组交换功能，并通过调制解调器与租用线路实现互联。网络的初始数据速率为 56 kbit/s，而主机则通过自定义串行通信接口连接到 IMP。网络包括硬件和分组交换软件，BBN 在 NPL 团队的协助下，9 个月内完成了设计和安装。

第一代接口消息处理器由 BBN 科技公司使用坚固耐用的 Honeywell DDP–516 计算机来构建，配备有 24 kB 可扩展磁芯存储器和 16 通道直接多路复用控制器（DMC，Direct Multiplex Control）直接存储器访问单元。直接多路复用控制器与每台主机和调制解调器之间都采用自定义接口。除前面板灯外，DDP–516 计算机还配有一组 24 盏特殊指示灯，用于显示接口消息处理器通信信道的状态。每台接口消息处理器最多可以支持 4 台本地主机，且可通过租用线路与多达 6 台远程接口消息处理器进行通信。

1969 年 10 月 30 日，加州大学洛杉矶分校学生、程序员查理·克莱恩将一条消息从部署在 Boelter Hall 3420 的 SDS Sigma 7 主机，发送到斯坦福研究所的 SDS 940 主机。消息文本是"login"（登录）。初次尝试时，字母"l"和"o"传输成功，但系统随后崩溃。因此，阿帕网传输的首条消息是"lo"。大约 1 h 后，程序员修复了导致崩溃的代码，SDS Sigma 7 计算机圆满完成了单词"login"的传输。1969 年 11 月 21 日，第一条永久性阿帕网在加州大学洛杉矶分校的 IMP 和斯坦福研究所的 IMP 之间建立。

1969 年 12 月 5 日，包含 4 个节点组成的阿帕网正式形成。它们是加州大学洛杉矶分校（UCLA，University of California，Los Angeles）的 SDS Sigma 7、斯坦福研究所（SRI）的 SDS 940、加州大学圣塔芭芭拉分校的 IBM 360 和犹他大学的 DEC PDP–10，如图 5–3 所示。第 1 个节点是加州大学洛杉矶分校（UCLA），伦纳德·克莱罗克（Leonard Kleinrock）在那里建立了网络测量中心，SDS Sigma 7 是第一台连接到阿帕网的计算机。第 2 个节点是斯坦福研究所（现为 SRI 国际研究所）增强研究中心，鼠标之父道格拉斯·恩格尔巴特（Douglas Engelbart）创建了突破性的 NLS 系统，这是一种非常重要的早期超文本系统，SDS 940 是运行

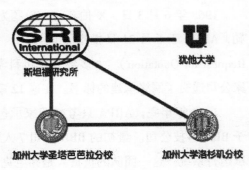

图 5-3 阿帕网的 4 个节点

该系统的第一台主机。第 3 个节点是加州大学圣塔芭芭拉分校（UCSB）卡勒 – 弗里德互动数学中心，配置 IBM 360/75 计算机，运行 OS/MVT 操作系统。第 4 个节点是原 IPTO 主任伊凡·苏泽兰就职的犹他大学计算机学院，配置有 DEC PDP–10 计算机，运行 TENEX 操作系统。

1970 年 3 月，阿帕网扩展到美国东海岸，BBN 公司的 IMP 连接入网；1970 年 6 月，

阿帕网增加到 9 个 IMP；1970 年 12 月，阿帕网增加到 13 个 IMP；1971 年 9 月，阿帕网增加到 18 个 IMP；1972 年 8 月，阿帕网增加到 29 个 IMP；1973 年 9 月，阿帕网增加到 40 个 IMP；1974 年 6 月，阿帕网增加到 46 个 IMP；1975 年 7 月，阿帕网增加到 57 个 IMP。

1971 年，雷·汤姆林森（Ray Tomlinson）发明了电子邮件（E-mail），并选择了 @ 符号作为邮件地址的一部分，这种邮件地址的格式一直沿用到现在。多年以后，当被问起当时发出的第一封邮件是什么时，汤姆林森说其实并不重要，可能是类似于 QWERTYUIOP 的一段文字。这些字母是键盘上的第一排字母，没有任何含义。因此，一个错误但流行的说法是，世界上第一封邮件的内容是"QWERTYUIOP"。更有趣的是，汤姆林森当时完全没有意识到他的邮件系统有多么重要。当汤姆林森把这个系统展示给同事时，他说："请你不要告诉任何人！这不是我们应该做的事。"

1971 年 4 月 16 日，阿贝·布尚（Abhay Bhushan）设计出文件传输协议（FTP，File Transfer Protocol）的原始规范，并作为 RFC 114 发布。直到 1980 年，FTP 才在网络控制协议（NCP，Network Control Protocol）上运行，而 NCP 是 TCP/IP 的前身。当时，邮件系统是没有附件功能的。因而 FTP 使得信息传输更为方便。

1973 年 3 月 5 日，UCLA 定义了 Telnet 协议标准，并发布两份 NIC 文件：Telnet 协议规范 NIC 15372 和 Telnet 选项规范 NIC 15373。Telnet 使远程操作计算机变为可能，它是 TCP/IP 协议族中的一员，是互联网远程登录服务的标准协议和主要方式。它为用户提供了在本地计算机上完成远程主机工作的能力。Telnet 是常用的远程控制 Web 服务器的方法。

1973 年，阿帕网跨越大西洋利用卫星技术与挪威地震阵列（NORSAR，Norwegian Seismic Array）实现连接，使挪威成为除美国外第一个连接到该网的国家。几乎在同时，阿帕网的地面电路增加了伦敦 IMP。

1975 年 7 月，阿帕网移交给美国国防部通信局管理。1984 年 9 月，阿帕网重组工作完成，军方将自己的网络转移到自己的专用系统（MILNET），用于未分类的国防部通信，并通过受控网关将阿帕网和 MILNET 连接起来。军用和民用网络分离，使得阿帕网的节点数从 113 个锐减为 68 个。后来，MILNET 演进为 NIPRNet。

局域网和广域网的产生和蓬勃发展对 Internet 的进一步发展起了重要的作用。其中，最引人注目的是美国国家科学基金会（NSF，National Science Foundation）建立的 NSFnet。NSF 在全美国建立了按地区划分的计算机广域网并将这些地区网络和超级计算机中心互联起来。

5.1.2　现代互联网的催化剂：万维网

1990 年 6 月，NSFnet 彻底取代阿帕网而成为互联网的主干。网络的发展从军用转为民用，一个崭新的网络时代就要来临了。

1991 年 8 月 6 日，第一个万维网（WWW，World Wide Web）网站出现了。他的发明人是英国科学家蒂姆·伯纳斯－李（Tim Berners-Lee），如图 5-4 所示。蒂姆·伯纳斯－李的父母都是数学家，他从小在数学的熏陶中长大。

1980 年 6 ～ 9 月间，伯纳斯－李在欧洲核子研究组织（CERN）担任独立承办人。在这几个月里，他提出了一个构想：创建一个以超文本系统为基础的项目，方便研究人员分享及更新信息。同时，他创建了一个原型系统，叫 ENQUIRE。

图 5-4　蒂姆·伯纳斯－李
（Tim Berners-Lee）

1980 年，伯纳斯－李退出 CERN，转而供职于约翰·普尔图形计算机系统有限公司，该公司位于英格兰伯恩茅斯。在这家公司里，他参与的计划是一个远程过程调用，从而积累了计算机网络经验。1984 年，伯纳斯－李以正式员工的身份重返 CERN。

在 1989 年的时候，CERN 是全欧最大的互联网节点。伯纳斯－李因此看到了将超文本系统与互联网结合在一起的机会："我只要把超文本系统和传输控制协议、域名系统结合在一起，就能得出万维网了！""创建万维网真是一份叫人绝望的苦差事，当我后来在 CERN 工作时，离开了它后，情况变得十分严重。万维网需要的技术，如超文本系统、互联网和多种字体的文本对象等，大部分都已经设计出来了。我需要做的只是把它们结合在一起。这是一个广义化步骤，使之变得更加抽象化，把现有的文件系统想象为一个更大的文件系统的一部分。"

1989 年 3 月，伯纳斯－李写下了他的初步构想。次年，在罗伯特·卡里奥（伯纳斯－李与他一起在 1995 年共同获得计算机协会软件系统奖）的帮助下，对构想进行了修订，并得到主管麦克·森德尔（Mike Sendall）的认可。伯纳斯－李以构建 ENQUIRE 系统时的基本概念创建万维网，并设计制作出第一个网页浏览器——World Wide Web 浏览器，它能在 NEXTSTEP 操作系统上运行。这一浏览器还能编辑网页。同时，伯纳斯－李设计了第一台网页服务器——CERN httpd（超文本传输协议守护程序的缩写）。

蒂姆·伯纳斯-李被公认为万维网之父。虽然互联网这个词的词义宽泛，但如今大多数人都把它理解为万维网（WWW），以至于很多时候分不清互联网和万维网的区别。1994年10月1日，伯纳斯-李创建了万维网联盟（W3C，World Wide Web Consortium）。伯纳斯-李坚持免费和开放的原则，对他的工作成果，既不申请专利，也不征收版税。如今，已经有无数人因为互联网而获利，而伯纳斯-李仍旧是麻省理工学院（MIT）的一名并不富有的教授。

在伯纳斯-李研究万维网的同时，一个名叫林纳斯·托瓦兹（Linus Torvalds）的小伙子正在芬兰的赫尔辛基大学计算机系读书，如图 5-5 所示。他对操作系统颇有兴趣。为了能够更多地利用他刚买到的 386 个人计算机，他开始尝试写操作系统。他起初把这个项目叫作 Freax，是 Free（免费）和 Freak（疯子）的组合。最后一个字母"x"表示这是一个和 UNIX 相似的操作系统。但是他的同学觉得这个名字不好听，就索性改为 Linux，意思是 Linus 的 UNIX。1991 年 9 月 17 日，Linux 的第一个版本发布。托瓦兹承认，他当时编写 Linux 只是出于好玩而已。如今，Linux 操作系统成了主流，占据着互联网服务器的主要份额。

图 5-5　林纳斯·托瓦兹
（Linus Torvalds）

图 5-6　Linux 操作系统的吉祥
物塔克斯（Tux）

林纳斯·托瓦兹，1969 年 12 月 28 日生于芬兰，赫尔辛基大学计算机硕士。托瓦兹为 Linux 操作系统选择的吉祥物是一只小企鹅（如图 5-6 所示）。这里面有个故事。有一次他在澳大利亚的动物园时，被一只小企鹅嗑了一下。他开玩笑地说，之后他便得了一种"企鹅病"。晚上睡不着觉时，便会特别想念企鹅，感受着对企鹅的爱。Linux 的这只企鹅名叫塔克斯（Tux）。既是 Torvalds Unix 的缩写，也是晚礼服（Tuxedo）的缩写（是不是很像穿着晚礼服的企鹅？），十分巧妙。这个企鹅的特点是它刚刚吃饱了饭，懒洋洋地坐在那里发呆，憨态可掬。

虽然伯纳斯－李发明了 WWW 网站，但是他设计的浏览器并不怎么好用，主要使用对象还是计算机技术人员。在国家超级计算应用中心（NCSA，National Center for Supercomputing Applications）工作的马克 · 安德森（Marc Andreessen）肯定也意识到了这一点。于是，马克 · 安德森和埃里克 · 比娜（Eric Bina）设计并开发出一种只需要鼠标就可以操作的 Mosaic 浏览器。1993 年 1 月 23 日，Mosaic 0.5 发布。该浏览器已经具备当前浏览器的大部分功能，它拥有网址输入框和网页标题，甚至连后退、前进、刷新、主页等功能，都与当前的浏览器一模一样，这是互联网历史上第一个获普遍使用和能够显示图片的网页浏览器。1993 年年底，Mosaic 浏览器的用户已经超过百万。Mosaic 浏览器是互联网用户爆炸式增长的主要原因。计算机只要安装一个浏览器，几乎就可以做所有的事情了。相反，如果没了浏览器，计算机好像就一无是处了。因此，马克 · 安德森被公认为浏览器之父。

1994 年 4 月 4 日，马克 · 安德森、吉姆 · 克拉克（Jim Clark）和威廉 · 福斯（William Foss）创建网景（Netscape）公司。该公司在 Mosaic 浏览器的基础上，开发出自己的浏览器——Netscape Navigator。该浏览器曾一度占据 80% 的市场份额，对微软产生了巨大的威胁。当然，微软不能坐视不管。他们采用与网景相同的方法，从伊利诺伊大学获取 Mosaic 的源代码开发权，并在 1995 年 8 月 16 日推出 Internet Explorer 浏览器，与网景公司展开了历史上著名的浏览器大战。在微软的强大攻势下，Netscape Navigator 的市场份额逐渐被 Internet Explorer 蚕食，最终剩下不到 1%。1998 年 11 月 24 日，网景公司被美国在线收购，而美国在线又于 2015 年 6 月 23 日被 Verizon 并购。

当时，网络软件基于客户端 / 服务器（C/S，Client/Server）架构，它要求用户下载了客户端程序后才能使用，而现代互联网基于浏览器 / 服务器（B/S，Browser/Server）架构。由于几乎所有计算机都安装有浏览器，因而用户不必下载任何软件即可使用，这使得互联网应用于客户端的阻力几乎为零。在浏览器 / 服务器模式下，浏览器和服务器是最关键的两大因素。网景公司曾一度控制着浏览器市场，而且是最主要的 Web 服务器制造商，但好景不长。

1995 年，阿帕奇服务器（Apache HTTP Server）问世。由于它是基于 Linux 操作系统的开源软件，因而很快流行。1996 年，阿帕奇服务器已是最流行的 Web 服务器，其领先地位一直保持至今。截至 2018 年 8 月，全世界 39% 的活跃网站和 35% 的前 100 万个顶级网站使用着阿帕奇服务器。关于阿帕奇名字的来源有两种说法。第一种说法：阿帕奇是一个美国土著印第安人部落的名字，该部落以耐力和技能而著称，取这一名字是出于对这些人的敬仰。第二种说法：阿帕奇最初版本是 NCSA httpd 的一个补丁，其英文发音（A Patchy Server）和阿帕奇服务器（Apache Server）相同。无论如何，阿帕奇服务器在互联网发展中起着非常重要的作用。

1995 年 5 月，网景公司发表声明，同意将 SUN 公司的 Java 技术整合到网景浏览器中。凭网景当时的名气，任何一条与其相关的新闻都会被拿来炒作，更何况是这么重要的举措，于是 Java 一夜成名。其实早在 1991 年，SUN 公司就启动了一个名为"绿色"的项目，旨在开发一种新技术，可以移植到不同的系统上，进行分布式计算。领导这项技术的人是詹姆斯·戈士林（James Gosling）。最初，戈士林管这个技术叫"橡树"（Oak），因为他办公室外种的就是橡树。到了 1994 年，互联网开始流行。SUN 公司借机把这一语言应用于互联网。当他们发现 Oak 技术已经被注册后，便更名为 Java。Java 能够快速得到大规模推广，一部分归功于网景公司，但主要原因还在于它自身的优越性。

Java 技术最核心的部分是 Java 语言，其语法类似于 C/C++ 语言，这让那些使用 C/C++ 的程序员更容易上手，但不同的是其背后的 Java 虚拟机（Java Virtual Machine）。虚拟机使 Java 不但可以运行于不同操作系统上，而且可以自动回收垃圾（内存空间），大大降低了程序员的编程难度。

1995 年 6 月 8 日，一位名叫拉斯马斯·勒德尔夫（Rasmus Lerdorf）的丹麦程序员在用 Perl 程序编写个人主页的时候，为了更快地写动态页面（页面中嵌入动态数据，如时间等），开发出了一种新语言叫个人主页（PHP，Personal Home Page）。由于 PHP 可以非常方便地编写动态页面，因而很快就流行起来。勒德尔夫被称为 PHP 之父。虽然勒德尔夫是 PHP 的创始人，但是今天大家普遍使用的 PHP 语言却不是当初的 PHP 语言。PHP 只发布了两个版本：PHP 和 PHP 2。

1998 年 6 月 6 日，两位以色列程序员泽夫·苏拉斯基（Zeev Suraski）和安迪·古特曼斯（Andi Gutmans）重写了 PHP 编译器，发布了 PHP 3。除了语法上相似之外，PHP 3 与勒德尔夫的 PHP 2 可以说是完全不同的两种编程语言。为了加以区别，这两位以色列程序员把 PHP 的意思改为"超文本预处理器"（Hypertext Preprocessor），一个只有计算机工程师可以理解的递归解释。PHP 现在已经发展到了 PHP 7。

目前，在 Web 编程领域内，存在着三大主要阵营，分别是 Java、PHP 和 .NET。.NET 和 Java 的理念几乎相同，是微软公司仿照 Java 技术推出的 Web 编程框架和一系列开发工具。

可以说，现代互联网诞生于蒂姆·伯纳斯-李的第一个网站。随后的短短三四年时间，客户端软件（浏览器）、服务器软件（Web服务器）、操作系统和新型计算机语言相继出现并快速成熟。

5.1.3 第二代互联网：Web 2.0

2001年7月，Napster因版权问题被迫关闭，但却打开了P2P（对等）文件共享技术的大门。同年4月，布莱姆·科享（Bram Cohen）发明了一种更为先进的P2P文件共享技术。过去，下载一个大文件需要很长时间。科享的解决办法是从不同的计算机上并行下载，每个计算机下载不同的文件片段。下载完毕以后，再把不同的文件片段按照原来的顺序拼回去，还原成原来的文件。这项技术就是BitTorrent（俗称BT），如图5-7所示。使用BT时，同时下载的计算机越多，速度越快。例如，要下载一个1G的文件，如果带宽为200 kbit/s，大概需要5 000 s，即1 h 24 min。但是，如果BT发现这个文件存在于100台计算机中，从100台计算机中同时下载，时间只要原来的1%（50 s）。与Napster一样，BT也引起版权的争议，让唱片、电影制作公司们头痛不已。在过去几年中，有不少使用BT传播侵权产品的网站被关闭。不过，最让BT头痛的恐怕不是版权公司，而是网络运营商。有人估计，BT占据了互联网带宽的1/3。

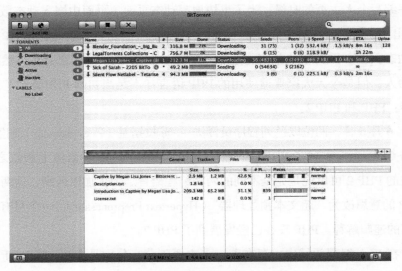

图5-7　BitTorrent

P2P 技术的创新在于它强调客户端，弱化甚至完全消除服务器端。类似的理念被运用到了商业上。20 世纪 90 年代，绝大多数网站被称为 Web 1.0，是因为其内容都是由网站决定的，用户只有被动接受的权利。例如，网易新闻是网易公司选择和编辑的，用户没有权利决定雅虎的内容，但有一个网站例外，就是 eBay。eBay 是一个拍卖网站，大部分内容是用户自己制作的。以用户原创内容（UGC，User Generated Content）为主的网站被称为 Web 2.0。Web 2.0 在 21 世纪开始流行起来。

　　2001 年 1 月 15 日，吉米 · 威尔士（Jimmy Wales）和拉里 · 桑格创立维基百科（Wikipedia）网站。维基百科是 Wiki 和 Encyclopedia 两个英语单词的合成，如图 5-8 所示。Wiki 是一种允许用户自主编辑网站的技术，而 Encyclopedia 是百科全书的意思。顾名思义，Wikipedia 是一部允许用户自主编辑的百科全书。维基百科中的绝大部分内容是注册用户或匿名用户编辑的，是典型的 Web 2.0。这一模式被搬到中国以后，百度百科是实现得最好的产品之一。

图 5-8　维基百科

　　Web 2.0 的另一种流行模式是社交网络服务（SNS，Social Network Service）。2002 年，乔纳森 · 艾布拉姆斯（Jonathan Abrams）吸取 Match.com 的思想，创立 Friendster，这是全球首家社交网站，并由此引领潮流。Friendster 致力于帮助人们与朋友保持联系并发现对他们很重要的新面孔与新事物，如图 5-9 所示。18 岁以上的成年网民选择 Friendster 与朋友、家人、学校、社交群及志趣相投者联系。Friendster 为能提供一个易于使用、用户友好且互动的环境而感到自豪；用户能够使用任何支持互联网的移动设备轻松地与世界各地的任何人取得联系。

虽然 Friendster 是最早的 SNS 网站，但还不是最成功的。2018 年 6 月 30 日，Friendster 网站停止运营。几个拥有 Friendster 账号的 eUniverse 工程师决定仿照 Friendster，使用 ColdFusion 创立一个新网站。2003 年 8 月 1 日，他们推出了一个名为 MySpace 的新网站。MySpace 在 2006 年注册用户突破 1 亿人，成为美国当时最大的 SNS 网站。2008 年 4 月，SNS 老大的地位再次易主，新秀 Facebook 后来居上。

图 5-9　Friendster

2004 年 2 月 4 日，在哈佛大学读 2 年级的男孩马克·扎克伯格（Mark Zuckerberg）创建了 Facebook，如图 5-10 所示。该网站开始只对哈佛大学学生开放。没想到不到一个月的时间，超过一半的本科生注册了该网站。扎克伯格首先向斯坦福大学开放。之后向哥伦比亚、康奈尔、耶鲁等大学开放。后来逐步向所有美国、加拿大的大学开放。最终向全社会开放。与其他 SNS 网站不同，Facebook 平台（Facebook Platform）是开放的，允许开发者自由地在平台上开发应用。一个网站靠自己开发的应用是有限的，但是让全世界开发人员为其开发，其应用的数量就相当可观了。截至 2018 年 1 月，Facebook 每月的活跃用户超过 22 亿人。

图 5-10　Facebook

这位 1984 年出生的首席执行官（CEO，Chief Executive Officer）扎克伯格从初中就开始编程。他曾经编写过一个音乐播放器，可以通过人工智能来学习用户听音乐的习惯。微软和美国在线公司曾经向他购买这个程序，并希望招聘他，但都被拒绝。原因是他选择了去哈佛读书。不过他和比尔·盖茨一样，为了创业，也没有在哈佛毕业。由于背景和盖茨十分相似，他被誉为"盖茨第二"。

Friendster、MySpace 和 Facebook 都是帮助用户建立朋友关系，而另一个 SNS 网站走的则是商务路线。2002 年 12 月 28 日，雷德·霍夫曼（Reid Hoffman）创立领英（LinkedIn）网站，旨在帮助用户建立商务关系，如图 5-11 所示。用户可以通过自己已有的关系去建立新的关系，从而建立一个关系网。这些关系可以帮助用户找工作、找商机，也可以帮助企业招聘。与其他 SNS 相比，LinkedIn 的商业模式似乎更清晰。截至 2018 年 10 月，LinkedIn 在 200 个国家拥有 5.9 亿注册会员，其中活跃用户超过 2.5 亿人。

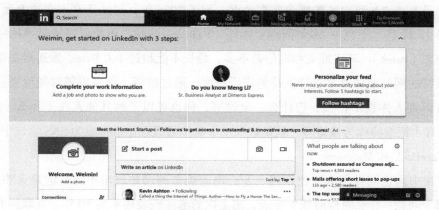

图 5-11　领英网站

霍夫曼投资的绝大部分公司都是 Web 2.0。其中的 digg.com 将 Web 2.0 发展到了极致。如果百科全书都可以像 Wikipedia 这样由群众来编写，新闻为什么不可以呢？2004 年 11 月，27 岁的小伙子凯文·罗斯（Kevin Rose）创立 Digg 公司，其模式其实非常简单。由用户自己提交新闻的链接，然后再由用户自己投票。那些得票最多的新闻链接就会自动被显示在 Digg 网站的首页上。整个过程几乎不需要新闻编辑人员，且网站自身其实没有新闻内容。文章存在其他网站上。可以说，Digg 就是一个新闻的搜索引擎，不过是人肉的。由于新闻的时效性，Digg 往往会在短时间内给一个小网站带来巨大的流量，导致小网站招架不住而瘫痪。这种情况被戏称为"Digg效应"。

几乎所有的SNS网站都要通过文字和其他人进行社交。唯独第二人生（Second Life）例外。它既是一款3D游戏，又是一个社区。就像名字描述的一样，你可以在这个游戏中扮演第二个你。这个你生活在一个虚拟的世界中，可以工作、赚钱、消费、娱乐，做真实世界中的很多事。第二人生有它自己的货币，你可以用它做生意或者置地。第二人生中无奇不有，有人开音乐会、办画展、演话剧。

2004年的愚人节，Google破天荒推出Gmail的服务。Gmail中的字母G有两层含义：一是G代表Google，即Google的邮件系统；二是G代表容量可以达到1个G（一千兆）。之前，所有的免费邮件系统只提供给用户几兆乃至几十兆的空间。即使是付费的邮件系统（如YahooMailPlus），也只提供100 MB的邮件空间。而Gmail一上来就提供1 000 MB的空间，简直让人不敢相信。Gmail让电子邮件服务从此免费，从此拉开网络存储的升级大战。

也许是Web 2.0和SNS的概念实在太火，到了2006年，居然还有人在这上面下功夫。2006年3月21日，杰克·多尔西创立推特（Twitter）网站。用户可以通过该网站给亲朋好友发推文（tweet）。其实推文和短信差不多，最长不能超过140 Byte。发送推文可以通过手机、推特的网站或者很多支持推特的应用程序。通过推特，你可以随时随地更新自己的状态，告诉别人你在干什么、想什么。反过来，你也可以了解其他人在干什么、想什么。因此，也有人把推特称为微博客。就是这样一个简单的概念让推特成为SNS领域中的老三，仅次于Facebook和MySpace。

SNS在中国也同样很火，校园网、开心网等类似的网站层出不穷。但是火热的背后，永远是那个问题：什么时候赚钱？今天，离上次的泡沫破裂还不到10年，互联网和其他领域一样，又进入了一次"严冬"。

那么，严冬过后，是不是会进入Web 3.0时代？什么是Web 3.0呢？有人说Web 3.0是"语义网"。在语义网中，信息不再被简单地用HTML语言描述，而是被更复杂的、有结构的语义描述。换句话说，现在的网页是给人看的，不是给计算机看的。人从网页上看到商品名称、价格、出厂日期等重要信息，但是计算机看不懂。而在语义网中，信息被结构化，以方便计算机理解。也有人说，Web 3.0就是Web 3D。浏览器通过虚拟现实来模拟真实的三维世界，让用户上网时有身临其境的感觉。

Whatever！现在恐怕没人能知道确定的答案。但是有一点可以确信，网络带宽和计算机的计算能力正在以超出你想象的速度发展。

5.1.4　为互联网插上移动的翅膀

　　移动互联网将移动通信和互联网这两个发展最快、创新最活跃的领域连接在一起，并凭借数十亿的用户规模，正在开辟信息通信业发展的新时代。移动互联网所改变的绝不仅仅是接入手段，也绝不仅仅是桌面互联网的简单复制，而是一种新的能力、新的思想和新的模式，并将不断催生出新的产业形态、业务形态和商业模式。在移动互联网发展正处于初期阶段的背景下，移动互联网是难得的历史性机遇，是中国信息通信业发展和创新的重要方向。

发展阶段

　　纵观全球移动互联网的发展，它经历了三大发展阶段，即以移动通信网络为中心的围墙花园阶段、以移动终端和互联网为中心的应用商店阶段和以统一应用平台为中心的 Web 商店阶段。

　　1999 年 2 月 22 日，DoCoMo 正式推出 i-mode 商业模式，这是全球最早开展的移动互联网业务。i-mode 是一项基于个人数字蜂窝（PDC，Personal Digital Cellular）的手机增值服务，实现方式是由社会各界通力合作，共同提供用户所需的各种服务，如图 5-12 所示。电信运营商按使用量向用户收取网络使用费，内容提供商和应用开发商则根据不同服务内容，向用户收取信息服务费。i-mode 提供的服务类型包括互联网、手机电子邮件、动画内容下载、音乐视频下载和彩铃彩信等。

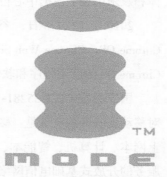

图 5-12　i-mode 商业模式

图 5-13　移动梦网

　　2001 年 11 月 10 日，中国移动正式推出"移动梦网"服务，打造开放、合作、共赢的产业价值链，如图 5-13 所示。移动梦网旨在建立一个统一的品牌，以迅速推动中国移动互联网的普及和发展。手机用户可通过移动梦网享受移动游戏、信息点播、掌上理财、旅行管理、移动办公等服务。

　　2007 年 1 月 9 日，苹果 CEO 乔布斯在 MacWorld 大会上发布了 iPhone。该手机将创新移动电话、可触摸宽屏 iPod 以及突破性互联网终端这 3 种电子产品，开创了移动设备软件尖端功能的新纪元，重新定义了移动电话的功能。2008 年 7 月 11 日，苹果应用商店正式上线，它是一种由苹果公司为 iPhone 和 iPod Touch 创建的服务，允许用户从 iTunes Store 浏览和下载一些开发 iPhone SDK（软件开发工具包）所需的应用程序。

2008 年 10 月 22 日，为了给 Android 平台提供更多吸引眼球的东西，谷歌开发了自己的 Android 手机应用软件下载商店——Android Market。2012 年 3 月 7 日，谷歌将出售应用、视频、音乐、电子图书及其他数字产品的在线商店 Android Market 更名为 Google Play Store，并于 13 日起正式启用，此举是谷歌为提升自身在电子内容销售市场上的形象以及更好地与苹果和亚马逊展开竞争而推出的最新措施。

2010 年 5 月 20 日，谷歌在 I/O（输入 / 输出）开发者大会上，展示了一种全新的网络商店，可供消费者使用 Chrome 浏览器来购买游戏、杂志及其他应用，试图借此在下一代网络媒体和娱乐市场上占据中心位置。

2010 年 12 月 8 日，谷歌在 Chrome 产品发布会上，正式推出 Chrome Web Store 和 Chrome OS。Chrome Web Store 是一种在线应用商店，可为消费者提供各种基于 Chrome 和 Chrome OS 的应用程序和软件。

国家标准 GB/T 35281–2017《信息安全技术　移动互联网应用服务器安全技术要求》对移动互联网的定义是：移动互联网（Mobile Internet）是指用户使用移动终端（包括手机、上网本、计算机、智能本、可穿戴设备等）通过移动网络获取移动通信网络服务和互联网服务的开放式基础电信网络。

移动终端是指能够接入移动通信网，具有能够提供应用程序开发接口的开放操作系统，并能够安装和运行应用软件的终端设备，如智能手机、平板电脑、上网本、智能本、可穿戴设备等。移动网络是伴随着移动通信技术发展起来的一种新的组网方式，包括移动通信网和无线局域网（Wi-Fi）。

移动互联网的体系结构包括移动终端、移动网络和移动业务与应用 3 个部分，如图 5–14 所示。

移动终端主要包括手机、平板电脑、可穿戴设备等。随着万物互联和智能化时代的到来，可穿戴设备、智能家居、智能车载、智能无人机等新型终端形态也在不断涌现。目前移动终端领域正以人工智能、传感、物联、新型显示、异构计算等新兴技术为动力，继承、完善和创新现有的技术体系。

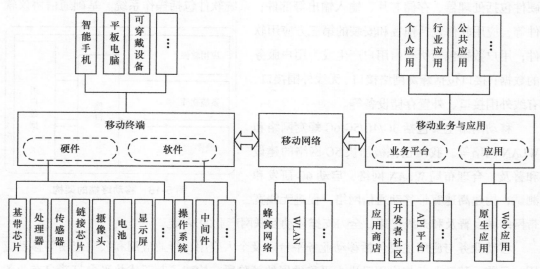

图 5-14　移动互联网的体系结构

　　移动终端可以提供无线连接、安全消息、电子邮件、网络、VPN 连接、VoIP 等软件，用于访问受保护的数据和应用，以及与其他移动终端进行通信。移动终端的网络环境如图 5-15 所示。

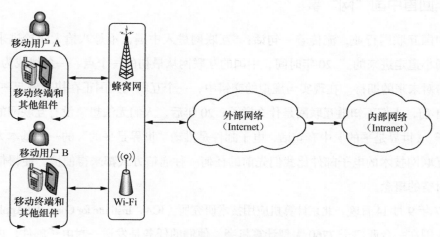

图 5-15　移动终端的网络环境

移动终端的架构如图 5-16 所示，包括硬件、系统软件、应用软件、接口、用户数据等。硬件包括处理器、存储芯片、输入输出等部件；系统软件包括操作系统、基础通信协议软件等；应用软件包括预置和安装的第三方应用软件；用户数据包括所有由用户产生或为用户服务的数据；接口包括蜂窝网络接口、无线外围接口、有线外围接口、外置存储设备等。

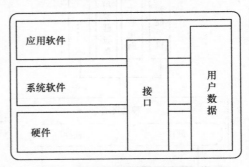

移动网络主要包括 3G/4G/5G/6G 蜂窝网络和 WLAN 网络等。我国正积极加快 5G 网络的建设和普及，合理布局 WLAN 网络，启动 6G 研发和测试，构建高速宽带移动通信网络，促进无线宽带网络城乡普及和升级提速，全力支撑移动互联网产业的发展。

图 5-16　移动终端的架构

移动业务与应用主要包括移动业务平台以及个人应用、行业应用和公共应用等移动应用。目前，移动业务与应用已进入平稳发展的新阶段，构建了基于优势平台打造自有业务生态的发展模式。人工智能、虚拟现实 / 增强现实以及大数据分析等核心技术的发展，进一步促进了移动应用的创新。物联网推动移动应用从消费领域向生产领域扩展，并逐步深入城市管理的各个环节。

5.1.5　回首中国"网"事

在中国互联网行业，流传着一句话："互联网进入中国，不是八抬大轿抬进来的，而是从羊肠小道走进来的。"20 年时间，中国的互联网从最初的一个点、一条线成为一张网，直至一份对未来的期待。在现实与虚拟的交错中，一个互联网大国正在快速崛起……

20 年前，人们不知道互联网是什么样子；20 年后，人们无法想象没有互联网的生活是什么样子。《世界是平的》中有句话，电子邮件是推动"世界是平的"的一种基本力量。只因基于互联网技术的电子邮件比我们先前的任何一种通信方式都来得便捷，使得信息交流跨越了时空的概念。

1987 年 9 月 14 日晚，北京计算机应用技术研究所（ICA，Institute for Computer Application）。十几个人围在一台西门子 7760 大型计算机旁，他们的任务是发送一封电子邮件，内容以英德两种文字书写，中文译为"越过长城，走向世界"，如图 5-17 所示。

在德国卡尔斯鲁厄大学维纳·措恩（Werner Zorm）教授带领的科研小组的帮助下，王运丰教授和李澄炯博士等在北京的计算机应用技术研究所建成了国内第一个电子邮件节点。但第一次发送却因计算机科学网（CSNET，Computer Science Network）邮件服务器上的一个数据交换协议存在漏洞而失败。1987 年 9 月 20 日 20:55，这封邮件终于穿越了半个地球到达德国。中国互联网在国际上的第一个声

图 5-17　我国最早的电子邮件发送场景

音就此发出。据粗略估算，发送这封邮件的费用将近 50 元人民币。

从第一封电子邮件发出，到下一代互联网抢占网络技术发展制高点，20 多年间，一个快速成长的互联网大国正在崛起，中国在国际互联网的地位与日俱增。随着网络的发展，IP 地址资源枯竭和不断升级的安全问题已成为互联网难以承受之痛，在互联网面临凤凰涅槃的时候，我们欣喜地看到，中国的下一代互联网已经走在了世界的前列。

5.2　移动通信网

第六代移动通信系统（6G，6th Generation）概念研究的启动和 5G 商用步伐的加快，以及移动通信业务范围的不断扩大，为物联网深入应用奠定了坚实的技术基础。在未来相当长的一段时期内，物联网与移动通信相结合，将会产生更大的价值。由于物联网节点具有分散性、移动性和海量性等特点，这就决定了移动通信是实现物联网可靠传输的主要技术手段。

1G 的意义在于将人们从固定电话带入移动通信时代；2G 的意义在于将所有用户视为漫游用户，并将其从模拟移动通信带入数字移动通信时代，推动了移动通信的大范围普及；3G 的意义在于带动了数据通信的蓬勃发展，塑造了移动互联网产业；4G 的意义在于将承载数据业务的无线宽带作为通信基础设施，标志着数据业务接替语音业务成为主流；5G 的

意义在于除了满足人类移动通信需求之外，开始大力发展面向物体的通信解决方案，构建物联网的基础设施；6G 的意义在于有望实现陆地通信、水下通信、卫星通信与平流层通信等技术的融合。

5.2.1 风光无限的"大哥大"

手机，曾是人们炫耀身份的资本，遥想当年的大砖头时代，手机只是少数人才用得起的奢侈品。如今，一个人装着几个手机都不鲜见，手机早已成为生活的一部分。

1978 年，贝尔实验室的科学家们在芝加哥试验成功了，世界上第一个蜂窝移动通信系统——高级移动电话系统（AMPS，Advanced Mobile Phone System）。AMPS 存在的主要问题：它是一种模拟通信标准，易受到静电和噪声的干扰，且无安全措施阻止扫描式的偷听。

1979 年，第一个商用自动化蜂窝网络（1G）由日本电报电话公司（NTT，Nippon Telegraph & Telephone）推出，最初在东京都市区。5 年内，NTT 网络已经扩展到覆盖整个日本人口，并成为第一个全国性的 1G 网络。

1981 年 9 月，北欧在瑞典开通了北欧移动电话（NMT，Nordic Mobile Telephone）系统。NMT 是第一个采用国际漫游的移动电话网络。

1982 年，美国联邦通信委员会（FCC，Federal Communications Commission）将 800 ~ 900 MHz 频段的 40 MHz 频谱分配给 AMPS，到了 1989 年，由于业务量激增，FCC 又为 AMPS 额外分配了 10 MHz。

1983 年，Ameritech（AT&T 的前身）首次在芝加哥城区和郊区部署 AMPS。这是移动通信发展史上的重大发明。

1983 年 2 月，英国政府宣布，将高级移动电话系统（AMPS）的两个变体——全面接入通信系统（TACS，Total Access Communication System）和扩展型全面接入通信系统（ETACS，Extended Total Access Communication System）作为首批两个国家蜂窝系统的技术方案。

1985 年，英国开通了全接入通信系统（TACS），同年，意大利开通了无线电话移动系统（RTMS，Radio Telephone Mobile System），德国开通了 C-450 系统等。这就是第一代移动通信系统（1G，1th Generation Mobile Communication）。

第一代移动通信的核心技术是频分多址（FDMA，Frequency Division Multiple Access），即不同的用户分配在时隙相同而频率不同的信道上，它采用调频的多址技术。业务信道在不同频段分配给不同用户，如 TACS 系统、AMPS 系统等。我们可以想象一个很大的会议室被均分成很多的小隔间，每一个隔间里都有一对人正在交谈。这样由于隔间的分离，每个人都不会听到其他人的交谈。这就像一个"FDMA"系统。

第一代移动通信系统，俗称"大哥大"。大哥大"体积大，常被戏称为"砖头"。它采用模拟信号传输，只能应用在一般语音传输上，而且音质低，信号不稳定，覆盖范围也不够全面，话费也贵得吓人，信号也容易被破解窃听。

早在 20 世纪 70 年代中期，原邮电部指派部电信传输研究所搜集相关信息，密切跟踪世界移动通信的发展。1978 年，原邮电部从意大利引进了车载移动通信系统，在北京完成了中国历史上第一次移动通信实验。1982 年 7 月 1 日，原邮电部传输研究所和上海第一研究所研发的我国第一套移动通信设备——150 MHz 公用模拟移动通信交换系统，面向社会投放使用。1987 年 7 月 16 日，一个规模较小的模拟移动通信实验网在秦皇岛市开通，手持移动电话进入中国。

1987 年 11 月 18 日，我国第一个规模商用蜂窝式移动通信系统借全国六运会的东风在广州正式开通，如图 5-18 所示。原邮电部部长杨泰芳，广东省副省长匡吉、于飞喜笑颜开地出席了开通典礼。杨泰芳拿起手机试着拨打了几个电话，乐得像个孩子似的。

图 5-18　我国第一个规模商用蜂窝式移动通信系统开通

1987 年 11 月 20 日，广州天河体育中心，第六届全国运动会隆重开幕。主席台上，全运会组委会副主任委员、广东省省长叶选平满面春风地环视着这座崭新的现代化建筑和四周看台上黑压压的观众，抑制不住的兴奋尽情地显现在他的脸上。突然，一阵悦耳清亮似电话铃声又与一般电话铃声不同的声音在他桌前一个砖头般大小的黑壳子里响起，他立即伸手拿过这个黑壳子，大拇指按一下小键，有些生疏地把它靠了耳边。黑壳子里立即传来清晰的声音："叶省长，我是移动电话广州基站，我们的网络是前天开通的，现在向第六届全运会提供服务，您能听清我的声音吗？""清晰，非常清晰！谢谢你们，你们辛苦了！"叶选平省长高兴地回答。

1987年11月21日，第一个手机用户在广州产生。此用户名叫徐峰，其模拟手机号码为901088。广州也开通了我国第一个移动电话局，号码长度为6位，首批用户为700个，实现了我国移动电话用户"零"的突破，这也标志着我国开始进入大容量蜂窝式公用移动通信阶段。1987年是移动通信在中国规模商用的"元年"，笼罩在天河体育中心上空的"神秘电波"被业内人士形象称为"天河第一波"。由此，移动通信拉开了在神州大地规模发展的序幕。

当时，经过激烈的争论后，在爱立信和摩托罗拉之间确定了爱立信的产品，认为爱立信的产品更有助于以后的联网和漫游，因为爱立信走的是国际电信联盟的标准，而当时的摩托罗拉则采用的是本国标准，对漫游方面的关注不如爱立信。直到后来全国开始了大规模的模拟网建设后，仅仅爱立信一家的产品和服务远不能满足当时建网的需要时，原邮电部决定引进摩托罗拉的设备，这也是为了引入市场竞争机制，促使模拟网设备的价格有了较大幅度的下降。而实际上，由于初期人们对移动网的认识有限，总认为它是市话的延伸和补充，同时资金也有限，模拟网发展得并不是很快。尤其是到了20世纪90年代初，数字通信的风声开始起来了，人们在模拟网上的投资也就愈发显得谨慎。

于是，摩托罗拉在北京设立了办事处，推销移动电话。这种重量级的移动电话，厚实笨重，状如黑色砖头，质量都在500 g以上。它除了打电话没别的功能，而且通话质量不够清晰、稳定，常常要喊。它的一块大电池充电后，只能维持30 min的通话。虽然如此，"大哥大"还是非常紧俏，有钱难求。能搞到"大哥大"批文的是"高级倒爷"。有一个20世纪90年代初的笑话说，有钱人就是"开着桑塔纳，打着大哥大。"

当年，"大哥大"的公开价格在2万元左右，但一般要花2.5万元才可能买到，黑市售价曾高达5万元。这让一般人望而却步，就是中小企业买得起的也不多。让摩托罗拉公司没有料到的是，"大哥大"很快就得到了当时一部分人的青睐。由于"大哥大"身躯庞大，使用它的人也多是商界大哥级的人物，物随主贵，"大哥大"很快成为身份显赫的象征，如图 5-19 所示。那年头，人们对私家车没什么概念，也很少心生羡慕。那时你开一辆宝马车出门，别人也以为是公家车，远远不如"大哥大"那么耀眼。很快人们以拥有"大哥大"为荣，开始了一种炫耀攀比式的消费。

性格外向的人，会整天手拿"大哥大"，吃饭、喝茶、谈判，往桌上一放，就像押上了一个富贵的筹码和权杖，立刻会多获得一份尊重，生意谈判也因此变得轻松。性格收敛的人，会将"大哥大"放在擦得锃亮的老板包中，老板包夹在腋下。适时拿出来，拉出长长的天线，花上一元一分钟的话费，在人群里喊上一句："喂！喂！

图 5-19 移动通信起步阶段，"大哥大"成为一种身份象征

听不清，你再说一遍。"便引来无数惊羡的目光。很多人因为有了"大哥大"，迅速打开了自己的社交圈。一时间，梳大背头、抹发胶、手持"大哥大"，成了不少人理想中的富人形象。

在各地引进摩托罗拉设备后，由于两家产品组建的网络所使用的频率不同，人们通常把用爱立信设备组建的模拟网称为 B 网，把由摩托罗拉设备组建的网络称为 A 网。B 网使用的频率是 900 ~ 920 MHz，A 网使用的频率是 920 ~ 940 MHz。广东一直使用的是 B 网，紧跟其后开通的北京则是 A、B 两网并存。

在模拟网开通初期，由于各地的网络还没有互联，导致不少经常出差的用户要同时配备若干个手机号码，每到一地就换一个号码，非常不方便。所以在引进模拟网不久，我国便开始就联网漫游问题进行讨论。而当时的实际情况是，A、B 两网各自之间的联网不成问题，但 A、B 网之间的联网就成了很让人头疼的一件事，原邮电部还为此专门成立了漫游联网工作组，负责两网之间的漫游联网工作。最初两网之间采取的是人工漫游的方式，直到 1995 年才发展为自动漫游。而此时的 GSM 数字网络已开始大规模的建设，原邮电部的专家们也吃够了 A、B 两网互联漫游的苦头。

模拟网对我国移动通信事业起到很大的推动作用。数据显示，1988 年，我国大陆电话用户为 493.32 万户，移动电话用户为 3 227 户，移动电话普及率低于 0.001%；到 1998 年，大陆电话用户为 1.12 亿户，移动电话用户增至 2 500 万户，普及率达到 2%。

当年人们一丝一毫也不会料到，在 20 多年以后的今天，就连街边拾荒者手里都会有一个小巧玲珑的手机。手机已不再是过去富人们吃饭时立到饭桌中间炫耀的奢侈品，而是成为大众消费的普及型用品。虽然粗笨的大哥大和它的长天线已定格在了历史的长卷中，但那些妙趣横生的场景，仍值得人们反复品味。

5.2.2 GSM 风靡全球

"大哥大"的出现，意味着中国步入了移动通信时代。它虽然是移动通信历史上奠基式的革命，但模拟通信技术存在着局限性：容量小，难以提供非话业务，语音质量不高，难以实现与综合业务数字网（ISDN，Integrated Services Digital Network）的互联；设备无法实现小型化，制式不统一，加之模拟移动通信频谱利用率低、建设成本高，不利于移动通信的大规模普及；系统间没有公共接口，难以开展数据承载业务，安全保密性差。最初的模拟网只能人工漫游，1995 年才实现自动漫游。但随着数字网的日益壮大，到了中国已拥有上千万用户的 21 世纪初时，容量有限的模拟网已经没有太多存在的价值，"三网并行"也给运营商的运营维护带来了诸多的不便，并带来了频率浪费的问题，而且由于模拟网功能有限、成本偏高、终端价格太贵等原因，已经很难再与 GSM 数字网在同等平台上竞争。

而此时，更先进的第二代移动通信网（2G）已开始大规模建设。模拟网与数字网"并行"给运营商带来诸多不便，再加上模拟网功能有限、成本偏高、终端价格太贵，最后，在原邮电部的统一部署下，模拟用户开始通过自然淘汰、适当引导等方式，逐步转入数字网，并于 2001 年在全国关闭了 A、B 两网。至此，人们算是彻底告别了模拟的语音时代，以小步快跑的步伐、几乎没有多少思想准备就进入了快速发展的数字语音时代，过去的"大砖头"也瞬间变换成了一部部小巧精致、功能多样的各式手机。

2G 基于时分多址（TDMA，Time Division Multiple Access）技术，以传输语音和低速数据业务为目的，又称窄带数字通信系统，典型代表是全球移动通信（GSM，Global System for Mobile Communication）系统、数字高级移动电话系统（DAMPS，Digital Advanced Mobile Phone System）和 IS–95 系统。

GSM 系统源于欧洲。早在 1982 年，欧洲已有几大模拟蜂窝移动系统投入运营，这些系统是国内系统，无法在国外使用。为了方便全欧洲统一使用移动电话，需要一种公共的系统。1982 年，北欧国家向欧洲邮政电信管理部门会议（CEPT，European Conference of Postal and Telecommunications Administrations）提交了一份建议书，要求制定 900 MHz 频段的公共欧洲电信业务规范。在这次大会上，欧洲电信标准化委员会（ETSI）下成立了一个移动特别小组（GSM，Group Special Mobile），来起草相关标准和建议书。

1986 年，该小组在巴黎对欧洲各国及各公司经大量研究和实验后所提出的 8 个建议系统进行了现场实验。1987 年 5 月，GSM 成员国就数字系统采用窄带时分多址（TDMA，Time Division Multiple Access）、规则脉冲激励—长时预测—线性预测编码（RPE–LTP–LPC，Regular Pulse Excited–Long Term Prediction–Linear Predictive Coding）、语音编码和高斯滤波最小频移键控（GMSK，Gaussian Minimum Shift Keying）调制方式达成一致意见。

1987 年 9 月 7 日，来自欧洲 17 个国家的运营者和管理者在哥本哈根签署了一项关于在 1991 年实现泛欧 900 MHz 数字蜂窝移动通信标准的谅解备忘录（MoU，Memorandum of Understanding），相互达成履行规范的协议。与此同时，成立了致力于 GSM 标准开发的 MoU 组织。1990 年，MoU 组织完成了 GSM 900 规范的制定，共收到大约 130 项的全面建议书。

1991 年，移动特别小组还完成了制定 1 800 MHz 频段的公共欧洲电信业务的规范，名为 DCS 1800 系统。该系统与 GSM 900 具有同样的基本功能特性，因而该规范只占 GSM 建议的很小一部分，仅将 GSM 900 和 DCS 1 800 之间的差别加以描述，二者绝大部分是通用的，两种系统均可通称为 GSM 系统。

1991 年 7 月 1 日，芬兰前总理哈里·霍尔克里（Harri Holkeri）使用诺基亚西门子建立芬兰 Radiolinja 运营的网络，给坦佩雷市长卡里纳·索尼欧拨通了有史以来第一个 GSM 电话。同年 12 月，MoU 组织为该系统设计和注册了市场商标，将 GSM 更名为"全球移动通信系统"。从此，移动通信进入了第二代数字移动通信系统。

2016 年 12 月 1 日，澳大利亚澳电讯公司（Telstra）关闭了 GSM 网络，这是第 1 家退出 GSM 网络的移动服务提供商。2017 年 1 月 1 日，美国 AT&T 移动公司关闭了 GSM 网络，成为第 2 家退出 GSM 网络的移动服务提供商。2017 年 8 月 1 日，澳大利亚新电信澳都斯股份有限公司关闭了 GSM 网络。

GSM 系统的核心技术是时分多址（TDMA）。采用时分多址技术，可以在不同的时间，将业务信道分配给不同的用户，如 GSM、数字高级移动电话系统（DAMPS，Digital Adanced Mobile Phone System）等。打个比方，可以想象一个很大的会议室被均分成很多的小隔间，我们把隔间做得大些，这样一个隔间可以容纳几对交谈者。但是，大家的交谈有一个原则：只能同时有一对人在讲话。如果再把交谈的时间按照交谈者的数目分成若干等分，就成为一个 TDMA 系统。

GSM 系统的优势包括：网络容量大，手机号码资源丰富，通话清晰，稳定性强，不易受干扰，信息灵敏度高，通话死角少，手机耗电量低。

2005 年，电子通信专家戴夫·莫克（Dave Mock）在他所编著的《高通方程式》一书中，以这样的文字来描述海蒂·拉玛（Hedy Lamarr）这个矛盾的天才人物："只要你使用手机，你就应该认识并且感激她。这位美丽性感的女明星，为世界无线通信技术所做出的巨大贡献，至今无人企及。"

1941 年 6 月 10 日，海蒂·拉玛以婚后名海蒂·凯斯勒·玛基与乔治·安塞尔向美国专利商标局（USPTO）提交了名为"保密通信系统"的专利申请，并在 1941 年 8 月 11 日获得专利（专利号为 2292387），如图 5-20 所示。

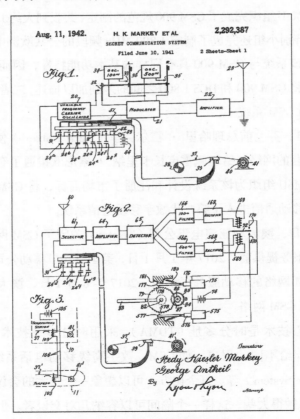

图 5-20 专利"保密通信系统"

1941 年 10 月 1 日，《纽约时报》撰文道："海蒂 · 拉玛，今天将被赋予一个新的角色：发明家。她的发明对于国防安全至关重要，但在目前，政府部门拒绝透露任何相关细节。"《美国发明与科技遗产》杂志曾以海蒂 · 拉玛为封面，这大概是该杂志有史以来最美丽的封面了。海蒂 · 拉玛一生在娱乐杂志封面露脸无数，而这次却出现在了科技杂志的封面上——这不能不说是科技与艺术的完美结合！

20 世纪 50 年代中期，美国海军将该专利交给霍夫曼无线电公司，让它生产声纳浮标以及伴随飞机的无线电。不过，拉玛的名字被美军从文件中抹去，给出的信息处于极度保密状态。最终，霍夫曼无线电公司研发出了这一跳频设备。与此同时，电子晶体管的出现使扩频技术的实现越发简单，频率同步方法从机械向电子转化，从而促进了扩频技术在手机、无线电话和互联网中的广泛应用。1997 年，当以 CDMA 为基础的通信技术开始走入大众生活时，美国电子前沿基金会授予海蒂 · 拉玛"电子国境基金"先锋奖，以表彰她在计算机通信方面所做出的巨大贡献。这位已经 83 岁高龄的资深美女被科学界尊称为"扩频之母"。

1985 年 7 月 1 日，在扩频技术的基础上，美国的一家名不见经传的小公司在圣迭戈成立，悄悄地研发出 CDMA 无线数字通信系统。这家公司就是当今全球 500 强之一的高通。当天，7 位有识之士聚集在美国圣迭戈市艾文 · 雅各布博士家中共商大计，决定创建高通公司，从而造就了 20 年后电信业中最耀眼的新星。制定 CDMA 标准并使其商用化，注定要在移动通信时代赚个盆盈钵满，CDMA 之父、美国高通公司创始人艾文 · 雅各布博士无疑是全球通信业界呼风唤雨的人物。虽然许多中国企业对高通公司的"专利霸权"愤愤不平，但艾文 · 雅各布传奇般的创业经历，无法不使人们对其敬仰有加。

高通公司成立之初主要为无线通信业提供项目研究、开发服务，同时还涉足有限的产品制造。公司的先期目标之一是开发出一种商业化产品。由此而诞生了全线通（OmniTRACS）。全线通是美国高通公司研制开发的车辆跟踪和调度管理系统，是移动信息管理领域的主流产品，占全球 80% 的市场份额。

同时，高通还为用户提供有关信息技术的咨询服务，位于西雅图的航天工业巨头休斯公司就曾经是高通的客户之一。在高通成立的几个月后，艾文 · 雅各布博士和另一位高通创始人 Klein Gilhousen 同休斯公司会晤之后，在从休斯公司回圣迭戈的高速公路上，灵感让两位意识到可以利用码分多址（CDMA）大幅度提高移动环境下的容量。虽然当时

TDMA 技术已经取得了一定的技术成熟度和业界支持度，但雅各布博士凭借他对各种移动通信技术（FDMA、TDMA 和 CDMA）的深刻了解，坚信 CDMA 较 TDMA 能够更加有效地利用稀缺的频谱资源，并提供更好的服务质量。随后，他带领公司顶级工程师投入 CDMA 技术的开发，而这一决策使高通最终得以加入 20 世纪 90 年代数字移动通信的"淘金"大潮之中。

CDMA 可以提高网络的用户容量，重复利用频率资源，增强系统的安全性，减少基站数量，从而大大节省运营商的网络运营成本。从最终用户的角度看，他们可以享受优异的语音质量、更高的保密性和更可靠的接通率。同时，CDMA 还具有系统容量大、系统容量配置灵活、通话质量更佳、频率规划简单、建网成本低等优势。

当采用扩频的码分多址技术时，所有用户在同一时间、同一频段上，可根据不同的编码获得业务信道。我们可以想象一个宽敞的空间，在这里正在进行着一个聚会，其中的宾客正在两两一对地进行着交谈。假设每一对人使用一种语言，有说汉语的、英语的、法语的，等等，所有交谈的人都只懂得这一种语言。于是，对于正在谈话中的任何一对来说，别人的交谈无疑是一种背景噪声。通过这个场景，我们可以使用以下几个类比：房间相当于 CDMA 系统中的一个载波，交谈者所使用的语言则相当于区分用户、信道的码；交谈中的人就如同 CDMA 系统中正在通话的用户。这就是一个"CDMA"系统。

然而，在技术概念上，CDMA 虽然具有 GSM（TDMA）无法比拟的优势，但在正式商用之前，仍然需要在实验室的无数次试验中去逐渐完善 CDMA 技术。基于对 CDMA 技术的信心和执着，高通专注于解决 CDMA 技术商用化之前的技术障碍，诸如功率控制和切换问题等，并在 1986 年注册了公司的第一个 CDMA 专利。尽管如此，CDMA 技术的曙光并没有解除人们对 CDMA 的猜测。很多通信业内人士认为那是不可能完成的任务。

可是，通过两年多的努力，以雅各布为代表的高通人克服了一系列的技术障碍。在 1988 年 10 月，高通公司第一次向公众介绍了 CDMA 蜂窝移动通信的概念。出于对 CDMA 技术的信心，高通人又花费了一年的时间艰苦地开发出一个样板系统，然后将这一系统带到于 1989 年 11 月在芝加哥召开的一次电信行业会议上，竭尽全力向人们演示并推介这种技术。这次成功的实地测试扫除了所有人对 CDMA 技术上的怀疑。毫不夸张地说，它是高通公司发展道路上一个至关重要的里程碑。

从 1989 年到 1993 年第一个 CDMA 网络的部署，经历了 4 年的时间。而当时几乎所有主流运营商和设备商都是 GSM 联盟的成员。虽然大部分通信专家都坚信 CDMA 在技术上的确比 GSM 有着很强的技术优势，但当时 GSM 的标准刚被确立，在短时间内再引入另外一种新的技术标准，难度可想而知。高通所要做的就是要用大量的事实去说服标准制定机构，让他们相信 CDMA 比起 GSM 不止强一点点，而是大大优于 GSM，只有这样才能让美国电信工业协会（TIA，Telecommunication Industry Association）接纳 CDMA。在此间的几年中，高通都是在各种方式的演示中度过的。

1993 年 6 月，TIA 终于接受 CDMA 技术为北美标准，即 CDMA IS-95A 标准。1995 年，CDMA 被指定为个人通信业务（PCS，Personal Communication Service）标准之一，正式进入 2G 技术标准竞争的舞台。

雅各布的工程师背景使他有着一种信息技术（IT，Information Technology）偏执狂的个性，他背行业而行，倔强地推动了高通的历史。高通初期清一色的工程技术人员也许不懂经营，但是他们做了最重要的两件事：第一，把高通 CDMA 技术提交到美国标准组织 TIA 和世界标准化组织 ITU，申请确立为世界移动通信标准；第二，高通把 CDMA 研发过程中所有大大小小的技术都申请了专利。而当时所有通信巨头都在为争夺 GSM 专利而激战正酣，没有人去注意这个小公司正在玩的把戏，自然也就没有人去和高通抢专利。可以说，高通是一家专门经营和销售知识产权的公司。它所创造的盈利模式正逐渐成为知识经济下高端企业的生存方式。标准和专利，成为高通抵御比自己庞大百倍的对手的利器。

5.2.3　IMT-2000 中的四大金刚

第三代移动通信系统（3G，3th Generation Mobile Communication），说是第三代，是相对于 2G 和 1G 来说的。1G 只能进行语音通话，2G 增加了数据接收功能（如短信、电子邮件等）。与 2G 相比，3G 最大的特点是在语音和数据传输速率上有了较大提升。例如，如果说 2G 是"一条坑坑洼洼的乡村公路"，则 3G 就是"一条宽大通畅的高速公路"。路宽了，车速也更快了。3G 能将无线通信与国际互联网等多媒体通信结合为新一代移动通信系统，能够处理图像、音乐、视频形式，提供网页浏览、电话会议、电子商务信息服务。

正如"小明"的真名是"李明"一样，"3G"的真名是"IMT-2000"。3G 是国际电信联盟（ITU）于 1985 年提出的，当时被命名为未来公众陆地移动通信系统（FPLMTS，Future Public Land Mobile Telecommunication System）。1996 年，ITU 根据一些国家的建议，将 FPLMTS 更名为 IMT-2000，意即该系统工作在 2 000 MHz 频段，最高业务速率可达 2 000 kbit/s，预计在 2000 年左右得到商用。也就是说，3G 在室内、室外和机动环境中能够分别支持至少 2 Mbit/s、384 kbit/s 及 144 kbit/s 的传输速率。

从 1997 年开始，由于第二代移动通信系统的巨大成功，用户的高速增长与有限的系统容量和有限的业务之间的矛盾渐趋明显，3G 的标准化工作从 1997 年开始进入实质阶段。

1997 年 4 月，国际电信联盟（ITU）向各国发出了征集 3G 技术标准的信函，并制定了详细的 IMT-2000 无线传输技术（RTT，Radio Transmission Technology）时间表和步骤，要求全部提案在 1998 年 6 月 30 日之前提交到国际电信联盟。对于早已经涉足 3G 的欧美通信巨头来说，角逐 3G 市场志在必得。

20 年前，中国代表团参加 ITU 这类国际组织会议，通常做的事情被戏称为"3S"，即 Smile（微笑）、Stand（起立）、Silence（沉默）。由于当时参与度不高，因而我国代表团一般被认为是听众的角色。因为没有自己提出的标准，中国在第一代（1G）和第二代（2G）移动通信产业上付出了沉重的代价。从基站、交换机到手机，中国移动通信市场的格局基本被欧美通信巨头把持。有数据显示，在 1G、2G 阶段，中国的企业曾对外支付专利使用费 2 500 亿 ~ 5 000 亿元，通信网络建设几千亿人民币的投入中绝大部分被外商赚走。如果在 3G 的竞争上，中国民族通信业不在标准上超前，1G 和 2G 的被动局面将会再现。而对中国相关部门和大多数厂商来说，这仍将习惯性地被认作是一次缺席的赛事。

大唐电信集团不甘心弃权，为之做了大量富有成效的工作，最终提出了 TD-SCDMA 第三代移动通信技术提案。时任电信科学技术研究院副院长的李世鹤提出：在 SCDMA 技术的基础上引入时分多址技术，并将这项技术命名为 TD-SCDMA。李世鹤本人也被誉为"TD-SCDMA 之父""中国 3G 之父"（如图 5-21 所示）。这种技术的优势是不需要对称频段，可以见缝插针，灵活方便地规划、使用日益紧张的频谱资源。此外，还可以灵活地设置上下行业务占用时间，最大限度地利用带宽和系统资源，非

图 5-21　李世鹤

常适合未来应用广泛的数据业务需求。

1998 年年初，原信息产业部确定 TD-SCDMA 成为我国的第三代移动通信技术，并支持其成为第三代全球移动通信标准，参与 ITU 角逐。此时，距离 6 月 30 日的标准方案提交截止日只剩下 3 个月的时间。

时间相当紧迫，大唐人为此开展了艰苦卓绝、可以说在国内前无古人的标准起草工作。直到 6 月 29 日下午，时任信息产业部部长的吴基传才在这份名为"TD-SCDMA 第三代移动通信标准建议"的文件上签名。6 月 30 日下午，在截稿前的几个小时，大唐电信将这份代表中国 3G 方案的标准发送到国际电信联盟。

各国一共向 ITU 提出了 15 个技术方案。此后的一年半时间中，ITU 相继又召开了几次会议，对各种标准提案进行了筛选和技术研讨，大唐电信代表中国提出的 TD-SCDMA 一路突围而来，其中艰辛一言难尽。

面对外国通信巨头"把中国提出的 TD-SCDMA 标准扼杀在摇篮之中"的企图，中国政府相关主管部门明确表示：如果中国标准不被采用，中国也有足够的市场空间来支持自己的标准，仍然要采纳运用 TD-SCDMA ！

1999 年 3 月 18 日，芬兰政府向 4 家电信公司发放了 3G 牌照，是世界上第一个发放"通向未来"的移动牌照国家，由此引发了 3G 牌照发放的巨大热潮，一波接着一波。所谓的 3G 牌照，是指无线通信与国际互联网等多媒体通信结合的新一代移动通信系统的经营许可权。就好比各行业的营业执照一样，得有国家有关部门许可才可经营此业务。

2000 年 5 月 5 日在土耳其举行的 ITU 全会上，投票表决结果揭晓：由中国大唐电信集团提出的 TDD 模式的 TD-SCDMA 系统，被采纳为国际 3G 标准之一，与欧洲提出的 WCDMA 和美国提出的 CDMA2000 同列三大主流无线接口标准，写入 3G 技术指导性文件《2000 年国际移动通信计划》。至此，中国真正拥有了第一个电信国际标准！

掌声响起来，整个会场沸腾了。远隔万里的北京学院路 40 号也沸腾了！一位华裔美国代表团成员紧紧握住大唐电信代表的手说："中国终于有一家公司可以拿着口袋向全世界收知识产权费用了！"国际标准的确立，意味着中国人在一直是由外国人制订游戏规则的全球电信市场上第一次有了话语权，这是中国信息产业历史上的第一次！

2007 年 10 月 19 日，国际电信联盟在日内瓦举行的无线通信全体会议上，经过多数国家投票通过，全球微波互联接入（WiMAX, Worldwide Interoperability for Microwave Access）

正式被批准成为继 WCDMA、cdma2000 和 TD-SCDMA 之后的第 4 个全球 3G 标准，成为业界一时热议的"黑马"，如图 5-22 所示。

WiMAX 之所以能兴风作浪，显然有自身的诸多优势。而各厂商也正是看到了 WiMAX 的优势可能引发的强大市场需求才对其抱有浓厚的兴趣。WiMAX 可以实现更远的传输距离（50 km 左右）、提供更高速的宽带接入（70 Mbit/s），可提供优良的最后 1 000 m 无线网络接入并提供多媒体通信服务。IP 通信的巨大成功，促成了 WiMAX 的快速成长，从默默无闻到闻名天下，WiMAX 走出了一条惊世之路。

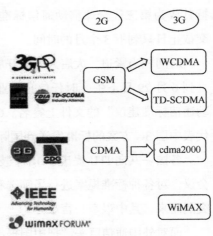

图 5-22　3G 的四大标准

2009 年 1 月 7 日下午，工业和信息化部在内部举办小型牌照发放仪式，确认国内 3G 牌照发放给 3 家运营商，为中国移动、中国电信和中国联通分别发放了 TD-SCDMA、cdma2000 和 WCDMA 3 张 3G 牌照。由此，2009 年成为我国的 3G 元年，我国正式进入第三代移动通信时代。

在 3G 四大标准中，CDMA 这一字眼曝光率最高，它是第三代移动通信系统的技术基础，具有频率规划简单、系统容量大、频率复用系数高、抗多径能力强、通信质量好、软容量、软切换等特点。

5.2.4　LTE-Advanced 决战 802.16m

第四代移动通信系统（4G，4th Generation Mobile Communication），具备速率更高、通信灵活、智能性高、高质量通信、费用便宜的特点，并能够满足几乎所有用户对于无线服务的要求。

2008 年 3 月，国际电信联盟无线电通信部门（ITU-R）发布了国际移动通信高级（IMT-Advanced）规范。它规定了 4G 通信的系列要求，将高移动性通信场景（如火车和汽车）下 4G 服务的峰值速率要求设定为 100 Mbit/s，低移动性通信场景（如行人和固定用户）下 4G 服务的峰值速率要求设定为 1 Gbit/s。

2009 年 10 月 14 ～ 21 日，国际电信联盟在德国德累斯顿举行 ITU-R WP5D 工作组第

6 次会议，征集遴选新一代移动通信候选技术。中国政府高度重视此次会议，工业和信息化部组团参会，并提交了具有自主知识产权的 TD-LTE-Advanced 技术方案。

国际电信联盟收到来自中国、日本、韩国、欧洲标准化组织 3GPP 和北美标准化组织 IEEE 的共 6 项 4G 候选技术提案。这些提案涵盖了 LTE-Advanced 和 802.16m 两种技术，且都包含了 TDD 和 FDD 两种制式。LTE-Advanced 得到国际主要通信运营企业和制造企业的广泛支持。国际电信联盟确定 LTE-Advanced 和 802.16m 为 4G 国际标准的候选技术。

TD-LTE-Advanced(LTE-Advanced TDD 制式）是继 TD-SCDMA 之后，中国提出的具有自主知识产权的新一代移动通信技术。它吸纳了 TD-SCDMA 的主要技术元素，体现了我国通信产业界在宽带无线移动通信领域的最新自主创新成果。

2010 年 10 月 20 日，国际电信联盟无线通信部门（ITU-R）第 5 研究组国际移动通信工作组（WP5D）第 9 次会议在重庆闭幕。各国参会代表对包括我国提交的 TD-LTE-Advanced 在内的 6 项技术提案进行了深入的研究讨论，最终达成共识，确定 LTE-Advanced（包含 TD-LTE-Advanced）和 802.16m 为新一代移动通信国际标准。

2012 年 1 月 18 日，国际电信联盟在 2012 年无线电通信全会全体会议上，正式审议通过将 LTE-Advanced 和 WirelessMAN-Advanced(802.16m）技术规范确立为 IMT-Advanced 国际标准，我国主导制定的 TD-LTE-Advanced 同时成为 4G 国际标准，标志着我国在移动通信标准制定领域再次走到了世界前列，为 TD-LTE 产业的后续发展及国际化提供了重要基础。这标志着 4G 标准正式敲定。

LTE-Advanced 是 LTE 的升级版，那么为何两种标准都能成为 4G 标准呢？LTE-Advanced 的正式名称为 Further Advancements for E-UTRA，它满足 ITU-R 的 IMT-Advanced 技术征集的需求，是 3GPP 形成欧洲 IMT-Advanced 技术提案的一个重要来源。LTE-Advanced 是一个后向兼容的技术，完全兼容 LTE，是演进而不是革命，相当于高速分组接入（HSPA，High Speed Packet Access）和 WCDMA 这样的关系。

LTE-Advanced 的优势包括：带宽为 100 MHz；下行峰值速率为 1 Gbit/s，上行峰值速率为 500 Mbit/s；下行峰值频谱效率为 30 bit/(s·Hz），上行峰值频谱效率为 15 bit/(s·Hz）；针对室内环境进行优化；有效支持新频段和大带宽应用；峰值速率大幅提高，频谱效率有限改进。

严格来讲，LTE 作为 3.9G 移动互联网技术，LTE-Advanced 作为 4G 标准更加确切一些。

LTE-Advanced 的入围，包含 TDD 和 FDD 两种制式，其中，TD-SCDMA 能进化到 TDD 制式，而 WCDMA 网络能进化到 FDD 制式。移动主导的 TD-SCDMA 网络期望能够绕过 HSPA+ 网络而直接进入到 LTE。

WirelessMAN-Advanced 就是 WiMAX 的升级版，即 IEEE 802.16m 标准，802.16 系列标准在 IEEE 正式称为 WirelessMAN，而 WirelessMAN-Advanced 即为 IEEE 802.16m。其中，802.16m 最高可以提供 1 Gbit/s 的无线传输速率，还将兼容未来的 4G 无线网络。802.16m 可在"漫游"模式或高效率/强信号模式下提供 1 Gbit/s 的下行速率。

该标准还支持"高移动"模式，能够提供 1 Gbit/s 速率。其优势包括：提高网络覆盖，改建链路预算、提高频谱效率、提高数据和网络电话（VoIP，Voice over Internet Protocol）容量、低时延和 QoS 增强、节省功耗。

WirelessMAN-Advanced 有 5 种网络数据规格，其中，极低速率为 16 kbit/s，低速数据和低速多媒体为 144 kbit/s，中速多媒体为 2 Mbit/s，高速多媒体为 30 Mbit/s，超高速多媒体则达到了 30 Mbit/s ~ 1 Gbit/s。

2013 年 12 月 4 日，工业和信息化部正式向中国移动、中国电信、中国联通颁发"LTE/第四代数字蜂窝移动通信业务（TD-LTE）"经营许可（也就是 4G 牌照），并分配相应的频谱资源。其中，中国移动获得 130 MHz 频谱，包括 1 880 ~ 1 900 MHz、2 320 ~ 2 370 MHz、2 575 ~ 2 635 MHz 频段；中国联通获得 40 MHz 频谱，包括 2 300 ~ 2 320 MHz、2 555 ~ 2 575 MHz 频段；中国电信获得 40 MHz 频谱，包括 2 370 ~ 2 390 MHz、2 635 ~ 2 655 MHz 频段。这标志着我国通信行业进入 4G 时代。

作为国际主流 4G 标准之一，TD-LTE 具有网速快、频谱利用率高、灵活性强的特点。TD-LTE 制式具有灵活的带宽配比，非常适合 4G 时代用户的上网浏览等非对称业务带来的数据井喷，更能充分提高频谱利用效率。至此，移动互联网的网速达到了一个全新的高度。

三大电信运营商均获得了 TD-LTE 牌照，并分配了大量频谱，对全球 4G 产业的发展，尤其是 TD-LTE 的发展具有战略意义。中国移动在牌照发放前已经启动 20.8 万个基站的建设，在商用启动短期内，就将成为国际上网络规模最大的 4G 运营商之一，有利于强化我国对 TD-LTE 产业的引领作用。

当然，也需要看到，国际上大部分 TD-LTE 运营商均是 TD-LTE/LTE FDD 双模组网的运营商，而且这些运营商大多数将 TD-LTE 定位于 LTE FDD 和 3G 的数据性补充网络，网络部署规模小于 LTE FDD。我国大规模部署 TD-LTE 网络，对坚定国际产业信心、采用 TD-LTE 作为 4G 主体网络，可以起到重要的示范作用。

2015 年 2 月 27 日，工业和信息化部向中国电信集团公司和中国联合网络通信集团有限公司发放 "LTE/ 第四代数字蜂窝移动通信业务"（LTE FDD）经营许可。TD-LTE 和 LTE FDD 都是新一代移动通信的国际标准，TD-LTE 和 LTE FDD 相互融合并共同发展已成为未来全球移动通信产业的趋势，手机终端多模多频发展，LTE 系统设备共平台研发制造。

在 TD-LTE 已商用的情况下，发放 LTE FDD 牌照，可以更充分地利用我国已规划的 TDD 和 FDD 制式的无线电频率资源，方便用户在国内、国外都能很好地使用移动通信业务。2014 年 6 月以来，工业和信息化部有序组织中国电信、中国联通分别在 56 个城市开展了 LTE 混合组网试验，系统验证了两种制式融合组网的技术成熟度和发展模式，积累了发展经验。

LTE 混合组网就是统筹发挥 TD-LTE 和 LTE FDD 的技术优势，充分利用 TDD/FDD 频率资源，在 LTE 网络中同时包含 1 张共用的核心网和 TD-LTE、LTE FDD 两种无线网络接入方式，结合各覆盖区域实际需求和频率情况灵活选择 LTE 基站的制式，两者相互补充、相互配合，共同实现网络的深度覆盖和广覆盖，最大化提升整体网络容量。两种接入方式间可以实现互操作以及共网管，可以实现 LTE 终端自由地切换网络、TD-LTE/LTE FDD 网络间流量负载均衡等功能，共同为用户提供 4G 服务。

发放 LTE FDD 牌照，推动 4G 技术在我国的融合发展，有利于发挥国内市场的规模效应，带动全球 4G 产业的融合发展，促进信息消费并拉动投资增长，加快我国产业抢占国际 4G 创新的制高点，并提高我国在全球第五代移动通信系统（5G，5th Generation Mobile Communication）发展中的话语权。

截至 2018 年 11 月末，三家基础电信企业的移动电话用户总数达 15.6 亿户，同比增长 10.6%，1 ~ 11 月净增 1.42 亿户。其中，移动宽带用户（3G 和 4G 用户）总数达 13 亿户，占移动电话用户的 83.6%；4G 用户规模保持为 11.6 亿户，占移动电话用户的 74.3%，较上年末提高 4 个百分点。

5.2.5　5G 开启万物智能时代

5G 是 4G 之后的延伸，其理论的下行速率为 10 Gbit/s。由于物联网尤其是互联网汽车等产业的快速发展，其对网络速率有着更高的要求，这无疑成为推动 5G 网络发展的重要因素。

5G 的标志性能力指标为"Gbit/s 用户体验速率"，一组关键技术包括大规模天线阵列、超密集组网、新型多址、全频谱接入和新型网络架构。大规模天线阵列是提升系统频谱效率最重要的技术手段之一，对满足 5G 系统容量和速率需求将起到重要的支撑作用；超密集组网通过增加基站部署密度，可实现百倍量级的容量提升，是满足 5G 千倍容量增长需求最主要的手段之一；新型多址技术通过发送信号的叠加传输来提升系统的接入能力，可有效支撑 5G 网络千亿设备连接需求；全频谱接入技术通过有效利用各类频谱资源，可有效缓解 5G 网络对频谱资源的巨大需求；新型网络架构基于软件定义网络（SDN，SoftwareNetwork Defined）、网络功能虚拟化（NFV，Network Function Virtualization）和云计算等先进技术可实现以用户为中心的更灵活、智能、高效和开放的 5G 新型网络。

2013 年 5 月 13 日，韩国三星电子有限公司宣布，已成功开发 5G 的核心技术，这一技术预计将于 2020 年开始推向商业化。该技术可在 28 GHz 超高频段以 1 Gbit/s 以上的速率传送数据，且最长传送距离可达 2 km。

2014 年 5 月 8 日，日本电信营运商 NTT DoCoMo 正式宣布将与爱立信、诺基亚、三星等 6 家厂商共同合作，开始测试凌驾现有 4G 网络 1 000 倍网络承载能力的高速 5G 网络，传输速率有望提升至 10 Gbit/s。

2015 年 3 月 1 日，英国已成功研制 5G 网络，并进行 100 m 内的传送数据测试，每秒数据传输高达 125 GB，是 4G 网络的 6.5 万倍，理论上 1 s 可下载 30 部电影。

2015 年 3 月 3 日，欧盟数字经济和社会委员古泽·奥廷格正式公布了欧盟的 5G 公司合作愿景，力求确保欧洲在下一代移动技术全球标准中的话语权。

2015 年 9 月 7 日，美国移动运营商 Verizon 无线公司宣布，将从 2016 年开始试用 5G 网络，2017 年在美国部分城市全面商用。

2016 年 1 月 7 日，工业和信息化部正式启动 5G 技术研发试验，这意味着我国 5G 发展进入技术研发及标准研制的关键阶段。具体来看，5G 技术研发试验分为 5G 关键技术试验、5G 技术方案验证和 5G 系统验证 3 个阶段实施，到 2018 年完成 5G 系统的组网技术性能测试和 5G 典型业务演示。

根据总体规划，我国 5G 试验将分两步走。第一步，2015—2018 年进行技术研发试验，由中国信息通信研究院牵头组织，运营企业、设备企业及科研机构共同参与；第二步，2018—2020 年，由国内运营商牵头组织，设备企业及科研机构共同参与。

2017 年 2 月 9 日，国际通信标准化组织 3GPP 宣布了 "5G" 的官方 Logo，如图 5-23 所示。

2017 年 11 月 15 日，工业和信息化部发布《关于第五代移动通信系统使用 3 300 ～ 3 600 MHz 和 4 800 ～ 5 000 MHz 频段相关事宜的通知》，确定 5G 中频频谱，能够兼顾系统覆盖和大容量的基本需求。

2017 年 12 月 21 日，在国际电信标准组织 3GPP RAN 第 78 次全体会议上，非独立组网（NSA)5G 标准

图 5-23 "5G" 的官方 Logo

被冻结，但这只是一种过渡方案，仍然是依托 4G 基站和网络，只是空口用了 5G，算不上真正的 5G 标准，大家都在等待独立组网标准。

2017 年 11 月 21 日，国家发展改革委员会发布《关于组织实施 2018 年新一代信息基础设施建设工程的通知》，要求 2018 年将在不少于 5 个城市开展 5G 规模组网试点，每个城市 5G 基站数量不少于 50 个、全网 5G 终端不少于 500 个。

2018 年 2 月 23 日，在世界移动通信大会召开前夕，沃达丰和华为宣布，两公司在西班牙合作采用非独立的 3GPP 5G 新无线标准和 Sub 6 GHz 频段完成了全球首个 5G 通话测试。

2018 年 6 月 13 日，国际电信组织 3GPP 在第 80 次 TSG RAN 全会上冻结并发布了 5G 独立组网标准——独立组网（SA，Standalone）方案，这标志着首个真正完整意义的国际 5G 标准正式出炉。根据 3GPP 确定的 5G 标准化进程，预计在 2019 年 12 月，将完成满足国际电信联盟（ITU）全部要求的完整 5G 标准。

2018 年 6 月 14 日，3GPP 全会（TSG#80）批准了第五代移动通信技术标准（5G NR）独立组网功能冻结。加之 2017 年 12 月完成的非独立组网 NR 标准，5G 已经完成了第一阶段全功能标准化工作，进入了产业全面冲刺新阶段。

2018 年 6 月 28 日，中国联通公布了 5G 部署：将以 SA 为目标架构，前期聚焦 eMBB，5G 网络计划 2020 年正式商用。

2018 年 11 月 21 日，重庆首个 5G 连续覆盖试验区建设完成，5G 远程驾驶、5G 无人机、虚拟现实等多项 5G 应用同时亮相。

2018 年 12 月 1 日，韩国三大运营商（SK、KT 与 LG U+）同步在韩国部分地区推出 5G 服务，这也是新一代移动通信服务在全球首次实现商用。第一批应用 5G 服务的地区为

首尔、首都圈和韩国六大广域市的市中心，以后将陆续扩大范围。按照计划，韩国智能手机用户于 2019 年 3 月左右可以使用 5G 服务，预计 2020 年下半年可以实现 5G 全覆盖。

2018 年 12 月 7 日，工业和信息化部同意联通集团自通知日至 2020 年 6 月 30 日使用 3 500 ～ 3 600 MHz 频段，用于在全国开展第五代移动通信系统试验。

2018 年 12 月 10 日，工业和信息化部正式对外公布，已向中国电信、中国移动、中国联通发放了 5G 系统中低频段试验频率的使用许可。这意味着各基础电信运营企业开展 5G 系统试验所必须使用的频率资源得到保障，向产业界发出了明确信号，进一步推动我国 5G 产业链的成熟与发展。

2019 年 6 月 6 日，工业和信息化部正式向中国电信、中国移动、中国联通、中国广电发放 5G 商用牌照。我国正式进入 5G 商用元年。

5.3 ZigBee

在智能硬件和物联网领域，时下大名鼎鼎的 ZigBee 可谓是无人不知、无人不晓。除了 Wi-Fi、蓝牙之外，ZigBee 是目前最重要的无线通信协议之一，主要应用于物联网和智能硬件等领域。

如同计算机从单任务到多任务的跨越一般，人类将从事事亲历亲为却免不了顾此失彼的尴尬中解脱出来，同时兼顾生活与工作的方方面面，一切将变得从容而妥当。最为诱人的是，这样的效率不需要被烦冗杂乱的设备线路所缠绕，无线传感 ZigBee 将工作与生活的广阔空间浓缩于双手可以掌控的距离。

5.3.1 ZigBee 舞步

现在的好多展览会议上都会看到小米智能家庭套装。小米智能家庭套装由多功能网关、人体传感器、门窗传感器和无线开关 4 件产品组成，如图 5-24 所示。家庭套装均内置小米智能模块，采用 ZigBee 组网协议，最关键的部件是恩智浦（NXP）的工业级 ZigBee 射频芯片——JN5168。JN5168 拥有一颗高性能 32 比特精简指令集计算机（RISC，Reduced Instruction Set Computer）CPU，数据处理能力和 ZigBee 组网能力有了突破性提升，且支持包括 ZigBee 家庭自动化、ZigBee 灯控、ZigBee 智慧能源和 RF4CE 等多种无线协议栈，为小米多功能网关快速接入互联网提供了强大的基础。同时，JN5168 拥有极低的休眠功耗电流（低至 100 nA），且拥有优越的接收灵敏度，支持硬件自动重发，能够确保数据包成功到达目的地。

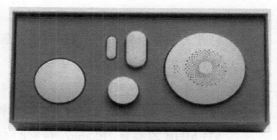

图 5-24　小米智能家庭套装

什么是 ZigBee？从字面上猜像是一种蜜蜂。因为"ZigBee"这个词由"Zig"和"Bee"两部分组成："Zig"取自英文单词"Zigzag"，意思是走"之"字形；"Bee"的英文是蜜蜂的意思，因而"ZigBee"就是跳着"之"字形舞的蜜蜂。不过，ZigBee 并非是一种蜜蜂，事实上，它是与蓝牙类似的一种短距离无线通信技术，国内也有人翻译成"紫蜂"。下面就让我们一起进入这只蜜蜂的世界，与蜂共舞吧！

这只蜜蜂的由来还是要从它的历史开始说起。1999 年，蓝牙热潮席卷全球，然而发展数年，一直受芯片价格高、厂商支持力度不够、传输距离限制及抗干扰能力差等问题的困扰。蓝牙因技术复杂、成本高、传输距离短而不能应用于无线传感网络（WSN，Wireless Sensor Network）上。于是，20 世纪末，科学家着手开发一种新的通信技术，用于传感控制应用，这就是 ZigBee。

当前，众多智能设备都采用了 Wi-Fi 和蓝牙技术，小米为什么看上了非主流的 ZigBee 协议呢？因为 ZigBee 是唯一完整、可互操作的物联网解决方案，涵盖网状网络层到通用语言层，使智能产品能够协同工作。

ZigBee 是一种低速 WPAN，也是一种简单的、低成本的通信网络，这种网络支持有限功率、允许灵活应用的无线连接。ZigBee 的主要目标是在家电、传感器和监视器之间，实现易安装、数据传输可靠、短距离工作、低成本和低功耗的无线网络。同时，支持简单、灵活的网络拓扑。

ZigBee 技术的优势如下。

● **互操作性强**：认证程序保证设备和设备之间的互操作。多个供应商组成的生态圈都使用同一种应用层通用语言，采用以往应用层标准的设备可以加入 ZigBee 网络，ZigBee 设备也可以加入采用以往应用层标准的网络。

- 不同行业，同一方案：适用于家居、建筑、工业、零售、健康等领域。不同领域的开发人员和用户，同样的选择，能够有效解决市场碎片化难题。同一个应用层可以满足完整部署方案的要求。

- 可在多个免授权频段上运行：包括 2.4 GHz（全球）、915 MHz（美洲）和 868 MHz（欧洲），相应可实现的原始数据传输速率分别为：2.4 GHz（16 信道）250 kbit/s，915 ~ 921 MHz（27 信道）10 kbit/s 和 868 MHz（63 信道）100 kbit/s，传输距离范围为 75 ~ 100 m（室内），Sub GHz 信道的传输距离可达 1 km。

- 大容量：ZigBee 可采用星形、树状和网状结构，每台物理设备可支持 240 台逻辑设备，最多可组成 65 000 个节点的大网。

- 安全可靠：ZigBee 专为主流商业应用中常见的恶劣射频环境而设计。利用 802.15.4 无线协议的直序扩频（DSSS，Direct Sequence Spread Spectrum）技术，包括冲突避免、接收能量检测、链路质量指示、空闲信道评估、消息确认、AES-128 加密、支持保障时隙模式和数据包时效性等功能。ZigBee 网络为产品制造商提供高度可靠的无线通信解决方案。

- 便捷易用：所有需要的文件都集中在一处，每件认证产品和包装上都使用统一认证标志。

- 稳定可靠：经过验证的网状网络，消除单个节点故障的影响，可扩展为大规模的网络。具备自我修复能力和可扩展性，能够支持成百个设备组成的网络。

- 全球通用：采用 2.4 GHz 频段，确保产品可免频段使用许可费在全球部署。

- 实践验证：已认证产品达到 2 500 款，已部署产品达到 3 亿件。

- 绿色环保：ZigBee 网络是特别为能量捕获设备和超低功耗设备量身打造的网络。ZigBee 路由器都具备绿色电力代理功能，为能量捕获设备提供网状网络支持。

- 未来保障有力：由在物联网行业深耕多年的 400 多家成员公司开发并推向市场，在 ZigBee 的生态圈中既有行业大鳄和老牌企业，又有初创公司和新生力量。

在小米智能家庭套装中，人体传感器、门窗传感器、无线开关与多功能网关使用 ZigBee 进行组网通信，而多功能网关则是通过 Wi-Fi 技术接入无线路由器、小米云和其他智能设备的，如图 5-25 所示。

多功能网关将采用 ZigBee 协议的 JN5168 芯片和 Wi-Fi 模块集成到一块小小的印制电

路板（PCB，Printed Circuit Board）上。JN5168 芯片和 Wi-Fi 模块的工作频段都是 2.4 GHz，为什么不会互相干扰呢？

这是因为，ZigBee 在 2.4 GHz 频段使用 16 条带宽为 5 MHz 的独立信道（每条信道带宽为 2 MHz），其中，有些信道与美国和欧洲版本的 Wi-Fi 并不重叠。同时，ZigBee 采用了 IEEE 802.15.4 定义的载波监听多路访问 / 冲突避免（CSMA/CA，Carrier Sense Multiple Access with Collision Avoidance）协议，可降低干扰其他用户的可能性，ZigBee 还使用数据自动

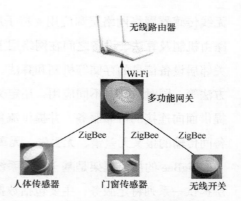

图 5-25　小米智能家庭套装采用的通信协议

重传来确保网络的稳健性。由于 ZigBee 占空比非常低，因而传输的分组数据单元相对较少，从而降低了传输失败的可能性。按照监管要求，ZigBee 已经减轻了对 sub GHz 的干扰。另外，ZigBee 还包含功率测量功能以减少功率输入，从而用所需的精确功耗实现通信。在由多个节点组成，这样做能够降低节点之间的干扰。

5.3.2　ZigBee，让无线无处不在

无所不在的网络将可提供一种任何时间、任何地点的信息访问服务。例如，一辆配备有无线定位系统的急救车，可准确定位突发事故现场，利用无线网络获取实时的交通信息。在事故现场，通过便携式和移动式设备监测病人的脉搏、血压、呼吸等数据，通过无线网络访问分布式的医疗服务系统，下载有关病历数据等必要信息。除了基于定位系统的应急响应机制，系统的功能还包括基于移动设备和无线网络的远程医疗诊断、远程病人监护，以及远程访问存有患者病历信息的医疗数据库。

作为一项基于 IEEE 802.15.4 无线标准的安全网络技术，ZigBee 有希望让无线传感器出现在各种应用中：从工厂的自动化系统到家庭保安系统和消费电子产品。ZigBee 非常适用于无线电灯开关、无线调温器和烟感探测器，成为包围办公室、家庭和交通工具的无线设备，而建立自动化传输房门、水表、摄像、自动售货机和火警等系统信息的数据网络将成为其最大的市场空间。

GB/T 30269.301–2014《信息技术　传感器网络　第 301 部分：通信与信息交换：低速

无线传感器网络网络层和应用支持子层规范》规定了传感器设备加入和离开网络的机制、路由机制及算法、设备之间在网络层上的相互发现和路由维持、一跳邻居设备的发现和相关邻居设备信息的存储等机制和算法、新网络的建立方式以及新加入网络设备地址的分配方法等。同时，针对不同应用，还定义了相应的数据服务和管理服务。数据传输服务主要提供面向连接的可靠服务，并提供流量、差错和序列 3 个方面的控制，以实现两个节点设备间传输的报文无差错、无丢失、无重复和不乱序。

　　ZigBee 的协议框架是基于开放系统互连 7 层模型建立的。每一层都分别为邻居的上一层提供一系列特定服务，主要包括数据实体提供数据传输服务和管理实体提供除数据传输之外的其他各种服务。每一服务实体都通过服务接入点（SAP，Service Access Point）向其邻居的上一层提供一个接口，每一 SAP 都支持不同的服务原语以实现不同的功能要求。

　　ZigBee 协议栈由物理（PHY，Physical）层、媒体接入控制（MAC，Media Access Control）层、网络（NWK，Network）层和应用（APL，Application）层组成，如图 5-26 所示。IEEE 802.15.4 负责制定物理层和媒体接入控制层标准，ZigBee 联盟负责制定网络层和应用层标准。

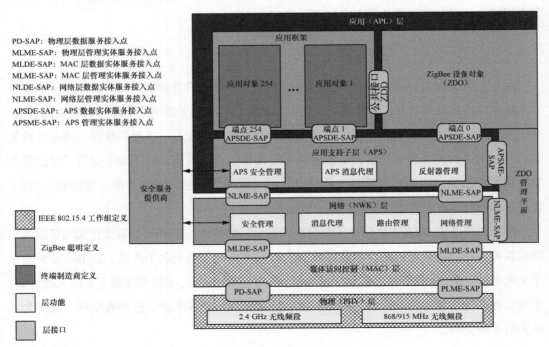

图 5-26　ZigBee 协议栈

GB/T 15629.15–2010《信息技术　系统间远程通信和信息交换　局域网和城域网　特定要求　第 15 部分：低速无线个域网（WPAN）媒体访问控制和物理层规范》提供了多种物理层定义，它的主要功能包括：打开和关闭收发器；对当前工作信道进行能量检测（ED，Energy Detection）；检测接收数据包的链路质量指示（LQI，Link Quality Indication）；载波监听多路访问 / 冲突避免（CSMA–CA，Carrier Sense Multiple Access with Collision Avoidance）机制下的空闲信道评估（CCA，Clear Channel Assessment）；信道频率选择；数据发送和接收。物理层可以工作于两个独立频段：868/915 MHz 和 2.4 GHz。低频率物理层使用的频率为 915 MHz（ 美洲 ）和 868 MHz（ 欧洲 ），高频率物理层使用的频率为 2.4 GHz（ 全球 ）。

　　GB/T 15629.15–2010《信息技术　系统间远程通信和信息交换　局域网和城域网　特定要求　第 15 部分：低速无线个域网（WPAN）媒体访问控制和物理层规范》的媒体访问控制（MAC）层提供了基于 CSMA–CA 机制的无线信道接入控制的定义，包括发送信标帧、同步以及提供可靠传输机制等。MAC 层提供高层访问物理无线信道的服务，其功能包括：协调器负责产生并发送网络信标帧；普通设备根据协调器的信标帧与协调器同步；支持个域网（PAN，Personal Area Network）的关联和解关联操作；支持无线信道的通信安全；利用 CSMA–CA 机制访问信道；支持时隙保障（GTS，Guaranteed Time Slot）机制；支持不同设备的 MAC 层间可靠传输。

　　网络层提供相应的功能来保证媒体访问控制层的正确操作，并为应用层提供合适的服务接口。网络层包括网络层数据实体（NLDE，Network Layer Data Entity）和网络层管理实体（NLME，Network Layer Management Entity）。数据实体提供数据传输服务，而管理实体提供所有其他服务。每一服务实体通过服务接入点向上层公开接口，且每一 SAP 支持许多服务原语以实现所需的功能。其中，NLDE 通过与其关联的网络层数据实体服务接入点（NLDE–SAP，Network Layer Data Entity–Service Access Point）提供数据传输服务。NLME 通过与其关联的网络层管理实体服务接入点（NLME–SAP，Network Layer Management Entity–Service Access Point）提供管理服务。NLME 使用 NLDE 来获得管理任务，并维护网络信息库（NIB，Network Information Base）。网络层应负责提供节点设备加入和离开网络机制、节点设备之间在网络层的路由发现和维护、一跳邻居发现和相关邻居信息的保存、节点设备间数据传输机制等。当需要发起一个新的网络时，无线网络协调器的网络层还需给新关联的节点设备分配适当的地址。

应用层主要负责把不同的应用映射到 ZigBee 网络上，具体功能包括：安全与鉴权、多个业务数据流的汇聚、设备发现、服务发现。它由应用支持子层（APS，Application Support Sub-Layer）、应用框架和 ZigBee 设备对象（ZDO，ZigBee Device Object）构成。APS 定义了数据服务与管理服务以及 APS 的帧格式和帧类型规范。数据服务允许应用对象传输数据，管理服务提供了绑定机制。APS 应提供相应功能以保证网络层的正确操作，以及制造商定义的应用对象所要求的功能。APS 通过一组为传感器网络设备对象和制造商定义的应用对象共用的服务，提供网络层和应用层之间的接口。这些服务通过两个数据服务和管理服务实体提供。APSDE 通过其关联的 SAP（APSDE-SAP）提供数据传输服务。APSME 通过其相关 SAP（APSME-SAP）提供管理服务，并维护被管理对象的数据库（AIB）。APS 提供维护设备间绑定关系表，保证两个绑定设备之间能与其服务要求和信息传递相匹配。传感器网络设备负责网络中设备角色（如协调器、节点设备）的定义、初始化和对绑定请示的响应、在两个网络设备之间建立安全关系等。

5.3.3　为 ZigBee 网络做个 CT

ZigBee 支持两种具有不同通信能力的设备：全功能设备（FFD，Full Function Device）和简化功能设备（RFD，Reduced Function Device）。FFD 之间以及 FFD 与 RFD 之间都可通信。RFD 之间不能直接通信，只能与 FFD 通信，或通过 FFD 向外转发数据。ZigBee 网络可组成星形网络或对等网络，如图 5-27 所示。

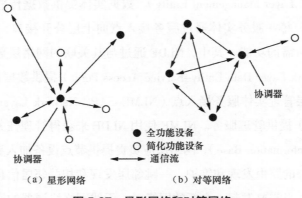

图 5-27　星形网络和对等网络

在星形网络中，所有普通设备都与中心设备（协调器）直接通信。协调器一般由持续电力系统供电，而其他设备以电池供电。星形网络以协调器为中心，所有其他设备都只能与网络协调器进行通信。星形网络形成时，一旦有一个全功能设备（FFD，Full Function Device）被启动，便以此建立网络并转为网络协调器。选择标识符后，网络协调器就允许其他设备加入自己的网络，并为这些设备转发数据帧。星形网络适用于智能家居、微型计算机的外设以及个人健康护理器材等有限范围的室内。

小米智能家庭套装采用的是星形组网模式。多功能网关就是一种全功能设备，而人体传感器、门窗传感器和无线开关等都是简化功能设备。人体传感器、门窗传感器和无线开关之间不能直接通信，只能与多功能网关通信。

与星形网络不同，对等网络只要彼此都在对方的无线辐射范围之内，任何两台设备之间都可以直接通信。对等网络中也需要网络协调器，用于管理链路状况信息、鉴别设备身份等。对等网络可支持自组织网络通信方式，允许通过多跳路由在网络中传输数据。对等网络可构造更复杂的网络拓扑，以适应设备分布范围广的应用。

在星形网络与对等网络的基础上，可构建混合网络拓扑，它包括 3 类设备：路由器、协调器与节点设备。路由器是一些节点设备的父节点，处于彼此无线辐射范围内的路由器之间可直接通信，节点设备与其对应的路由器可直接通信或通过多跳转发通信。混合网络形成时，可采用两种机制，即集中式与分布式两种混合网络结构形成机制，如图 5-28 所示。

在集中式混合网络结构的形成过程中，网络由一台全功能设备充当整个网络的网络协调器，负责为其他协调器分配标识符。网络协调器首先为该网络选择一个未被使用的个域网标识符，并形成网络中的第一个群组。接着，网络协调器开始发起新群组建立过程，使用新群组路由器选择算法决定邻居的新群组路由器并分配群组标识符，新群组路由器同样可选择其他设备成为群组路由器，从而形成混合路由器，进一步扩大网络的覆盖范围。节点设备在接收到邻居协调器（或路由器）的信标帧之后，就可申请加入该群组，由协调器（或路由器）的子节点设备加入其邻居清单。新加入的节点设备会将协调器（或路由器）作为其父节点设备加入到自己的邻居清单中。如果该节点设备为全功能设备，则可继续广播带有该群组标识符的信标帧，接受其邻居节点设备的加入请求，从而形成混合节点设备。

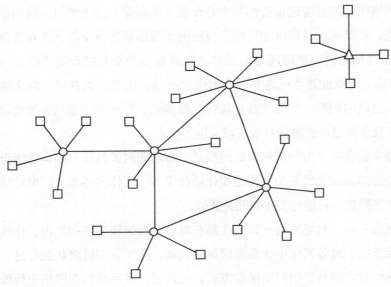

△：协调器
○：路由器
□：节点设备

图 5-28　混合网络

　　分布式混合网络结构中没有充当整个网络的网络协调器的节点设备，群组路由器基于分布式竞争方式产生，各群组路由器自主完成初始化及节点设备入网过程，群组路由器间连接关系对等。任意一个群组路由器均可成为网络的汇聚节点设备，以此为中心发起路由扩散过程。基于网络梯度（节点设备至汇聚节点设备的跳数）建立多对一的汇聚型路由，路由扩散半径可调，以提高网络的适应性，如支持不同速率的移动汇聚节点设备。

Chapter 6
第 6 章

应用层：物联网的
"加工厂"

应用层是物联网与行业专业技术的深度融合，与行业需求结合，实现行业智能化，这类似于人的社会分工，最终构成人类社会。物联网的应用已经覆盖到各个角落、各个领域，可以用"无所不包、无所不在"来形容。应用层涉及的关键技术可分为应用设计、应用支撑、终端设计 3 个子类。本节重点介绍应用支撑子类中的云计算、大数据和人工智能技术。

6.1　云计算

云计算是信息技术发展和服务模式创新的集中体现，是信息化发展的重大变革和必然趋势，是信息时代国际竞争的制高点和经济发展新动能的助燃剂。云计算引发了软件开发部署模式的创新，成为承载各类应用的关键基础设施，并为物联网、大数据、人工智能等新兴领域的发展提供基础支撑。

随着云计算步入第二个发展的 10 年，全球云计算市场趋于稳定增长，容器、微服务、DevOps 等技术在不断地推动着云计算的变革。云计算的应用已经深入政府、金融、工业、交通、物流、医疗健康等传统行业。云计算的安全问题和风险管理的形势也日益严峻。

6.1.1　云计算史话

水是有源的，树是有根的，云计算大红大紫也是有原因的！云不是仙女，从云端降落，是有师承渊源的。分析这片即将落雨的云，不难看出，云计算并不是革命性的新发展，而是历经数十载不断演进的结果。

1. 沃森的 5 台计算机

针对电子计算机，IBM 公司的创始人托马斯·沃森（Thomas Watson），如图 6-1 所示，曾经有一个非常著名的预言。1943 年，他胸有成竹地告诉人们："我想，5 台计算机足以满足整个世界市场。"这个在当时为世人嘲笑的预言在当下又被重视起来。这个梦想的实现有赖于云计算模式的发展。待云计算发展成熟后，或许沃森的预言就可以成为现实了。

图 6-1　托马斯·沃森
（Thomas Watson）

现在看来，这 5 台计算机是指谷歌、雅虎、微软、IBM 和亚马逊这几家公司构建的超级计算机，如图 6-2 所示。许多人估计沃森当时说的是 5 亿台，秘书肯定少记了一个字，差点毁了沃森的一世英名。

2. 麦卡锡的水电论

1961 年，人工智能之父约翰·麦卡锡（John McCarthy），如图 6-3 所示，出席了麻省理工学院百年诞辰纪念会。人们都等待着听他关于人工智能研究进展的学术报告，他却出人意料地大谈特谈"分时"技术，即把时间分割成片段实现多人共享一台计算机，但几乎感觉不到别人也在操作。他强调说："如果我所倡导的计算机能成为未来计算机，那么我们有朝一日可能会像使用电话等公共资源一样来使用计算机资源计算……计算机程序可能成为一种非常重要的新型基础性行业。"这就是效用计算的核心思想。

图 6-2　云计算时代的"霸主"

图 6-3　约翰·麦卡锡（John McCarthy）

麦卡锡的这种想法在提出之初曾经风靡过一阵，但真正的实现却是在互联网日益普及的 20 世纪末。这其中一家具有先驱意义的公司是甲骨文前执行官贝尼奥夫创立的 Salesforce 公司。1999 年，这家公司开始将一种客户关系管理软件作为服务提供给用户，很多用户在使用这项服务后提出了购买软件的意向，该公司却死活不干，坚持只作为服务提供，这是云计算的一种典型模式，叫作"软件即服务"。

3. 盖奇：网络就是计算机

1982 年，安迪·贝托斯黑姆、比尔·乔伊、温诺德·科斯拉和斯科特·麦克利尼在斯坦福大学创建了 SUN 微系统公司，其第一台工作站问世。约翰·盖奇（John Gage），如图 6-4 所示，他是比尔·乔伊在加州大学伯克利分校的同事，是一位数学讲师，后来迷上了计算机，再后来几乎成为 SUN 的形象代言人。1982 年，已成为教师的盖奇依然生活在伯克利，微薄的收入无法负担盖奇的日常消费，他便在一家书店兼职，正是在这家书店中，盖奇与计算机高手乔伊再次相遇。乔伊告诉盖奇他刚刚遇到了几位搞硬件技术而又懂得软件应用的人，他们打算开一家公司。盖奇作为联合创始人被称为 SUN 微系统公司的第 5 人。

图 6-4　约翰·盖奇
（John Gage）

SUN 微系统公司的标志性口号"网络就是计算机"，不是源于斯科特·麦克利尼，而是由约翰·盖奇在 1984 年提出的。盖奇是在去中国出差的路上想到了这句话，但是很少有人知道这句话还有后半部分："计算机就是操作手册"。这句话的意思是要告诉人们使用计算机应该是一种不解自明的体验，不需要借助操作说明。

"网络就是计算机"的内涵即网络是通过结合很多的计算机而产生的。盖奇发现网络比计算机本身的价值更高。因为许多资源需要互相结合在一起，没有分享就没有价值。而现在，可以发现这个理念是越演越烈。不仅仅是计算机，手机、电视、汽车等所有的设备都可以联在一起。这也是一个网络的概念，但是这个联合的概念已经超越了计算机。它产生的高效率是很难想象的。

1995 年，在巴黎举行的欧洲信息技术论坛上，甲骨文总裁拉里·埃里森（Larry Ellison）在即兴演讲中介绍了网络计算机（NC，Network Computer）的概念，被看作是对 SUN 公司宣传语的一个回应。埃里森所谓的网络计算机，是指配置简单却能充分利用网络资源的低价计算机，不需要不断更新的硬件设备和越来越复杂、庞大的操作系统，没有软盘和硬盘，只要打开电源用浏览器连上网络，就可以获得信息和存储文件，售价将不高于 500 美元。盖茨紧接着埃里森发言，他认为网络计算机没有任何价值，只是大型机哑终端的翻版。但这一天的胜利是属于埃里森的，网络计算机的报道出现在所有报刊的主要版面上。虽然 Oracle 集合了 IBM、SUN、苹果和网景在 1996 年制定了网络计算机的标准，但事实上没有一台网络计算机生产出来。

不过，提出这一口号的 SUN 微系统公司，却在第一次互联网衰退中失去了争夺业界霸主地位的可能。2009 年 4 月 20 日，甲骨文宣布以 47 亿美元的价格并购 SUN 微系统公司，该公司很可能会逐渐淡出人们的视野。而论战的另一方，微软却几乎让人们感觉到了 IE 就是互联网。

4. 盖茨与《备忘录》

1989 年，比尔·盖茨（Bill Gates）（如图 6–5 所示）在谈论"计算机科学的过去、现在与未来"时，提出"把你的计算机当作接入口，一切都交给互联网吧！用户只需要 640 KB 的内存就足够了。"当时，所有的程序都很省、很小，100 MB 的硬盘简直用不完。互联网还在实验室被开发着，超文本协议刚刚被提出。它们的广泛应用，将在 6 年之后开始。

曾经有人建议盖茨先生可以收回这句话，因为打开他们家的"窗户"（Windows 操作系统）实在是太费劲了，640 kN 还差不多。但随着云计算的出现，这些预言正在逐渐成为现实。云计算被它的吹捧者视为"革命性的计算模型"，因为它使得超级计算能力通过互联网自由流通成为可能。企业与个人用户无须再投

图 6-5　比尔·盖茨（Bill Gates）

入昂贵的硬件购置成本，只需要通过互联网来购买租赁计算力。

"下一场巨大的变革正等待着我们！"这是盖茨 2005 年 10 月 30 日发给微软公司高级经理和工程师的一份非同寻常的《备忘录》上的话。按照盖茨的退休计划，盖茨已在 2008 年 6 月 27 日退休，不再到公司——微软这一个人 PC 时代的"超级帝国"——处理日常工作。在这份备忘录上，盖茨似乎已经清晰地感受到：短暂而喧嚣的计算机应用史上的一个旧时代已经终结。

尽管这份《备忘录》的标题很平淡无奇："互联网上的软件服务"，但其中却隐藏着盖茨巨大的担忧：互联网上崛起的效用运算会摧毁微软公司的传统业务。微软公司的成功之关键（在个人电脑桌面上的统治地位）现在正变得不再重要。盖茨告诉自己的部下，软件已不再是人们必定在个人电脑上安装的东西了。软件正在变成一种通过互联网提供的简单服务。他用技术专家的术语写道："互联网具有的宽广和丰富的基础，将会引发一个即

刻提供应用和体验的服务浪潮，它是指在满足几千万或几亿用户需要的服务，并将戏剧地改变提供给各类企业的解决方案的性质和价格。"他的结论是，这一新的浪潮"将是极具破坏性的"。

盖茨的担忧有着现实的含义，而不只是杞人忧天或技术狂的喃喃自语，给它们增添注脚的是谷歌。当盖茨在位于华盛顿州雷德蒙德市的公司总部写下这份《备忘录》时，他对本公司前途的担心正在几百千米外的一个小镇变成现实。这是俄勒冈州北部哥伦比亚河畔的一个名叫达勒斯的普通小城市。当年早些时候，一个神秘的名叫 Design LLC 的公司开始悄悄与当地官员进行谈判，为购买某政府机构拥有的一块约 182 亩（约 12 万平方米）的土地。这块土地是某工业园区的一部分，位于哥伦比亚河边。该公司为了谈判的保密性，要求镇官员（包括市政执行官）签订保密协议，但这个诡秘交易的细节很快就泄露出来了。原来这个 Design LLC 公司只是个掩护机构，真正想买这块地的公司不是别人，正是谷歌公司——这个头号的互联网搜索公司正在迅速成为微软公司最危险的对手。

5.《IT 不再重要》

2003 年 5 月，美国《哈佛商业评论》刊载了尼古拉斯·卡尔（Nicholas Carr）（如图 6-6 所示）题为《IT 不再重要》的文章。卡尔犀利地指出，IT 已经日用品化了。虽然这样能使大多数的企业从 IT 中获益，但是 IT 已经很难给企业带来一定的竞争优势。这种说法让 IT 界的专家很不爽，并导致尼古拉斯·卡尔甚至自称为 IT 界的"全民公敌"。

《IT 不再重要》的问世在产业界引起了轩然大波，一场质疑 IT 价值、触及整个 IT 业命运的世纪论战由此开火，几乎所有的重要媒体、IT 业界巨头尤其是首席信息官（CIO，Chief Information Officer）、商业界重量级人物和专家学者们都积极参战发表看法。IT 真的不再重要了吗？我们的未来将会是什么样子？未来的云计算能够"称霸"信息产业领域吗？面对这场论战，微软创始人比尔·盖茨、英特尔前 CEO 贝瑞特、通用电气董事会主席杰弗瑞·伊梅尔特等各业界巨头纷纷参与其中，一时间互联网领域"剑拔弩张、硝烟四起"。

图 6-6　尼古拉斯·卡尔
（Nicholas Carr）

《IT 不再重要》的核心观点是：推动社会变革的技术不断产生，信息技术正在主导当前的变革；信息技术本身正在发生变革，而云计算是信息变革的制高点。作者以两个事实来论证其观点：第一，计算机、存储系统、网络和日常应用系统早已商品化，就算是不同企业，IT 人员的工作也是大同小异，维护设备等例行公事少有差异。第二，数据中心实在太耗电，且分散各地的数据中心都在使用相似的软、硬件，企业雇用不同的员工从事相似的工作。企业建立 IT 团队的成本相当高，但换来的效益却很一般。尼古拉斯·卡尔在本书中表述的核心观点并非人们不再需要 IT，反而强调 IT "对竞争是必不可少的"，其真实的意图在于说明，由于云计算的发展，导致 IT 技术将成为普遍的、廉价的公共资源，对于所有人都是一致的，因而 IT 不再具备核心竞争优势。从这个意义上讲，"IT 不再重要"。

《IT 不再重要》这本书并不是讲技术的，而是一本以云计算为背景讲解 IT 世界的发展与变化的。在这部跨越历史、经济和技术领域的著作中，作者从廉价的电力运营方式对社会变革的深刻影响，延伸到互联网对我们生活的这个世界的重构性影响。整个 IT 产业正在经历一个类似电力从发电机发电到电厂供电的巨大转变。仔细想来，电力技术的发展和 IT 技术的发展是何等相似。大型工业水车不由得使人们联想起当年 IBM 的穿孔卡片设备。现在的企业数据中心则是过去每个工厂必备的发电机的翻版，能让电力长距离传输的交流电技术就好比现在让信息四通八达的互联网，而将来的云计算中心则和现在的电厂一样。虽然历史不会简单地重复，但是通过这些对比，应该能让我们对云计算的未来充满信心，并一起去追求云计算的"One Piece"（"One Piece"来自于一部非常经典的漫画《海贼王》，是指"神秘的宝藏"），那就是使用信息和应用就像用电一样便捷，而且成本低廉。

在《IT 不再重要》一书中，卡尔在对于云计算的未来表示出乐观和期待的同时，也表现出了一定的担忧。他认为，计算机既是解放的技术，又是控制的技术。尤其是当系统变得更加集中化时，个人数据被越来越多地暴露；数据挖掘软件越来越专业时，控制之手将占上风。此时，系统将变成监视和操控人类的绝佳机器。

今天看来，《IT 不再重要》不仅促使了广大的 IT 从业者不断反思，而且推动了 IT 产业的变革，因为 IT 技术的日用品化并不是 IT 界的末日，而是下一次创新和发展的起点。这本书开创了 IT 领域的"大海贼时代"（云计算时代）。

6. 一个女人的梦

云计算诞生得很神奇，云计算的创始人克里斯托夫 · 比希利亚（Christophe Bisciglia）的母亲布伦达说：是的，在嫁给他爸爸的那天晚上，我做了一个梦，梦见一朵云，从天边飘来，然后落在我的怀里。后来，我就生下来了比希利亚。本故事并非虚构，这是谷歌关于"云计算"的文案。2007 年12 月 24 日《商业周刊》的封面故事如图 6-7 所示。

图 6-7 《商业周刊》封面人物比希利亚

2006 年秋季的一天，比希利亚的命运终于与生命中的那朵云重遇交织。当他在会议间歇偶遇公司首席执行官埃里克 · 施密特（Eric Emerson Schmidt）时，他脑海里浮现出一个想法。他将利用自己的"20% 时间"（谷歌分配给员工用于独立开发项目的时间）来启动一门课程，这门课程将在他的母校华盛顿大学进行，着重引导学生们进行"云"系统的编程开发，他设想把这个项目命名为谷歌 101，并正式提出"云"的概念和理论。施密特很是欣赏这一计划，并提出了很好的建议：把项目缩减到比希利亚能在两个月内完成的规模。比希利亚的一个突发奇想，却让它风靡全世界。

"20% 时间"的管理方式来源于谷歌的硅谷总部，这是谷歌文化中的精髓。所谓"20% 时间"，就是员工可用 80% 的时间来做已经设定的项目，而另外 20% 的时间可以针对自己的兴趣、想法、灵感来创造产品。在《世界因你不同：李开复自传》中，作者这样描述：为了培养员工对"20% 时间"的理解，李开复请来了偶像工程师克里斯托夫 · 比希利亚，他是《商业周刊》的封面人物，是让谷歌声名大振的"云计算"创始人。当这位 28 岁的年轻人在谷歌召集开会时，会议室里黑压压地坐满了人，而主讲人的第一个问题就是："请问在座的哪些不是程序员，是经理？"于是以李开复为代表的管理者们都举起了手，克里斯托夫接下来笑嘻嘻地说，"经理们都可以出去了。"经理出去后，克里斯托夫告诉大家："这就是'20% 时间'的真谛：经理无权参与！"

谷歌 101 计划得到谷歌高层的高度重视，并迅速升格为公司的一项重要战略。2006 年

11 月 10 日，排成阵列的计算机群出现在华盛顿大学计算机科学学院的教学楼里，比希利亚和几个技术负责人得想办法把将近 1 t 的机柜抬上 4 层放到机房里。它标志着谷歌 101 计划正式启动。谷歌的目标是用 1 年的时间，将"云计算"扩展到全美的多家大学，之后在全球部署。

2007 年 10 月，谷歌与 IBM 联合宣布，启动华盛顿大学、加利福尼亚大学伯克利分校、斯坦福大学、麻省理工学院、卡内基·梅隆大学以及马里兰大学 6 所高校"云"计划。2007 年 10 月，谷歌与 IBM 联合 6 所国际知名高校签署协议，提供在大型分布式计算系统上开发软件的课程和支持服务，帮助学生和研究人员获得开发网络级应用软件的经验。2008 年 3 月 17 日，施密特访华，与清华大学签署协议，在清华大学开展"云计算"课程。清华大学第一期培训课程报名时，学生们都热情高涨，希望选修这一课程，而最后不得不通过抽签方式决定谁能参加这一课程的培训。很长一段时间内，比希利亚一半时间在中国，一半时间在美国。他不但努力学习中文，还请他的中国朋友给自己取了个中文名字"龙智云"。

6.1.2 不是所有计算都叫云计算

云计算是一种大规模资源整合的思想，它是 IT 界未来发展的必然趋势，自古以来已经说得够明白了，所谓"天下大势，分久必合，合久必分"，IT 界也是如此。许许多多小尘埃、小水珠汇集到一起形成了云，如果说每个人的 PC 就是一粒小尘埃、一滴小水珠的话，云计算就是把计算能力统一集中到大型计算中心，下雨给用户，用户付租金而不是买一朵云。

作为一种比喻，"云"是很容易理解的。它不是指蓝天中飘浮的白云，而是散布在互联网上的各种资源的统称。说到"计算"，大家自然会想到中国算盘，想起数学中的加减乘除，想起 CPU 以及中国的神威·太湖之光超级计算机。一旦将"云"同"计算"联系起来，其含义就大大丰富，而且开始变得模糊起来。其实，我们可以简单地把整个互联网看成是一朵美丽的云彩，当前连接到这片云彩的全世界网民，已经有 20 亿之多。网民们可以在"云"中方便地连接任何设备，轻松地获取任何信息，自由地创建任何内容，与朋友分享任何资源。云计算以公开的标准和服务为基础，以互联网为中心，提供快速、便捷、安全的数据存储和网络计算服务，让互联网这片"云"，成为每个网民的数据中心和计算中心。这是一种基于因特网的超级计算模式，在远程的数据中心中，成千上万台计算机和服务器连接成一片计算机"云"，用户通过计算机、笔记本、手机等方式接入数据中心，按自己的需求进行运算。

国家标准 GB/T 32400–2015《信息技术　云计算　概览与词汇》对云计算的定义是：一种通过网络将可伸缩、弹性的共享物理和虚拟资源池以按需自服务的方式供应和管理的模式。这些资源包括服务器、操作系统、网络、软件、应用和存储设备等。

到底什么才是真正的云计算？这要看如何回答。最风雅、最绝妙的回答仍来自李开复博士："很难用一句话说清楚到底什么才是真正的云计算。单单是云计算这个名字就已经足够新潮，足够浪漫了。"而最实在的回答是：你不需要明白什么是特仑苏，因为这并不是商家想要告诉你的。你只需记住，"不是所有的牛奶都叫特仑苏"。云计算也是如此。

如何判断某种计算是不是云计算？国家标准 GB/T 32400–2015《信息技术　云计算概览与词汇》规定：云计算应当具备广泛的网络接入、可度量的服务、多租户、按需自助服务、快速的弹性和可扩展性、资源池化等特征。

广泛的网络接入：可通过网络，采用标准的机制访问物理和虚拟资源的特性。这里的标准机制有助于通过异构用户平台使用资源。这个关键特性强调云计算使用户更方便地访问物理和虚拟资源：用户可以从任何网络覆盖的地方，使用各种客户端设备，包括移动电话、平板电脑、笔记本和工作站访问资源。

可度量的服务：通过对云服务的可计量的交付实现对使用量的监控、控制、汇报和计费的特性。通过该特性，可优化并验证已交付的云服务。这个关键特性强调客户只需对使用的资源付费。从客户的角度看，云计算为用户带来了价值，将用户从低效率和低资产利用率的业务模式转变到高效率模式。

多租户：通过对物理或虚拟资源的分配实现多个租户以及他们的计算和数据彼此隔离和不可访问的特性。在典型的多租户环境下，组成租户的一组云服务用户同时也属于一个云服务客户组织。在某些情况下，尤其在公有云和社区云部署模型下，一组云服务用户由来自不同客户的用户组成。一个云服务客户组织和一个云服务提供者之间也可能存在多个不同的租赁关系。这些不同的租赁关系代表云服务客户组织内的不同小组。

按需自助服务：云服务客户能够按需自动地或通过与云服务提供者的最少交互，配置计算能力的特性。这个关键特性强调云计算为用户降低了时间成本和操作成本，因为该特性赋予了用户无须额外的人工交互，就能够在需要的时候做事情的能力。

快速的弹性和可扩展性：物理或虚拟资源能够快速、弹性，有时是自动化地供应，以达到快速增减资源目的的特性。对云服务客户来说，可供应的物理或虚拟资源无限多，可在任何时间购买任何数量的资源，购买量仅仅受服务协议的限制。这个关键特性强调云计算意味着用户无须再为资源量和容量规划担心。对客户来说，如果需要新资源，新资源就能立刻自动地获得。资源本身是无限的，资源的供应只受服务协议的限制。

资源池化：将服务提供者的物理或虚拟资源集成起来服务于一个或多个云服务客户的特性。这个关键特性强调云服务提供者既能支持多租户，又通过抽象对客户屏蔽了处理复杂性。对客户来说，他们仅仅知道服务在正常工作，但是他们通常并不知道资源是如何提供或分布的。资源池化将原来属于客户的部分工作（如维护工作）移交给了提供者。需要指出的是，即使存在一定的抽象级别，用户仍然能够在某个更高的抽象级别指定资源位置（如国家、省或数据中心）。

在云计算环境下，常常有必要区别不同参与方的需求和关注点。这些参与方是承担角色（和子角色）的实体。角色是一组活动的集合。活动又通过组件实现。所有云计算相关的活动可分为 3 组：使用服务的活动、提供服务的活动和支撑服务的活动。有必要指出的是，在某个给定的时间点，参与方可承担多个角色，也可承担某个角色行为的指定子集。云计算的主要角色包括云服务客户、云服务合作者和云服务提供者。

云服务客户：为使用云服务而处于一定业务关系中的参与方。业务关系包括和云服务提供者或云服务合作者的关系。云服务客户的主要活动包括但不限于：使用云服务、管理和跟踪业务关系、管理云服务的使用。

云服务合作者：支撑或协助云服务提供者和 / 或云服务客户活动的参与方。根据不同的服务合作者类型，以及他们与云服务提供者和 / 或云服务客户的关系，有不同的云服务合作者活动。云服务合作者包括云审计者、云服务代理等。

云服务提供者：提供云服务的参与方。云服务提供者关注提供云服务、确保云服务交付，以及维护云服务所必需的云计算活动。该角色包含各种活动的集合（如提供服务、部署服务、提供定义服务、提供审计数据等），以及多个子角色（如业务管理者、产品管理者、云网络提供者、安全和风险管理者等）。

6.1.3　云部署模型和能力类型

　　云的家族中有 4 个兄弟：老大公有云，老二私有云，老三社区云，老四混合云。根据国家标准 GB/T 32400–2015《信息技术　云计算　概览与词汇》，云计算部署模型是指根据对物理或虚拟资源的控制和共享方式组织云计算的方式，包括公有云、私有云、社区云和混合云，如图 6–8 所示。因此，4 人同为云计算部署模型。

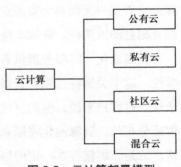

图 6-8　云计算部署模型

　　老大通过云计算提供商自己的基础设施直接向用户提供服务，用户通过互联网访问服务，但并不拥有云计算资源；老二在企业内部搭建云计算环境，面向内部用户提供云计算服务；老三的云基础设施为一个社区提供服务，而社区由几个组织构成，这几个组织有着共同关注的问题（如任务、安全要求、政策和法规），最好的社区，可大可小，专项可粗可细，而且这个社区是无穷无尽的，可以由组织自己管理，也可以由第三方管理，可以在本地，也可以是远程的；老四是和事老，企业既有自己的云计算环境，又使用外部公有云提供的服务，还可能使用社区云提供的服务，即由两个或两个以上不同性质的云（公有云、私有云或者社区云）构成，每个云仍然是独立的实体，但是通过某种让数据和应用能在不同云之间转移的标准化技术或者专用技术绑定在一起。

　　公有云：云服务可被任意云服务客户使用，且资源被云服务提供者控制的一种云部署模型。公有云可由企业、研究机构、政府组织，或几者联合拥有、管理和运营。公有云在云服务提供者的场内。对特定的云服务客户来说，公有云是否可用还需考虑管辖区的法规。如果参与公有云有限制的话，也是非常少的，因而公有云的边界很宽。

　　私有云：云服务仅被一个云服务客户使用，且资源被该云服务客户控制的一类云部署模型。私有云可由云服务客户自身或第三方拥有、管理和运营。私有云可在云服务客户的场内或场外。云服务客户出于自身利益的考虑，还可为其他参与方授权访问。私有云的客户只局限于某个组织，因而私有云的边界很窄。

　　社区云：云服务仅由一组特定的云服务客户使用和共享的一类云部署模型。这组云服务客户使用的需求共享，彼此相关，且资源至少由一名组内云服务客户控制。社区云可由社区里的一个或多个组织、第三方或两者联合拥有、管理和运营。社区云可在云服务客户的场内或场外。社区云局限于有共同关注点的社区内客户，因而社区云的边界相对较宽。这些共同关注点包括但不限于：使命、信息安全需求，政策、符合性考虑。

混合云：至少包含两种不同的云部署模型。组成混合云的部署模型仍然是独立的实体，但是这些独立的实体通过一定的技术绑定起来。这些技术能实现互操作性、数据可移植性和应用可移植性。混合云可由组织自身或第三方拥有、管理和运营。混合云可在云服务客户的场内或场外。混合云代表了以下场景：需要在两种不同部署模型之间进行交互，且需要通过适当的技术联系起来。

云能力类型是根据资源使用情况对提供给云服务客户的云服务功能进行的分类。有 3 类不同的云能力类型：应用能力类型、基础设施能力类型和平台能力类型。这 3 类能力类型有不同的关注点，即相互之间的功能交叉最小。

应用能力类型是指云服务客户能使用云服务提供者应用的一种云能力类型；基础设施能力类型是指云服务客户能配置和使用计算、存储或网络资源的一种云能力类型；平台能力类型是指云服务客户能使用云服务提供者支持的编程语言和执行环境来部署、管理和运行客户创建或获取的应用的一种云能力类型。

云能力类型与云服务类别的区别：云服务类别是拥有某些相同质量集合的一组云服务。一种云服务类别能包含一种或多种云能力类型的能力。

典型的云服务类别包括：通信即服务（CaaS）指为云服务客户提供实时交互与协作能力的一种云服务类别；计算即服务（CompaaS）指为云服务客户部署和运行软件提供配置和使用计算资源能力的一种云服务类别；数据存储即服务（DSaaS）指为云服务客户提供配置和使用数据存储及相关能力的一种云服务类别；基础设施即服务（IaaS）指为云服务客户提供云能力类型中的基础设施能力类型的一种云服务类别；网络即服务（NaaS）指为云服务客户提供传输连接和相关网络能力的一种云服务类别；平台即服务（PaaS）指为云服务客户提供云能力类型中的平台能力类型的一种云服务类别；软件即服务（SaaS）指为云服务客户提供云能力类型中的应用能力类型的一种云服务类别。云能力类型和云服务类别的对应关系如表 6-1 所示。表中行列交叉区间中的"X"表示某行云服务类别和某列云能力类型之间存在着对应关系。

表 6-1 云能力类型和云服务类别的对应关系

云服务类别	云能力类型		
	基础设施	平台	应用程序
计算即服务	X		
通信即服务		X	X
数据存储即服务	X	X	X
基础设施即服务	X		
网络即服务	X	X	X
平台即服务		X	
软件即服务			X

若某行云服务类别使用处理器、存储和网络资源，将在对应的基础设施中出现"X"；若某行云服务类别通过使用云服务提供者提供的一种或多种编程语言以及一种或多种执行环境来提供部署、管理和运行客户创建和获取程序的能力，会在对应平台列中出现"X"；类似的，若该云服务类别提供对云服务提供者应用程序的使用，会在应用列中出现"X"。需要注意的是，一种云服务类别可提供任何 3 种云能力类型的任何组合。

由于商用云计算市场不断变化，新出现的云服务不断成为非典型云服务类别。表 6-2 列出了新出现的云服务类别。通过建立云能力类型和云服务类别之间的联系，将有助于划分每一类云服务类别。此外，随着云计算技术的持续发展，将会出现更多的云服务类别。

表 6-2 新兴云服务类别

云服务类别	描述
数据库即服务	具有为云服务客户按需提供数据库功能的能力，在提供服务过程中，云服务提供者提供数据库的安装和管理
桌面即服务	具有为云服务客户提供远程创建、配置、管理、存储、执行和分发用户桌面功能的能力
电子邮件即服务	具有为云服务客户提供完整电子邮件服务以及存储、接收、传输、备份和恢复电子邮件等相关支持服务的能力
身份即服务	具有为云服务客户提供身份识别和访问管理（IAM）的能力，这些能力可以扩展和集成到已有的操作环境中，该服务包括账户开通、目录管理以及单点登录操作

续表

云服务类别	描述
管理即服务	具有为云服务客户提供管理能力，包括应用程序管理、资产及变更管理、容量管理、问题管理（服务桌面）、项目组合管理、服务分类和服务水平管理
安全即服务	具有为云服务客户在现有云服务提供者操作环境下提供一套安全服务集成的能力，安全服务包括授权、杀毒、反恶意软件/监听、入侵检测和安全时间管理及其他安全

6.1.4 是谁托起了这片浮云

在日常生活中，我们经常有这样的体验：湿衣服不久就干了，湿的地面不久也会变干，这是因为水受到太阳照射后，变成水汽蒸发到空气中去了。到了高空，温度降低，水汽便凝聚成小水滴或小冰晶，与大气中的尘埃结合在一起，形成千姿百态的云。云中的这些小水滴或小冰晶的体积非常小，能被空气中的上升气流所顶托，因而可以成片飘浮在空中成为浮云。因此，形成云的基本条件有 3 个，即充足的水汽、足够多的大气固体微粒、湿热的上升空气。同样，云计算不是天上掉下来的猪八戒。一个篱笆三个桩，一个好汉三个帮，没有虚拟化、分布式文件系统、海量数据存储等把兄弟的鼎力协助，云计算也是难成气候的。

1. 虚拟化

虚拟化起源于大型机，起源于对分时系统的需求。1959 年 6 月 15 ~ 20 日，第一届国际信息处理大会在法国巴黎联合国教科文组织（UNESCO，United Nations Educational，Scientific and Cultural Organization）大楼召开。6 月 17 日，作为"数字计算机的逻辑设计"议题的 5 个报告人之一，克里斯托弗·斯特雷奇（Christopher Strachey）首先做了题为《大型高速计算机中的时间共享》的学术报告。尽管作者个人认为报告主要是关于多程序技术（避免受到外设发展的限制）的，但文中首次提出了虚拟化的基本概念。他的这篇论文为虚拟化指出了一条目标明确、逻辑清晰的发展之路，让虚拟化看起来是可行的，而非泛泛的纸上谈兵。

IBM 是虚拟化技术最早的推动者。1965 年，IBM 首次发布在一台主机上运行多个操作系统的 IBM 7044，标志着虚拟化正式被商用。这项技术一问世，就震惊了整个科学界和商业界，因为它使得用户能够最大限度地利用昂贵的大型机资源，这被人们认为是革命性的、里程碑式的重要事件。

虚拟化是一个广义的术语，是指计算元件在虚拟而不是真实的基础上运行，是一个为了简化管理、优化资源的解决方案。如同空旷、通透的写字楼，整个楼层几乎看不到墙壁，用户可以用同样的成本构建出更加自主适用的办公空间，进而节省成本，发挥空间最大的利用率。这种把有限的固定资源根据不同需求进行重新规划以达到最大利用率的思路，在IT领域就叫作虚拟化技术。

举例来说，我们用数码相机拍一张照片时不需要存储卡，可以随时发送到用于存储和分享个人照片的网络相册上，再用 Photoshop 软件加工，这样你还没有到家，你的照片已经出现在亲戚家的电视机上了，存储东西的动态管理被虚拟化；Gmail 通过网页浏览器收发和管理海量的电子邮件，怎么删除垃圾邮件等结构和细节被虚拟化；谷歌的搜索引擎为网民提供搜索服务，此时搜索细节被虚拟化；网上超市、淘宝已经成为我们日常生活的一部分，商店被虚拟化；维基百科提供自身的交互平台，用户只关注内容，词条管理和更新机制被虚拟化，你可以改这个词条，你可以享受这个词条，怎么管理的你不一定要知道。

虚拟化的原理很简单，就是把物理资源转变为逻辑上可以管理的资源，来打破物理结构之间的壁垒。所有的资源都透明地运行在各种各样的物理平台上，资源的管理都将按逻辑方式进行，完全实现资源的自动化分配。虚拟化技术的绝妙之处在于：终端用户在信息化应用中，感觉不到物理设备的差异、物理距离的远近以及物理数量的多少，只需按照自己正常的习惯操作，进行必要的信息资源调用和交互。

为什么要虚拟化？一是为了打破原有的"一台服务器一个应用程序"模式，来提高现有资源的利用程度；二是为了缩减物理基础架构和提高服务器/管理员比率，降低数据中心成本；三是为了提高硬件和应用程序的可用性，提高业务连续性；四是为了加快服务器部署，改进桌面和应用程序的部署，实现运营灵活性；五是为了部署、管理和监视安全桌面环境，提高桌面的可管理性和安全性。

云计算是 IT 行业的愿景，虚拟化正是这个愿景所依托的基础架构，是云计算的基石。虚拟化不等于云计算，虚拟服务器并不能组成一朵云，云计算的能力远远超出一般的虚拟化解决方案。云计算解决方案依靠并利用虚拟化提供服务，而那些尚未部署云计算解决方案的公司，仍然可以利用端到端虚拟化，从内部基础设施中获得丰厚的投资回报和收益。例如，为了提供"随需取用，按量付费"的服务模式，云计算供应商必须利用虚拟化技术。

因为只有通过虚拟化技术，他们才能获得灵活的基础设施以提供终端用户所需的灵活性，这一点对公有云供应商和私有云供应商都适用。

虚拟化将服务器物理资源抽象成逻辑资源，让一台服务器变成几台甚至上百台相互隔离的虚拟服务器，人类"虚拟"构建的未来不再受限于物理上的界限，而是让CPU、内存、磁盘、I/O等硬件变成可以动态管理的"资源池"，从而提高资源的利用率、简化系统的管理、实现服务器的整合，并让IT对业务的变化更具适应力。可以说，虚拟化技术确实给我们描绘了一幅美妙的画卷。

在不久的将来，被虚拟化的将不仅是服务器、存储、网络，更多元素被虚拟化的概念所淹没，人类将无法分辨哪些是虚，哪些是实，这就是最终要达到的——虚拟一切：全球的网络真正变成一个整体，互联网络中的所有资源会全面地连接在一起，仿佛一个巨型的计算机，人类根本不需要关注应用系统本身存在于何处，反正它就在互联网络中。而人类只需要关心他们的应用系统结构是否完善、计算能力是否足够、数据是否安全。

2. 分布式文件系统

云计算的数据存储系统主要有谷歌公司的GFS（谷歌文件系统）和Hadoop团队开发的开源系统——Hadoop分布式文件系统（HDFS，Hadoop Distributed File System）。

谷歌的伟大之处，不仅在于它建立了一个很好、很强大的搜索引擎，而且还在于它创造了3项革命性技术：GFS、MapReduce和BigTable，即所谓的谷歌三驾马车。谷歌提供了这3项技术的详细设计论文，给业界吹来了一阵凉爽的风，为大家勾勒出分布式存储和计算的基本蓝图，已可窥见其几分风韵。但终究还是由于缺少一些实际的代码和示例，色彩有些斑驳，缺少些感性认识。

2003年10月，谷歌在美国纽约召开的第19届ACM操作系统原理研讨会（SOSP，Symposium on Operating Systems Principles）上，发表了论文《谷歌文件系统》，系统介绍了谷歌面向大规模数据密集型应用的、可伸缩的分布式文件系统——Google文件系统（GFS，Google File System）。由于搜索引擎需要处理海量的数据，因而谷歌的两位创始人拉里·佩奇和谢尔盖·布林在创业初期设计了一套名为"BigFiles"的文件系统，而GFS分布式文件系统则可以看作是"BigFiles"的延续。

2004年12月，谷歌在美国旧金山召开的第6届操作系统设计与实现研讨会（OSDI，Operating Systems Design and Implementation）上，发表了论文《MapReduce：超大集群的简单数据处理》，向全世界介绍了 MapReduce 系统的编程模式、实现、技巧、性能和经验。

2006 年 11 月，谷歌在美国西雅图召开的第 7 届操作系统设计与实现研讨会（OSDI）上，发表了论文《BigTable：结构化数据的分布式存储系统》，分析了设计用于处理海量数据的分布式结构化数据存储系统 BigTable 的工作原理。

这 3 篇重量级论文的发表，不仅使大家理解了谷歌搜索引擎背后强大的技术支撑，而且论文和相关的开源技术极大地普及了云计算中非常核心的分布式技术。随后，克隆这 3 项技术的开源产品如雨后春笋般涌现，Hadoop 就是其中一个。

作为这个领域最富盛名的开源项目之一，Hadoop 的使用者也是大牌如云，包括了雅虎、亚马逊、Facebook 等。此外，Hadoop 不是一个人在战斗，它包括一系列扩展项目，包括了分布式文件数据库 HBase（与谷歌的 BigTable 相对应，2010 年 5 月成为顶级 Apache 项目）、分布式协同服务 ZooKeeper（与谷歌的 Chubby 相对应，由 Facebook 贡献）等。

Hadoop 最先受到由谷歌开发的 MapReduce 和 GFS 的启发，由 Apache 软件基金会（ASF，Apache Software Foundation）于 2005 年秋作为 Lucene 的子项目 Nutch 的一部分正式引入。ASF 是专门为支持开源软件项目而办的一个非营利性组织，而 Lucene 则是 Apache 软件基金会 Jakarta 项目组的一个子项目，是一个开放源代码的全文检索引擎工具包。Lucene 的目标是为软件开发人员提供一个简单易用的工具包，以实现在目标系统中进行全文检索的功能。2006 年 3 月，MapReduce 和 Nutch 分布式文件系统（NDFS，Nutch Distributed File System）分别被纳入称为 Hadoop 的项目中。

吃水不忘挖井人。Hadoop 是 Apache 软件基金会 Lucene 项目创始人道·卡廷开发的。Hadoop 不是缩写，它是一个虚构的名字。道·卡廷如此解释 Hadoop 的由来："这个名字是我的孩子给一头吃饱了的棕黄色大象取的。我的命名标准就是简短，容易发音和拼写，没有太多的意义，并且不会被用于别处。小孩子是这方面的高手"。

这样，一对史上最强的黄金搭档浮出水面。谷歌的论文 +Hadoop 的实现，顺着论文的框架看具体的实现，用实现来进一步理解论文的逻辑，至少看上去很美。GFS 和 HDFS 属于两个海量分布式文件系统，而分布式文件系统在整个云计算平台中处于最底层、最基础的地位。存储嘛！没了数据，再好的计算平台，再完善的数据库系统，都变成无源之水、无本之木了。

什么是分布式文件系统？拆开来说，就是分布式 + 文件系统。它包含两个方面的含义：

从客户使用的角度来看，它就是一个标准的文件系统，提供了一系列 API，能够完成文件的创建、读写、删除和移动等操作；从内部实现的角度来看，与单机文件系统不同，它不是将数据存储在一台服务器上，由上层操作系统来管理，而是将数据存储在一个服务器集群上，由集群中的服务器来为客户提供服务。

总体来看，HDFS 基本上是按照 GFS 架构来实现的。主控服务器在 GFS 中叫主服务器，在 HDFS 中叫命名节点；数据服务器在 GFS 中叫块服务器，在 HDFS 中叫数据节点。

分布式文件系统服务器包括主控服务器、数据服务器和客户端。主控服务器是整个文件系统的大脑，它提供整个文件系统的目录信息，并且负责对各个数据服务器管理。主控服务器在整个集群中唯我独尊，同时提供服务的只能是一个。但在同一时刻，需要确保一山不容二虎，这样就会免去多台服务器间即时同步数据的麻烦，显然这也易使主控服务器成为整个架构的瓶颈所在。因此，应当尽量为主控服务器减负，不让它做太多的事情，这自然而然地成为分布式文件系统的一项设计要求。主控服务器的角色类似于公司总经理（如图 6-9 所示），他是公司至高无上的领导，只负责宏观管理。

每一份文件被切分成若干个数据块，采取冗余备份的方式存储在数据服务器上。通常，每个数据块大小设定为 64 MB。遵循不要把鸡蛋放在一个篮子里的道理，系统将每份文件在 3 台数据服务器上进行冗余存储，原文件

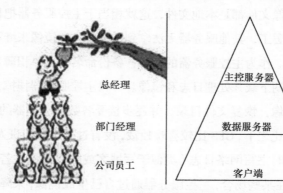

图 6-9　分布式文件系统服务器与公司金字塔的类比

放在一台本地数据服务器上，一份副本放在同一机架中的另一台数据服务器上，还有一份副本放在另一个不同机架中的一台数据服务器上，目的是为了提高系统的可靠性和可用性。这个 64 MB，不是随便拍脑瓜想出来的，而是经过反复实践检验得出的。取值太大易造成热点堆叠，使得大量操作集中在一台数据服务器上；取值太小又会提高附加的控制信息传输成本。数据服务器是典型的四肢发达、头脑简单的苦力，其主要的工作模式就是定期向主控服务器汇报工作状况，然后等待并处理命令，更快、更安全地做好数据的存储工作。其角色相当于公司的部门经理。

整个分布式文件系统还有一个重要的角色是客户端。与主控服务器和数据服务器不同，它在一个独立的进程中提供服务，只是以一个类库（包）的模式存在，为用户提供文件读写、目录操作等 API。当用户需要使用分布式文件系统进行文件读写时，只需在客户端配置相关包，就可以通过它来享受分布式文件系统提供的各项服务了。

基本的文件操作可以分成两类，一类是对文件目录结构的操作，如文件目录的创建、删除、移动、重命名等；另一类是对文件数据流的操作，包括读取和写入文件数据。在 GFS 中，文件的读取由大数据量的连续读取和小数据量的随机读取组成，文件的写入则基本上都是批量的追加写和偶尔的插入写。GFS 支持对文件进行追加写和插入写。但 HDFS 仅支持追加写，从而大大降低了复杂性。

作为整个系统的核心和单点，含辛茹苦的主控服务器如果不工作了，整个分布式文件服务系统将彻底瘫痪罢工。如何在主控服务器不工作后，提拔新的主控服务器，并迅速使其进入工作状态，就成了系统必须考虑的问题。解决策略就是日志。在 HDFS 中，所有日志文件和镜像文件都是本地文件，这就相当于主控服务器把日志锁在自家的保险柜中，一旦主控服务器罢工，其他服务器无法拿到这些日志和镜像来继承王位，但主控服务器有一个备份命名节点。作为主控服务器的替补，备份命名节点厚积薄发地随时为篡位做准备，其中心工作就是定期下载并处理日志和镜像。一旦主控服务器挂掉，备份命名节点即被扶正。利用其日志和镜像，恢复文件目录，并逐步接受各数据服务器的注册，最终提供稳定的文件服务。

相比之下，GFS 比较喜欢独裁，没有过早选择接班人。它在写日志时，并不局限在本地，而是同时书写网络日志（类似于写博客或微博），即在若干个远程服务器上生成同样的日志。然后，在某些场合，主控服务器通过自己生成镜像，来降低日志规模。当主控服务器罢工后，可以在拥有网络日志的服务器上启动主控服务，使其升级为主控服务器。

在 HDFS 中，即使每台服务器都正常工作，也可能会出现网络传输中的数据丢失或者错误，且在分布式文件系统中，同一份文件的数据存在大量冗余备份，系统必须要维护所有数据块的内容完全同步。否则，不同客户端读取同一个文件时会得到不同的数据，用户非得疯了不可。为了保证数据的正确性和同一份数据的一致性，每个数据块都有一个版本标识，一旦数据块上的数据有所变化，此版本号将持续更新。在主控服务器上，保存有每个数据块的最新版本，一旦出现数据服务器上相关数据块版本与其不一致，将会触发相关的恢复流程。

负载均衡是分布式系统的一个永恒话题，目的是要让大家人尽其才、发挥优势、平衡工作量，不能忙得忙死，闲得闲死，影响战斗力。但均衡本身是一个模糊的概念，如在分布式文件系统中，总共 300 个数据块，平均分配到 10 台数据服务器上，就算均衡吗？不一定！因为每个数据块需要若干个备份，各个备份的分布应该充分考虑到机架的位置，同一个机架的服务器间通信速度更快，而分布在不同机架则更具有安全性，不会在一棵树上吊死。因此，这里的负载均衡，只是宽泛意义上的均衡过程，主要涵盖两个阶段的工作：一是在任务初始分配时尽可能合理；二是在事后时刻监督、及时调整。

3. MapReduce

2004 年 12 月，Google 的两名研究人员杰弗里·迪安和桑杰·格玛沃特给出了 MapReduce 系统的编程模式和实现案例。这是一种处理海量数据的并行编程模式，用于大规模数据集（通常大于 1 TB）的并行运算。MapReduce 采用的理念也是"分而治之"（Divide and Conquer），目标是将复杂问题简单化。设计思想是将一个难以直接解决的大问题，分割成一些规模较小的同类问题，最后把每个小问题的解答组合起来，即可得到原问题的答案。

MapReduce 的名字源于这个模型中的两项核心操作：映射（Map）和归约（Reduce）。简单地说，在映射过程中，我们将数据并行（也就是将数据分开），而归约则把分开的数据聚合到一起。换句话说，映射是一个分的过程，而归约则是一个合的过程，这一分一合便在不知不觉中完成了计算。与传统的分布式程序设计相比，MapReduce 封装了并行处理、容错处理、本地化计算、负载均衡等细节，还提供了一个简单而强大的接口。MapReduce 通过简化编程模型，降低了开发并行应用的门槛，避免了"重复发明轮子"的问题，并且还能大大减轻程序员在开发大规模数据应用时的编程负担。

在 MapReduce 框架中，通常将每一次计算请求称为作业。为了完成这项作业，通常采取两步走的战略。第一步，将作业拆分成若干个映射任务，分给不同的机器去执行，每一个映射任务把输入文件的一部分作为输入，通过计算生成某种格式的中间文件，这种格式与最终所需的文件格式完全一致，但仅仅包含部分数据。第二步，所有映射任务完成后，系统会进入下一个阶段，开始对这些中间文件进行合并，直至得到最后的输出文件。此时，系统会生成若干个归约任务，同样也是分配给不同的机器去执行。归约的目标，就是将若干个映射任务生成的中间文件，汇总到最后的输出文件中去。当然，汇总过程不会像 1+1=2 那么直截了当，这也是归约任务的价值所在。最终，作业执行完毕，生成所需的目标文件。

与分布式文件系统类似，MapReduce 集群服务器由作业服务器、任务服务器和客户端构成。作业服务器在 Hadoop 中称为作业跟踪器，在 Google 论文中称为主控机，主要负责接收用户提交的作业，分配各项作业任务，管理所有的任务服务器。任务服务器在 Hadoop 中称为任务跟踪器，在 Google 论文中称为工作机，它是任劳任怨的工蜂，负责执行具体的任务。任务服务器不是一个人在战斗，它会像孙悟空一样召集一大群猴子来帮助它具体执行任务。每项作业被拆分成很多的任务，包括映射任务和归约任务等。任务是系统具体执行的基本单元，它们都需要被分配给合适的任务服务器去执行。任务服务器一边执行一边向作业服务器汇报各项任务所处的状态，以此来帮助作业服务器了解作业执行的整体情况、实现新任务的合理分配。客户端负责任务的提交。用户自定义好计算需求后，将需要完成的作业、相关内容与配置等，提交给作业服务器，并时刻监控作业的执行情况。

与分布式文件系统相比，MapReduce 框架具有可定制性强的优点。作为通用计算框架，MapReduce 需要处理的问题非常复杂。问题、输入和需求各不相同，很难找到一种包治百病的药，能够一招鲜吃遍天。一方面，MapReduce 框架要尽可能地提取并实现一些公共需求；另一方面，它还要提供良好的可扩展机制，以满足用户能够自定义各种算法的需求。

字数统计是一个经典的问题，也是能够充分体现 MapReduce 设计思想的最简单算法之一。该算法的主要功能是为了完成对汉字在某个文件中所出现的次数进行统计，如图 6-10 所示。

如果一切按部就班进行的话，那么作业的整个 MapReduce 计算流程可分为作业的提交→映射任务的分配→映射任务的执行→归约任务的分配→排序→归约任务的执行→作业的完成七大步骤。

目前，并不是所有应用都需要执行并行编程，或者更准确地说，只有应用中重

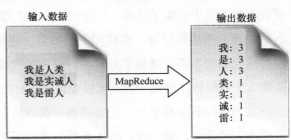

图 6-10　字数统计算法的输入和输出数据

要的作业才需要。像编译之类的问题，是必须要考虑并行编程的，而其他则不一定。例如，一个女人需要用 10 个月才能生产 1 个孩子，并不代表 10 个女人用 1 个月就能生出 1 个孩子。从这个命题中，你能断定"女人—孩子"是一个非并行问题么？通常，人们会下意识地认为它天生就不是一个并行问题，但实际上并不完全是这样的。如果目的是生 1 个孩子，它的确是一个非并行问题；但如果是生产多个孩子，那么它就是一个标准的并行问题了！所以说，目标不同，结论就大相径庭。在考虑你的软件是否以及如何使用并行编程时，千万

别忘了面向目标这个原则。

打个比方，如果将云计算比作是盖楼房，MapReduce 相当于砂石、水泥、钢材和预制板，有了它，你可以非常快速地建造房子，达到事半功倍的效果。如果再拥有数据并行环境，那就好比你找到了包工头，很多事情可以完全依靠他来做了，加上 MapReduce 先进的"分而治之"的理念，通过作业服务器、任务服务器和客户端的协同工作，效率想不高都难。MapReduce 会让你真正体会到什么是"团结就是力量"，什么是"众人拾柴火焰高"，什么是"众人划桨开大船"。

6.1.5 天边飘过故乡的云

随着"互联网 +"行动的积极推进，我国云计算应用正从互联网行业向政务、金融、工业、轨道交通等传统行业加速渗透。近几年，国内云计算产业发展、行业推广、市场监管等重要环节的宏观政策环境已经日趋完善。

2014 年 12 月 30 日，中共中央网络安全和信息化委员会办公室印发《关于加强党政部门云计算服务网络安全管理的意见》，提出要加强党政部门云计算服务网络安全管理，维护国家网络安全。

2015 年 1 月 30 日，国务院印发《关于促进云计算创新发展培育信息产业新业态的意见》，为促进创业兴业、释放创新活力提供有力支持，为经济社会持续健康发展注入新的动力。

2015 年 12 月 28 日，工业和信息化部发布《电信业务分类目录（2015 年版）》，为适应电信新技术、新业务发展，进一步推进电信业改革开放，促进电信业务繁荣健康发展，扩大信息消费，规范市场行为，提升服务水平，保障用户权益。

2016 年 11 月 24 日，工业和信息化部印发《关于规范云服务市场经营行为的通知》，旨在完善云服务市场环境，加强规范管理，促进互联网产业健康有序发展，推动"大众创业、万众创新"，打造经济发展新动能。

2017 年 3 月 30 日，工业和信息化部印发《云计算发展三年行动计划（2017—2019 年）》（以下简称《行动计划》）。《行动计划》提出了五项重点行动，一是技术增强行动。重点是建立云计算领域制造业创新中心，完善云计算标准体系，开展云服务能力测评，加强知识产权保护，夯实技术支撑能力。二是产业发展行动。重点是建立云计算公共服务平台，支持软件企业向云计算加速转型，加大力度培育云计算骨干企业，建立产业生态体系。三是应用促进行动。积极发展工业云服务，协同推进政务云应用，积极发展安全可靠云计算解决方案。支持基于云计算的创新创业，促进中小企业发展。四是安全保障行动。重点是完善云计算网络安全保障制度，推动云计算网络安全技术发展，积极培育云安全服务产业，增强安全保障能力。五是环境优化行动。重点推进网络基础设施升级，完善云计算市场监管措施，落实数据中心布局指导意见。

2018 年 7 月 23 日，工业和信息化部印发《推动企业上云实施指南（2018—2020 年）》，推动企业利用云计算加快数字化、网络化、智能化转型，推进互联网、大数据、人工智能与实体经济的深度融合。

近年来，云计算标准化工作作为推动云计算技术产业及应用发展，以及行业信息化建设的重要基础性工作之一，受到我国政府以及国内标准化组织和协会的高度重视。

6.2 大数据

大数据是国家基础性战略资源，是 21 世纪的"钻石矿"。物联网的发展目标是万物互联，即"人与人、人与物、物与物"互联，世间一切都连接起来。物联网对应于互联网的感觉如运动神经系统，它使得连接起来的终端呈指数级增长，产生的数据也会呈指数级增长。物联网产生大数据，而大数据代表了物联网的信息层，是物联网智慧和意识产生的基础。目前，全球新一代信息产业处于加速变革期，大数据技术和应用处于创新突破期，市场需求处于爆发期，大数据产业面临重要的发展机遇。

6.2.1 大数据的前世今生

大数据这么火，导致很多人跟起风来，言必称大数据，可是，大家不但没搞明白大数据是什么，而且也不知道大数据究竟能在哪些方面挖掘出巨大的商业价值。这种盲人摸象般的跟风注定会以惨败告终的，就像以前大家追逐社交网络和团购一样。那么，究竟是谁将大数据的理念推向前台？

1. 托夫勒与《第三次浪潮》

阿尔文·托夫勒（Alvin Toffler）是未来学大师、世界著名未来学家、当今最具影响力的社会思想家之一。1928 年 10 月 8 日，托夫勒出生于纽约，父母是波兰犹太移民。他曾出版《未来的冲击》《第三次浪潮》和《权力的转移》未来三部曲，享誉全球，成为未来学巨擘，对当今社会的思潮有着广泛而深远的影响。托夫勒的妻子海蒂也是知名的未来学者，两人多次合作著书。托夫勒有一句名言："唯一可以确定的是，明天会使我们所有人大吃一惊。"

托夫勒的名著《第三次浪潮》问世（如图 6-11 所示），瞬间风行世界，引起了雪崩般的评论，由此创造了充满睿智的术语"第三次浪潮"，促成了许多新产品、新公司，甚至新雕塑、新交响乐的诞生，影响了文化思想的各个层面。托夫勒是第一位洞察到现代科技将深刻改变人类社会结构及生活形态的学者。在《第三次浪潮》中，他将人类发展史划分为第一次浪潮的"农业文明"，第二次浪潮的"工业文明"以及第三次浪潮的"信息社会"，给历史研究与未来思想带来了全新的视角。托夫勒在《第三次浪潮》中预言："如果说 IBM 的主机拉开了信息化革命的大幕，那么'大数据'则是第三次浪潮的华彩乐章"。

图 6-11 《第三次浪潮》

2. 美国国家航空航天局与大数据

1997 年 10 月，美国国家航空航天局阿姆斯研究中心的迈克尔·考克斯（Michael Cox）和大卫·埃尔斯沃斯在第八届美国电气和电子工程师学会关于可视化的会议论文集中发表了《为外存模型可视化而应用控制程序请求页面调度》的论文。

文章开篇写道："可视化对计算机系统提出了一个有趣的挑战：通常情况下数据集相当大，耗尽了主存储器、本地磁盘，甚至是远程磁盘的存储容量。我们将这一问题称为大数据。当主存储器（内核）无法容纳数据集，或者当本地磁盘都无法容纳数据集的时候，最常用的解决办法就是获取更多的资源。"这是在美国计算机学会的数字图书馆中第一篇使用"大数据"这一术语的文章。

1999 年 8 月，史蒂夫·布赖森、大卫·肯怀特、迈克尔·考克斯、大卫·埃尔斯沃斯以及罗伯特·海门斯在《美国计算机协会通讯》上发表了《千兆字节数据集的实时性可视化探索》一文。这是《美国计算机协会通讯》上第一篇使用"大数据"这一术语的文章。该文章有一个副标题"大数据的科学可视化"。文章开头指出："功能强大的计算机是许多查询领域的福音。它们也是祸害，高速运转的计算产生了规模庞大的数据。曾几何时，我们认为兆字节的数据集就很大了，如今，我们在单个模拟计算中就发现了 300 GB 范围的数据集。但是研究高端计算产生的数据是一个很有意义的尝试。不止一位科学家曾经指出，审视所有的数字是极其困难的。正如数学家、计算机科学家先驱理查德·W·海明指出的："计算的目的是获得规律性的认识，而不是简单地获得数字。"

1999 年 10 月，在美国电气和电子工程师学会（IEEE, Institute of Electrical and Electronics Engineers）举办的可视化会议上，布赖森、肯怀特、海门斯与大卫·班克斯、罗伯特·范·里拉、山姆·恩尔顿在名为"自动化或者交互：什么更适合大数据？"的专题讨论小组中共同探讨大数据的问题。

3. 麦肯锡公司的研究报告

2011 年 5 月，世界著名咨询机构麦肯锡公司发布《大数据：下一个创新、竞争和生产力的前沿》研究报告。麦肯锡称："数据，已经渗透到当今每一个行业和业务职能领域，成为重要的生产因素。人们对于海量数据的挖掘和运用，预示着新一波生产率增长和消费者盈余浪潮的到来。"

作为从经济和商业维度诠释大数据发展潜力的第一份专题研究成果，这份长达 150 余页的报告系统阐述了大数据的概念，详细列举了大数据的核心技术，深入分析了大数据在不同行业的应用，明确提出了政府和企业决策者应对大数据发展的策略。

报告共分为 6 个部分：全球数据增长与价值生成、大数据的关键技术、大数据在五大领域中的应用潜力、跨部门应用大数据的关键发现、企业领导者应对大数据的建议、决策者应对大数据的建议。

4. 维克托：大数据商业应用第一人

《经济学人》说，在大数据领域，他是最受人尊敬的权威发言人之一；《科学》说，若要发起一场关于大数据问题的深入辩论，没有比他更好的发起者了。他是欧盟互联网官方政策背后真正的制定者与参与者，他是最早洞察大数据时代发展趋势的数据科学家之一。这个人就是大数据权威专家维克托·迈尔 - 舍恩伯格（Viktor Mayer–Schönberger），如图 6-12 所示。

图 6-12 维克托·迈尔 - 舍恩伯格（Viktor Mayer-Schönberger）

维克托是十余年潜心研究数据科学的技术权威，也是最受人尊敬的权威发言人之一，被誉为"大数据商业应用第一人"。2010 年，他和数据编辑肯尼斯·尼尔 – 库克耶一起，在《经济学人》上发表了长达 14 页的大数据专题文章，成为最早洞察大数据时代趋势的数据科学家之一。他曾先后任教于世界最著名的几大互联网研究学府，现任牛津大学网络学院互联网治理与监管专业教授。1998 年，维克托加入哈佛大学肯尼迪学院，担任信息监管科研项目负责人、哈佛国家电子商务研究中心网络监管项目负责人，并在那里工作和生活了 10 年。曾在新加坡国立大学李光耀学院工作 3 年，担任信息与创新策略研究中心主任。同时，维克托还是耶鲁大学、芝加哥大学、弗吉尼亚大学、圣地亚哥大学、维也纳大学的客座教授。

维克托的学术成果斐然，有 100 多篇论文公开发表在《科学》《自然》等著名学术期刊上，他同时也是哈佛大学出版社、麻省理工出版社、通信政策期刊、美国社会学期刊等多家出版机构的特约评论员。

维克托是备受众多世界知名企业信赖的信息权威与顾问。他的咨询客户包括微软、惠普和 IBM 等全球顶级企业，他也是众多机构和国家政府高层的信息政策智囊。他一直专注于信息安全与信息政策与战略的研究，是欧盟专家之一，也是世界经济论坛、马歇尔计划基金会等重要机构的咨询顾问，同时他以大数据的全球视野，熟悉亚洲信息产业的发展与战略布局，先后担任新加坡商务部高层、文莱国防部高层、科威特商务部高层、迪拜及中东政府高层的咨询顾问。《大数据时代》一书是国外大数据系统研究的先河之作。2013 年，《大数据时代》（如图 6–13 所示）的中文版由浙江人民出版社出版。

维克托在书中前瞻性地指出，大数据带来的信息风暴正在变革我们的生活、工作和思维，大数据开启了一次重大的时代转型，并用 3 个部分讲述了大数据时代的思维变革、商业变革和管理变革。

维克托最具洞察之处在于，他认为数据时代最大的转变就是，放弃对因果关系的渴求，取而代之地关

图 6-13　《大数据时代》

注关联性，即只要知道"是什么"，而不需要知道"为什么"。这就颠覆了千百年来人类的思维惯例，对人类的认知和与世界交流的方式提出了全新的挑战。

本书认为大数据的核心就是预测。大数据将为人类的生活创造前所未有的可量化维度。大数据已经成了新发明和新服务的源泉，而更多的改变正蓄势待发。书中展示了谷歌、微软、亚马逊、IBM、苹果、Facebook、Twitter、VISA 等大数据先锋们最具价值的应用案例。

维克托 · 迈尔－舍恩伯格指出，"世界的本质是数据，大数据将开启一次重大的时代转型。""大数据发展的核心动力来源于人类测量、记录和分析世界的渴望。""从因果关系到关联性的思维变革才是大数据的关键，建立在关联性分析法基础上的预测才是大数据的核心。"

5. 奥巴马政府的大数据战略

2010 年 12 月，总统行政办公室下属的总统科学技术顾问委员会（PCAST，President's Council of Advisors on Science and Technology）向奥巴马和国会提交了《规划数字化未来》的专门报告。该报告把数据收集和使用的工作，提到了战略的高度。

报告指出，数据正在呈指数级增长，传感器的剧增、高清晰度的图像和视频，都是数据爆炸的原因。如何收集、管理和分析日渐成为我们网络信息技术研究的重中之重。以机器演习、数据挖掘为基础的高级技术，将促进数据到知识的转化，形成从知识到行动的跨越。报告列举了 5 个贯穿各个科技领域的共同挑战，指出"每一个挑战都至关重要"，而第一个挑战就是"数据"问题。

报告指出："如何收集、保存、维护、管理、分析、共享正在呈指数级增长的数据是我们必须面对的一个重要挑战。从网络摄像头、博客、天文望远镜到超级计算机的仿真，来自于不同渠道的数据以不同的形式如潮水一般向我们涌来。这些数据以不同的格式存储在不同的环境中，有的在计算机的硬盘中，有的在数据仓库之内。如何保证这些数据现在、将来的完整性和可用性，我们面临着很多的问题和挑战。如何使用这些数据，则是另外一个挑战……能应对好这些挑战，将引导我们在科研、医疗、商业和国家安全方面开创新的动力。"

在报告中，PCAST 还列举了美国癌症研究所以及中央情报局如何通过收集海量数据、建立数据仓库、实施以数据挖掘为核心的自动分析技术，获得了出人意料的创新和成功。

委员会一致认为，如何有效地利用数据将贯穿所有科技领域的挑战。最后，两个委员会向奥巴马建议：联邦政府的每一个机构和部门，都需要制定一个"大数据"的战略。

在国家发展战略层面，美国已经从事关国家核心竞争力的战略高度来认识大数据并开始行动，其长远目标在于突破大数据处理领域的核心技术，加快科学和工程领域的创新，加强美国在信息化时代的国家竞争力。白宫科技政策办公室认为，《大数据研究和发展倡议》堪比曾经引发全球信息网络革命的"信息高速公路"计划。该计划的发布是确立大数据技术从商业行为上升为国家科技战略的分水岭，必将产生重大而深远的影响。

6.2.2 大数据的五脏六腑

自从像 AWS 这样的公有云产品开辟了大数据分析功能以来，小企业通过挖掘大量的数据做到了只有大企业才能做到的事情，至今大约有 16 年的时间。这些事情其中包括网络日志、客户购买记录等，并通过按需付费的方式提供低成本的商品集群。在这 16 年中，这些产品蓬勃发展，涵盖了从实时（亚秒级延迟）流媒体式分析到用于分析批量模式工作的企业数据仓库，而企业数据仓库则可能需要数天或数周才能完成。大数据的架构远远超出了硬件、软件、网络和产品本身。

GB/T 35589–2017《信息技术 大数据 技术参考模型》描述了大数据的参考架构，包括角色、活动和功能组件以及它们之间的关系。

大数据参考架构（BDRA）是一种用作工具以便于对大数据内在的要求、设计结构和运行进行开放性探讨的高层概念模型。比较普遍认同的大数据参考架构一般包含系统协调者、数据提供者、大数据应用提供者、大数据框架提供者和数据消费者 5 种逻辑功能构件，如图 6–14 所示。

1. 参考架构的两种维度

大数据参考架构围绕代表大数据价值链的两种维度组织展开：信息价值链（水平轴）和信息技术价值链（垂直轴）。

信息价值链表现为大数据作为一种数据科学方法对从数据到知识的处理过程中所实现的信息流价值。信息价值链的核心价值通过数据收集、预处理、分析、可视化和访问等活动实现。

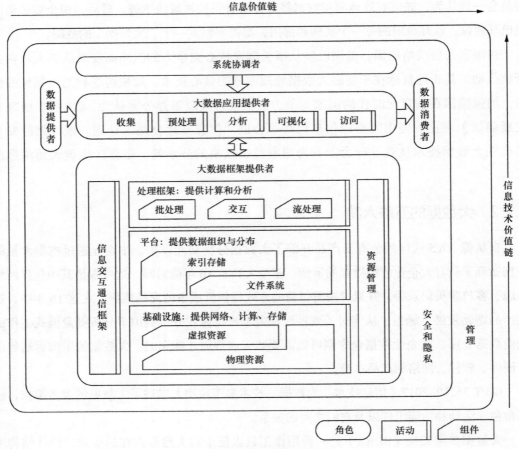

图 6-14　大数据参考架构

信息技术价值链表现为大数据作为一种新兴的数据应用范式对信息技术产生的新需求所带来的价值。信息技术价值链的核心价值通过为大数据应用提供存放和运行大数据的网络、基础设施、平台、应用工具及其他信息技术服务实现。

2. 参考架构的 3 个层级

大数据参考架构提供了一种构件层级分类体系，用于描述逻辑构件以及定义逻辑构件的分类。大数据参考架构的逻辑构件被划分为 3 个层级，从高到低依次为角色、活动和组件。

最顶层级的逻辑构件是代表大数据系统中存在的系统协调者、数据提供者、大数据应用提供者、大数据框架提供者和数据消费者 5 种角色，另外两个非常重要的逻辑构件是安全和隐私以及管理，它们为大数据系统的 5 种角色提供服务和功能；第二层级的逻辑构件是每个角色执行的活动；第三层级的逻辑构件是执行每项活动需要的功能组件。

3. 参考架构的五大角色

系统协调者：其职责在于规范和集成各类所需的数据应用活动，以构建一个可运行的垂直系统。具体功能包括：配置和管理 BDRA 中其他组件执行一个或多个工作负载，以确保各工作项能正常运行。负责为其他组件分配对应的物理或虚拟节点并对各组件的运行情况进行监控，并通过动态调配资源等方式来确保各组件的服务质量水平达到所需要求。其功能可由管理员、软件或二者的结合以集中式或分布式形式实现。

数据提供者：其职责是将数据和信息引入大数据系统中，供大数据系统发现、访问和转换。其具体活动包括：收集、固化数据；创建描述数据源的元数据；发布信息的可用性和访问方法；确保数据传输质量。数据提供者和大数据应用提供者的接口涉及 3 个阶段：开始、数据传输和终止。

大数据应用提供者：其职责是通过在数据生命周期中执行的一组特定操作，来满足由系统协调者规定的要求，以及安全性、隐私性要求。大数据应用提供者包括收集、预处理、分析、可视化和访问 5 种活动。收集负责处理与数据提供者的接口和数据引入；预处理包括数据验证、清洗、标准化、格式化和存储；确定处理数据的算法来产生新的分析，解决技术目标，从而实现从数据中提取技术知识；访问与可视化和分析功能交互，响应应用程序请求，通过使用处理和平台框架来检索数据，并响应数据消费者请求。

大数据框架提供者：其职责是为大数据应用提供者在创建具体应用时提供使用的资源和服务，包括基础设施、平台、处理框架、信息交互/通信和资源管理 5 种活动。基础设施为大数据系统中的所有其他要素提供必要的资源，这些资源是由一些物理资源的组合构成，这些物理资源可以控制/支持相似的虚拟资源，包括网络、计算、存储、环境等。平台包含逻辑数据的组织和分布，支持文件系统方式存储和索引存储方法，包括文件系统和索引存储。处理框架提供必要的基础设施软件以支持实现应用程序能够满足数据数量、速度和多样性的处理，包括批处理、流处理，以及两者的数据交换与数据操作。信息交互/通信包含点对点传输和存储转发两种通信模型。在点对点传输模型中，发送者通过信道直接将所传输的信息发送给接收者；而在后者中，发送者会将信息先发送给中间实体，然后中间实体再逐条转发给接收者。点对点传输模型还包括多播这种特殊的通信模式。在多播中，一个发送者可将信息发送给多个而不是一个接收者。资源管理是指计算、存储及实现两者互联互通的网络连接管理，旨在实现分布式的、弹性的资源调配，具体包括对存储资源的管理和对计算资源的管理。

数据消费者：其职责是通过调用大数据应用提供者提供的接口按需访问信息，与其产生可视的、事后可查的交互。

4. 参考架构的安全和隐私

在安全和隐私管理模块中，通过不同的技术手段和安全措施，构建大数据平台的安全防护体系，实现覆盖硬件、软件和上层应用的安全保护，从网络安全、主机安全、应用安全、数据安全 4 个方面来保证大数据平台的安全性。

网络安全：通过网络安全技术，保证数据处理、存储安全和维护正常运行。

主机安全：通过对集群内节点的操作系统安全加固等手段保证节点正常运行。

应用安全：具有身份鉴别和论证、用户和权限管理、数据库加固、用户口令管理、审计控制等安全措施，实施合法用户合理访问资源的安全策略。

数据安全：从集群容灾、备份、数据完整性、数据分角色存储、数据访问控制等方面保证用户数据的安全。

同时，应提供一个合理的灾备框架，提升灾备恢复能力，实现数据的实时异地容灾功能，跨数据中心数据备份。

隐私保护主要是在不暴露用户敏感信息的前提下进行有效的数据挖掘；根据需要保护的不同内容，可分为位置隐私保护、标识符匿名保护和连接关系匿名保护等。

5. 参考架构的管理

参考架构的管理应当提供大规模集群统一的运维管理系统，能够对包括数据中心、基础硬件、平台软件和应用软件进行集中运维、统一管理，实现安装部署、参数配置、监控、告警、用户管理、权限管理、审计、服务管理、健康检查、问题定位、升级和补丁等功能。

具有自动化运维的能力，通过对多个数据中心的资源进行统一管理，合理地分配和调度业务所需要的资源，做到自动化按需分配。同时提供对多个数据中心的信息技术基础设施进行集中运维的能力，自动化监控数据中心内各种信息技术设备的事件、告警、性能，实现从业务纬度来运维的能力。

对主管理系统节点及所有业务组件中心管理节点实现高可靠性的双机机制，采用主备或负荷分担配置，避免单点故障场景对系统可靠性的影响。

6.2.3 迎娶大数据的嫁妆

男大当婚、女大当嫁，数据大了不中留，留来留去留成仇，需要赶紧为她找个归宿。有人说大数据是云计算的掌上明珠，堪称汉朝时代的馆陶公主。虽说皇帝的女儿不愁嫁，但大数据真不如虚拟化畅销，大家都在热议大数据，一旦要谈婚论嫁，很多人似乎都患上了结婚恐惧症。

别让大数据成为剩数据，勇敢挺起你的胸膛，对大数据大胆说出你的爱，相信大数据定将迫不及待地投入你的怀抱，你也将从此享受大数据的温柔梦乡。那么，迎娶大数据需要什么新嫁妆呢？嫁云计算，需要分布式文件系统、分布式文件处理技术和分布式数据库技术三件套；传统三件套已经没法满足大数据的需要，不是大数据太骄奢，而是大数据真需要新嫁妆才能成为巧媳妇。没有宽阔的胸膛和坚强的臂膀，怎么能呵护大数据这个娇娘？

如今，大数据技术体系纷繁复杂，但也格外受到关注。随着社交网络的流行导致大量非结构化数据的出现，传统处理方法难以应对，数据处理系统和分析技术开始不断发展。从 Hadoop 的诞生开始，形成了数据分析技术体系这一热点。伴随着数量的急剧增长和核心系统对吞吐量以及时效性要求的提升，传统数据库需急剧增长和核心系统对吞吐量以及时效性的要求提升，传统数据库需向分布式转型，形成了事务处理技术体系这一热点。然而，时代的发展使得单个企业，甚至单个行业的数据都难以满足要求，融合的价值更加显现，形成了数据流通技术体系这一热点。我们将对数据分析、事务处理和数据流通这 3 类典型的技术体系的最新进展进行介绍。

1. 数据分析技术

从数据在信息系统中的生命周期看，分析技术生态主要有 5 个发展方向，包括数据采集与传输、存储管理计算处理查询与分析、可视化展现。在数据采集传输领域逐渐形成了 Sqoop、Flume、Kafka 等一系列开源技术，兼顾离线和实时数据的采集传输。在存储层，HDFS 已经成为大数据磁盘存储的事实标准，针对关系型以外的数据模型，开源社区形成了键值、列式、文档、图这 4 类不限于 SQL（NoSQL，Not Only SQL）数据库体系，Redis、HBase、Cassandra、MongoDB、Neo4j 等数据库是各个领域的领先者。计算处理引擎方面，Spark 已经取代 MapReduce 成为大数据平台统一的计算平台。在实时计算领域，Flink 是 Spark Streaming 强力的竞争者。在数据查询和分析领域，形成了丰富的 SQL on Hadoop 的解决方案，Hive、HAWQ、Impala、Presto、Spark SQL 等技术与传统的大规模并行处理（MPP，Massively Parallel Processor）数据库竞争激烈，Hive 是这个领域当之无愧的王者。在数据可视化领域，敏捷商业智能（BI，Business Intelligence）的分析工具 Tableau、QlikView 通过简单的拖拽来实现数据的复杂展示，是目前最受欢迎的可视化方式。

相比传统的数据库和 MPP 数据库，Hadoop 最初的优势来源于良好的扩展性和对大规模数据的支持，但失去了传统数据库对数据精细化的操作，包括压缩、索引数据分配裁剪以及对 SQL 的支持度。经过十多年的发展，数据分析的技术体系逐渐在完善自己的不足，也融合了很多传统数据库和 MPP 数据库的优点。从技术的演进来看，大数据技术正在发生着一些深刻的变化。

（1）更快。Spark 已经替代 MapReduce 成为大数据生态的计算框架，以内存计算带来计算性能的大幅提高，尤其是 Spark 2.0 增加了更多了优化器，计算性能进一步增强。

（2）流处理的加强。Spark 提供一套底层计算引擎来支持批量、结构化查询语言（SQL，Structured Query Language）分析、机器学习、实时和图处理等多种能力，但其本质还是小批的架构，在流处理要求越来越高的情况下，Spark Streaming 受到 Flink 激烈的竞争。

（3）硬件的变化和硬件能力的充分挖掘。大数据技术体系的本质是数据管理系统的一种，受到底层硬件和上层应用的影响。当前硬件的芯片的发展从 CPU 的单核到多核演变转化为向图形处理器（GPU，Graphics Processing Unit）、现场可编程门阵列（FPGA，Field Programmable Gate Array）、专用集成电路（ASIC，Application Specific Integrated Circuits）等多种类型芯片共存演变。而存储中大量使用固态硬盘（SSD，Solid State Disk）来代替串行高级技术附件（SATA，Serial Advanced Technology Attachment）盘，非易失性随机访问存储器（NVRAM，Non-Volatile Random Access Memory）有可能替换动态随机存取存储器（DRAM，Dynamic Random Access Memory）成为主存。大数据技术势必需要拥抱这些变化，充分兼容和利用这些硬件的特性。

（4）SQL 的支持。从 Hive 诞生起，Hadoop 生态就在积极向 SQL 靠拢，主要从兼容标准 SQL 语法和性能等角度来不断优化，层出不穷的 SQL on Hadoop 技术参考了很多传统数据库的技术。而 Greenplum 等 MPP 数据库技术本身从数据库继承而来，在支持 SQL 和数据精细化操作方面有很大的优势。

（5）深度学习的支持。深度学习框架出现后，与大数据的计算平台形成了新的竞争局面，以 Spark 为首的计算平台开始积极探索如何支持深度学习的能力，TensorFlow on Spark 等解决方案的出现实现了 TensorFlow 与 Spark 的无缝连接，更好地解决了两者数据传递的问题。

2. 事务处理技术

随着移动互联网的快速发展，智能终端数量呈现爆炸式增长，银行和支付机构传统的柜台式交易模式逐渐被终端直接替代。以金融场景为例，移动支付及普惠金融的快速发展，为银行业、支付机构和金融监管带来了海量、高频的线上小额资金支付行为，生产业务系统面临大规模并发事务处理要求的挑战。

传统事务技术模式以集中式数据库的单点架构为主，通过提高单机的性能上限来适应业务的扩展。而随着摩尔定律的失效（底层硬件的变化），单机性能扩展的模式走到了尽头，而数据交易规模的急速增长（上层应用的变化）要求数据库系统具备大规模并发事务处理的能力。大数据分析系统经过十多年的实践，积累了丰富的分布式架构经验，Paxos、Raft 等一致性协议的诞生为事务系统分布式铺平了道路。新一代分布式数据库技术在这些因素的推动下应运而生。事务型数据库架构演进过程如图 6-15 所示。

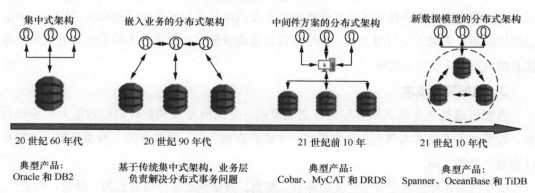

图 6-15 事务型数据库架构演进过程

经过多年的发展，当前分布式事务架构正处在快速演进的阶段，综合学术界以及产业界的工作成果，目前主要分为 3 类。

（1）基于原有单机事务处理关系数据库的分布式架构改造：利用原有单机事务处理数据库的成熟度优势，通过在独立应用层面建立数据分片和路由的规则，建立一套复合型的分布式事务处理数据库的架构。

（2）基于新的分布式事务数据库工程设计思路的突破。通过全新设计关系数据库的核心存储和计算层，将分布式计算和分布式存储的设计思路和架构直接植入数据库引擎中，提供对业务透明和非侵入式的数据管理操作/处理能力。

（3）基于新的分布式关系数据模型理论的突破。通过设计全新的分布式关系数据管理模型，从组织和管理的最核心理论层面，构造出完全不同于传统单机事务数据库的架构，从数据库的数据模型根源上解决分布式关系架构。

分布式事务数据库进入到各行各业，面临诸多挑战，一是多种技术路线，目前没有统一的定义和认识；二是除了互联网公司有大规模使用外，其他行业的实践刚刚开始，需求较为模糊，采购、使用、运维的过程缺少可供参考的经验，需要较长时间的摸索；三是缺少可行的评价指标、测试方法和测试工具来全方位比较当前的产品、规范市场、促进产品的进步。故应用上述技术进行交易类业务的服务时，应充分考虑"可持续发展""透明开放""代价可控" 3 个原则，遵循"知识传递先行""测试评估体系建立""实施阶段规划" 3 个步骤，并认识到"应用过度适配和改造""可用性管理策略不更新""外围设施不匹配" 3 个误区。

大数据事务处理类技术体系的快速演进正在消除日益增长的数字社会需求同旧式的信息架构缺陷，未来人类行为方式、经济格局以及商业模式将会随着大数据事务处理类技术体系的成熟而发生重大变革。

3. 数据流通技术

数据流通是指在数据供方和需方之间按照一定的流通规则进行的以数据为对象的行为。数据流通在技术实现上有诸多需求，主要在数据安全、质量保障、权益分配、追溯审计和透明度等方面。

数据流通是释放数据价值的关键环节。然而，数据流通也伴随着权属、质量、合规性、安全性等诸多问题，这些问题成了制约数据流通的瓶颈。为了解决这些问题，大数据从业者从诸多方面进行了探索。目前来看，从技术角度的探索是卓有成效和富有潜力的。

从概念上讲，基础的数据流通只存在数据供方和数据需方这两类角色，数据从供方通过一定手段传递给需方。然而，由于数据权属和安全的需要，不能简单地将数据直接进行传送。数据流通的过程中需要完成数据确权、控制信息计算、个性化安全加密等一系列信息生产和再造，形成闭合环路。

安全多方计算和区块链是近年来常用的两种技术框架。由于创造价值的往往是对数据进行加工分析等运算的结果而非数据本身，因此对数据需方来说，本身不触碰数据，但可以完成对数据的加工分析操作，也是可以接受的。安全多方计算这个技术框架就实现了这一点。其围绕数据安全计算，通过独特的分布式计算技术和密码技术，有区分的、定制化的提供安全性服务，使得各参与方在无须对外提供原始数据的前提下实现了对与其数据有关的函数的计算，解决了一组互不信任的参与方之间保护隐私的协同计算问题。区块链技术中多个计算节点共同参与和记录，相互验证信息的有效性，既进行了数据信息防伪，又提供了数据流通的可追溯路径。业务平台中授权和业务流程的解耦对数据流通中的溯源、数据交易、智能合约的引入有了实质性的进展。

除了以上两种技术框架外，近年来还涌现出多种数据流通的技术工具，如表 6-3 所示。

表 6-3 数据流通技术工具对比

技术工具	同态加密	零知识证明	群签名	环签名	差分隐私
原理概述	对原始数据进行加密，使得加密数据和原始数据进行相同处理时，结果相同	证明者向验证者证明一个声明的有效性，而不会泄露除了有效性之外的任何信息	允许群体中的任意成员以匿名方式代表整个群体对消息进行签名，并可公开验证	一种简化的群签名，环签名中只有环成员没有管理者，不需要环成员间的合作	通过添加噪声来达到隐私保护的效果
技术特点	可在不解密的情况下对密文进行计算和分析	证明者无须任何事件相关数据，就能向验证者证明事件的真实可靠	能为签名者提供较好的匿名性，同时在必要时又通过可信管理方追溯签署者身份	不需要分配指定的密钥，无法撤销签名者的匿名性	具有严谨的统计学模型，能够提供可量化的隐私保证
适用领域	云计算、电子商务、物联网等	电子商务、金融、银行、电子货币等	公共资源管理、电子商务、金融等	云存储、电子货币等	电子商务、物联网等

续表

技术工具	同态加密	零知识证明	群签名	环签名	差分隐私
成熟度	全同态加密理论上可行，商用化程度还需提高	通用场景的零知识证明理论较为成熟，性能优化后逐渐商用	广泛应用在网络安全中，需要提高计算效率	建立更好的安全性模型，与群签名、CPK结合，优势互补	还需研究复杂数据的差分隐私保护和有效控制连续数据的累计误差

6.2.4 大数据的政策和标准

一个产业的发展往往离不开政府的扶持，完善的政策是大数据先行国家推广应用大数据的重要保障。当前，大数据产业相关的政策内容已经从全面、总体的指导规划逐渐向各大行业、细分领域延伸，物联网、云计算、人工智能、5G 技术与大数据的关系越走越近。党中央、国务院高度重视大数据，并将其上升为我国国家发展战略之一。近年来，我国相继出台了一系列相关政策推动大数据的技术、产业及其标准化的发展。

2015 年 9 月 5 日，国务院印发《促进大数据发展行动纲要》（以下简称《纲要》），提出要全面推进我国大数据发展和应用，加快建设数据强国。《纲要》部署了三方面主要任务：一要加快政府数据开放共享，推动资源整合，提升治理能力；二要推动产业创新发展，培育新兴业态，助力经济转型；三要强化安全保障，提高管理水平，促进健康发展。

2017 年 1 月 17 日，工业和信息化部印发《大数据产业发展规划（2016—2020 年）》，全面部署"十三五"时期大数据产业发展工作，加快建设数据强国，为实现制造强国和网络强国提供强大的产业支撑。

2018 年 1 月 22 日，教育部办公厅关于印发《教育部机关及直属事业单位教育数据管理办法》，对教育部机关及直属事业单位教育数据管理工作提出了具体的要求，对各类教育数据的管理、互联互通、共享公开、数据安全进行了规范。在数据采集与存储、数据共享、数据开放、教育政务信息资源目录、数据资源共享、公开平台、数据安全管理等方面进行了详细规定。

结合国内外大数据标准化情况、国内大数据技术发展现状、大数据参考架构及标准化需求，根据数据全周期管理、数据自身标准化特点，当前各领域推动大数据应用的初步实践，以及未来大数据发展的趋势，大数据标准体系由基础标准、数据标准、技术标准、平台和工具标准、管理标准、安全和隐私标准、行业应用标准 7 类标准组成。

6.3 人工智能

人工智能是引领未来的战略性技术，世界主要发达国家把发展人工智能作为提升国家竞争力、维护国家安全的重大战略，加紧出台规划和政策，围绕核心技术、顶尖人才、标准规范等强化部署，力图在新一轮国际科技竞争中掌握主导权。当前，新一轮科技革命和产业变革正在萌发，大数据的形成、理论算法的革新、计算能力的提升及网络设施的演进驱动人工智能发展进入新阶段，智能化成为技术和产业发展的重要方向。人工智能具有显著的溢出效应，将进一步带动其他技术的进步，推动战略性新兴产业的总体突破，正在成为推进供给侧结构性改革的新动能、振兴实体经济的新机遇、建设制造强国和网络强国的新引擎。

6.3.1 人工智能的"三起两落"

历史上，研究人工智能就像是在坐过山车，忽上忽下。梦想的肥皂泡一次次被冰冷的科学事实戳破，科学家们不得不一次次重新回到梦的起点。作为一个独立的学科，人工智能的发展非常奇葩。它不像其他学科那样从分散走向统一，而是从 1956 年创立以来就不断地分裂，形成了一系列大大小小的子领域。也许人工智能注定就是大杂烩，也许统一的时刻还未到来。然而，人们对人工智能的梦想却是永远不会磨灭的。

人工智能在半个多世纪的发展历程中，由于受到智能算法、计算速度、存储水平等多方面因素的影响，人工智能技术和应用发展经历了多次高潮和低谷。2006 年以来，以深度学习为代表的机器学习算法在机器视觉和语音识别等领域取得了极大的成功，识别准确性大幅提升，使人工智能再次受到学术界和产业界的广泛关注。

1. 人工智能的诞生

长期以来，制造具有智能的机器一直是人类的重大梦想。制造出能够像人类一样思考的机器是科学家们最伟大的梦想之一。用智慧的大脑解读智慧必将成为科学发展的终极目标。而验证这种解读的最有效手段，莫过于再造一个智慧大脑——人工智能。

早在二十世纪四五十年代，数学家和计算机工程师就已经开始探讨机器模拟智能的可能。1946 年 2 月 14 日，全球第一台通用计算机——电子数字积分计算机（ENIAC，Electronic Numerical Integrator and Computer）在美国宾夕法尼亚大学诞生。它最初是为美军作战研制，每秒能完成 5 000 次加法、400 次乘法等运算，是使用继电器运转的机电式计算机的 1 000 倍、手工计算的 20 万倍。ENIAC 为人工智能的研究提供了物质基础。

1950 年 10 月，艾伦·图灵（Alan Turing）在哲学杂志《心灵》（*Mind*）上发表了题为《计算机器与智能》的学术论文。图灵在论文中提出了著名的图灵测试，提出了这样一个标准：如果一台机器通过了"图灵测试"，则我们必须接受这台机器具有智能。

那么，图灵测试究竟是怎样一种测试呢？如图 6-16 所示，假设有两间密闭的屋子，其中一间屋子里面关了一个人，另一间屋子里面关了一台计算机：进行图灵测试的人工智能程序。然后，屋子外面有一个人作为测试者，测试者只能通过一根导线与屋子里面的人或计算机交流——与它们进行联网聊天。假如测试者在有限的时间内无法判断出这两间屋子里面哪一个关的是人，哪一个是计算机，那么我们就称屋子里面的人工智能程序通过了图灵测试，并具备了智能。事实上，图灵当年在论文中设立的标准相当宽泛：只要有 30% 的人类测试者在 5 分钟内无法分辨出被测试对象，就可以认为程序通过了图灵测试。虽然图灵测试的科学性受到过质疑，但是它在过去数十年一直被广泛认为是

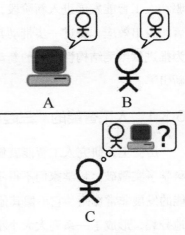

图 6-16　图灵测试

测试机器智能的重要标准，对人工智能的发展产生了极为深远的影响。

1951 年夏天，正在普林斯顿大学数学系攻读博士学位的马文·明斯基和迪恩·爱德蒙（Dean Edmunds）建立了随机神经网络模拟加固计算器（SNARC, Stochastic Neural Analog Reinforcement Calculator），这是人类打造的第一个人工神经网络，用了 3 000 个真空管来模拟 40 个神经元规模的网络。这项开创性工作为人工智能奠定了坚实的基础。

1952 年，亚瑟·塞缪尔（Arthur Samuel）编写了第一个版本的跳棋程序和第一个具有学习能力的计算机程序。这项工作的重要意义在于，人们将这一程序视为合理人工智能技术的研究和应用的早期模型。塞缪尔的工作代表了在机器学习领域最早的研究。塞缪尔曾

思考使用神经网络方法学习博弈的可能性，但是最后决定采用更有组织、更结构化的网络方式进行学习。

1955 年 12 月，赫伯特·西蒙（Herbert Simon）和艾伦·纽厄尔（Allen Newell）开发出"逻辑理论家"，这是世界上第一个人工智能程序，有能力证明罗素和怀特海的《数学原理》第 2 章 52 个定理中的 38 个定理，甚至还找到了比教科书中更优美的证明。这项工作开创了一种日后被广泛应用的方法：搜索推理。

在数学大师们铺平了理论道路、工程师们踏平了技术坎坷、计算机已呱呱落地的时候，人工智能终于横空出世了。而这一历史时刻的到来却是从一个不起眼的会议开始的。

1955 年夏天，麦卡锡到 IBM 学术访问时遇见 IBM 第一代通用机 701 的主设计师纳撒尼尔·罗切斯特（Nathaniel Rochester）。罗切斯特对神经网络素有兴趣，于是两人决定第二年夏天在达特茅斯学院举办一次活动。他俩说服了克劳德·香农（Claude Shannon）和当时在哈佛大学做初级研究员的马文·明斯基，于 1955 年 8 月 31 日给洛克菲勒基金会写了一份项目建议书，希望得到资助。麦卡锡给这个活动起了一个当时看来别出心裁的名字："人工智能夏季研讨会"（Summer Research Project on Artificial Intelligence）。

麦卡锡和明斯基向洛克菲勒基金会提交的建议书里罗列了他们计划研究的七大领域：自动（可编程）计算机、编程语言、神经网络、计算规模的理论（计算复杂性）、自我改进（机器学习）、抽象、随机性和创见性。麦卡锡的原始预算是 13 500 美元，但洛克菲勒基金会只批准了 7 500 美元。

1956 年 6 月 18 日到 8 月 17 日，达特茅斯会议（如图 6-17 所示）召开，这是人工智能史上最重要的里程碑，被公认为人工智能之肇始。让我们再把参会的大家们罗列一下：约翰·麦卡锡、马文·明斯基、克劳德·香农、艾伦·纽厄尔、赫伯特·西蒙除了上述著名的 5 位外，另外还有来自 IBM 的亚瑟·塞缪尔和亚历克斯·伯恩斯坦（Alex Bernstein），他们一个研究跳棋、一个研究象棋。达特茅斯的教授特伦查德·摩尔（Trenchard More）也参与其中。达特茅斯会议中一位被后人忽视的"先知"是雷·所罗门诺夫（Ray Solomonoff）。他们讨论着一个主题：用机器来模仿人类学习以及其他方面的智能。在会议中，给所有人留下最深印象的是纽厄尔和赫伯特·西蒙的报告，他们公布了"逻辑理论家"是当时唯一可以工作的人工智能软件，引起了与会代表的极大兴趣与关注。

图 6-17　部分达特茅斯研讨会与会人员

会议足足开了两个月，虽然大家没有达成普遍的共识，但是却为会议讨论的内容起了一个名字：人工智能。这次会议被公认为人工智能诞生的标志，也正是这一次历史性会议，正式宣告了人工智能作为一门学科的诞生，并开启了人工智能之后十几年的黄金时期。因此，1956 年也就成为人工智能的元年。

2. 第一次浪潮：伟大的首航

人工智能的诞生震动了全世界，人们第一次看到了智慧通过机器产生的可能。当时有人乐观地预测，一台完全智能的机器将在 20 年内诞生。虽然到现在我们还没有看到这种机器的身影，但它的诞生所点燃的热情确实为这一新生领域的发展注入了无穷的活力。

1958 年，约翰·麦卡锡开发出列表处理（LISP，LISt Processing）语言，这是一种人工智能程序设计语言，它可以更方便地处理符号，为人工智能研究提供了有力工具。与大多数人工智能编程语言不同，LISP 在解决特定问题时更加高效，因为它适应了开发人员编写解决方案的需求，非常适合归纳逻辑项目和机器学习。

1959 年，亚瑟·塞缪尔给出了机器学习的定义："机器学习是不使用确定性编程算法为计算机提供学习能力的研究领域"。 塞缪尔专注于让计算机学会游戏策略的方法，由于在 IBM 期间设计完成了能够自主学习的计算机程序而广受赞誉。

1959 年，美国科学家乔治·德沃尔（George Devol）与约瑟夫·英格伯格（Joseph Engelberger）研发出首台工业机器人——Unimate（尤尼梅特，意为"万能自动"）。英格伯格负责设计机器人的"手""脚""身体"，即机器人的机械部分和完成操作部分；由德沃尔设计机器人的"头脑""神经系统""肌肉系统"，即机器人的控制装置和驱动装置。该机器人借助计算机读取示教存储程序和信息，发出指令控制一台多自由度的机械。它对外界环境没有感知。

1963年7月1日，美国国防高级研究计划局（DARPA，Defense Advanced Research Projects Agency）拨款200万美元给麻省理工学院，开启人工智能项目——数学和计算（MAC，Mathematics and Computation），主要研究计算机分时操作技术。不久后，当时最著名的人工智能科学家闵斯基和麦卡锡加入这一项目，并推动了在视觉和语言理解等领域的一系列研究。MAC项目培养了一大批计算机科学和人工智能人才，对这一领域的发展产生了非常深远的影响。这一项目也是现在赫赫有名的麻省理工学院计算机科学与人工智能实验室（CSAIL，Computer Science and Artificial Intelligence Laboratory）的前身。

在巨大的热情和投资的驱动下，一系列新成果在这一时期应运而生。1966年，麻省理工学院的约瑟夫·魏泽堡（Joseph Weizenbaum）研发出人工智能历史上最为著名的自然语言处理软件——伊莉莎（Eliza），这也是世界上第一台真正意义上的聊天机器人，如图6-18所示。魏泽堡将程序命名为伊莉莎，灵感来自于英国著名戏剧家肖伯纳的戏剧《偶像》中的角色，它能够使计算机与人用英语谈话。伊莉莎通过简单的模式匹配和对话规则与人聊天。虽然从今天的眼光来看这一对话程序显得有点儿简陋，但当它第一次出现在大家面前时，确实令世人惊叹。在自然语言理解技术尚未真正取得突破性进展时，这是一个令人费解的现象。

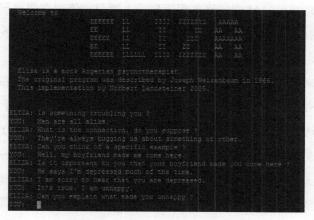

图6-18 伊莉莎人机对话软件界面

1972 年，世界上第一个全尺寸人形"智能"机器人——WABOT-1（如图 6-19 所示）在日本早稻田大学诞生。早稻田大学是日本研究机器人较早的大学之一，特别是加藤一郎教授创立的加藤实验室。该机器人身高约 2 m，重 160 kg，包括肢体控制系统、视觉系统和对话系统，有两只手、两条腿，胸部装有两个摄像头，全身共有 26 个关节，手部还装有触觉传感器。它不仅能够对话，还能在视觉系统的引导下在室内走动和抓取物体。加藤一郎长期致力于研究仿人机器人，被誉为"世界仿人机器人之父"。

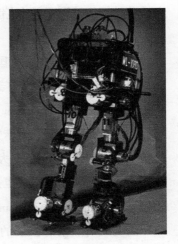

图 6-19　WABOT-1 机器人

所有这一切来得太快了，胜利冲昏了人工智能科学家们的头脑，他们开始盲目乐观起来。1958 年，西蒙和纽厄尔提出 10 年之内计算机将获得国际象棋的世界冠军。1965 年，西蒙又提出将在 20 年内机器能完成人类的所有工作。1967 年，明斯基提出只用一代人的时间，人工智能的问题将被基本解决。到了 1970 年，他更是在《生活》杂志上表示，3 ~ 8 年之内机器将达到普通人的智能水平。

AI 研究人员遭遇的最重要瓶颈是，当时计算机能力严重不足，有限的处理速度和内存不足以解决许多实际的 AI 问题。例如，自然语言处理方面，内存只能容纳含 20 个单词的词汇表，只能应付表演。更有人从理论上证明，AI 有关的许多问题只能在指数时间内获解（处理时间与处理规模的幂成正比）。按这样的理论，解决稍微复杂一点的问题，几乎需要无限长的时间。这意味着，AI 中的许多程序理论上就只能停留在简单玩具阶段，不会发展为实用工具。另外，初创的 AI 那时也实在肤浅。这就是 AI，仿佛条条道路都可以通往人脑核心，但再往前走，却发现高墙林立。

冰冷的寒风吹来了。著名应用数学家詹姆斯·莱特希尔爵士（James Lighthill）受英国科学研究委员会（SRC，Science Research Council）之托，全面审核调研 AI 领域学术研究的状况。1973 年，历史上赫赫有名的《莱特希尔报告》（如图 6-20 所示）推出。报告批评了机器人和自然语言处理等 AI 领域中的许多基本研究，结论十分严厉——"AI 领域的任何一部分都没能产出人们当初承诺的有主要影响力的进步"。整个报告，流露出对 AI 研究在早期兴奋期过后的全面悲观。《莱特希尔报告》一出，英国政府停止了除三所大学之外的全部 AI 相关研究的资助。

同样，美国政府受到来自国会的压力，大规模削减了 AI 探索性研究经费，转而资助那些被认为更容易取得有影响力进展的领域。各国政府纷纷效仿，如同釜底抽薪，曾经火热的 AI 一下子从云端跌落，经历了第一次 "人工智能寒冬"（AI Winter）。此后十多年，AI 几乎淡出人们视野。

3. 第二次浪潮：专家系统的兴衰

人工智能的第二次浪潮，从 20 世纪 80 年代初开始，引领力量是专家系统和人工神经网络。专家系统实际上是一套程序软件，能够从专门的知识库系统中，通过推理找到一定规律，像人类专家那样解决某一特定领域的问题。简单地说，专家系统等于知识库加上推理机。这一次人工智能的复兴，与斯坦福大学教授爱德华·费根鲍姆（Edward Feigenbaum）有很大关系。由于对 AI 的贡献，他获得了 1994 年的图灵奖，并被称为"专家系统之父"，如图 6-21 所示。

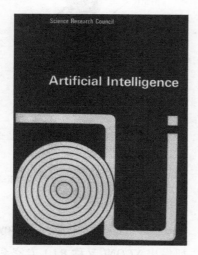

图 6-20 《莱特希尔报告》

图 6-21 "专家系统之父"爱德华·费根鲍姆

1965 年，爱德华·费根鲍姆和诺贝尔生理学和医学奖得主乔舒亚·莱德伯格（Joshua Lederberg）等人合作，开发出了世界上第一个专家系统程序 Dendral，它保存着化学家的知识和质谱仪的知识，可以根据给定的有机化合物的分子式和质谱图，从几千种可能的分子结构中挑选出一个正确的分子结构。

Dendral 的成功不仅验证了费根鲍姆关于知识工程理论的正确性，还为专家系统软件的发展和应用开辟了道路,逐渐形成了具有相当规模的市场,其应用遍及各个领域、各个部门。因此, Dendral 的研究成功被认为是人工智能研究的一个历史性突破。费根鲍姆领导的研究小组后来又为医学、工程和国防等部门成功研制一系列实用的专家系统,其中尤以医学专家系统方面的成果最为突出、最负盛名。例如, 由爱德华 · 肖特里夫（Edward Shortliffe）开发的、用于帮助医生诊断传染病和提供治疗建议的著名专家系统 MYCIN, 可以基于 600 条人工编写的规则来诊断血液中的感染。

1968 年, 美国斯坦福研究院（SRI, Stanford Research Institute）的查尔斯 · 罗森研发出世界上首台移动智能机器人 Shakey, 如图 6-22 所示。它可感知周围环境, 根据明晰的事实来推断隐藏含义, 创建路线规划, 在执行计划过程中修复错误, 而且能够通过普通英语进行沟通。Shakey 的软件架构、计算机图形、导航方式、开创性的路线规划都为机器人的发展带来了深远的影响, 都已经融入网页服务器、汽车、工业、视频游戏和火星登陆器等设计中。2017 年 2 月 16 日, Shakey 在电气工程和计算机科学项目中获得了 IEEE 里程碑奖项。这一奖项是颁发给电气工程和计算机科学领域中, 自开发后历经 25 年仍被公认为对社会及产业发展有巨大贡献, 能够造福人类的重要发明、重要事件等。

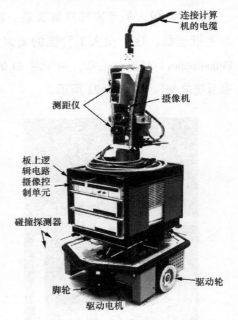

图 6-22　移动智能机器人 Shakey

1978 年, 卡内基 · 梅隆大学的约翰 · 麦克德莫特为数据设备公司（DEC, Data Equipment Company）研发出 XCON（又称 R1）专家系统。该系统运用计算机系统配置的知识, 依据用户的订货, 选出最合适的系统部件, 如中央处理器的型号、操作系统的种类及与系统相应的型号、存储器和外部设备以及电缆型号。它帮助数据设备公司每年节约 4 000 万美元的费用, 特别是在决策方面能提供有价值的内容, 成为专家系统时代最成功的案例。XCON 的巨大商业价值极大地激发了工业界对人工智能尤其是专家系统的热情。

值得一提的是, 专家系统的成功也逐步改变了人工智能发展的方向。科学家们开始专注于通过智能系统来解决具体领域的实际问题，尽管这和他们建立通用智能的初衷并不完全一致。

与此同时，人工神经网络的研究也取得了重要进展。1982 年 4 月，约翰·霍普菲尔德（John Hopfield）在美国科学院院报（PNAS, Proceedings of the National Academy of Sciences）发表了题为《具有紧急集体计算能力的神经网络和实际系统》的学术论文，提出了一种具有联想记忆能力的新型神经网络，后人称为"霍普菲尔德网络"。霍普菲尔德网络属于反馈神经网络类型，是神经网络发展历史上的一个重要里程碑。

1986 年 10 月，大卫·鲁梅哈特（David Rumelhart）、杰弗里·辛顿（Geoffrey Hinton）和罗纳德·威廉姆斯（Ronald Williams）在著名学术期刊《自然》上联合发表题为《通过反向传播算法的学习表征》的学术论文。论文首次系统简洁地阐述了反向传播（BP，Back Propagating）算法在神经网络模型上的应用，该算法把网络权值纠错的运算量，从原来的与神经元数目的平方成正比，下降到只与神经元数目本身成正比。从此，反向传播算法广泛用于人工神经网络的训练。

1989 年，AT&T 贝尔实验室的燕乐存（Yann LeCun）等人在《神经计算》上发表了题为《反向传播应用于手写邮编识别》的学术论文，成功地将反向传播算法应用于多层神经网络，它可以精准地识别手写的各种数字。尽管算法可以成功执行，可是计算代价非常巨大，受到当时硬件设备性能的限制，训练神经网络花了 3 天的时间。

在人工智能浪潮兴起的同时，1981 年 10 月，日本首先向世界宣告开始研制第五代计算机，并于 1982 年 4 月制订为期 10 年的"第五代计算机技术开发计划"，总投资为 1 000 亿日元。第五代计算机是把信息采集、存储、处理、通信同人工智能结合在一起的智能计算机系统。它能进行数值计算或处理一般的信息，主要能面向知识处理，具有形式化推理、联想、学习和解释的能力，能够帮助人们进行判断、决策、开拓未知领域和获得新的知识。人—机之间可以直接通过自然语言（声音、文字）或图形图像交换信息。第五代计算机又称为智能计算机。

从实践来看，专家系统的实用性仅仅局限于某些特定情景，不久后人们对专家系统的狂热追捧转向巨大的失望。虽然 LISP 机器逐渐取得进展，但是 20 世纪 80 年代也正是现代个人计算机（PC，Personal Computer）崛起的时间，IBM PC 和苹果电脑快速占领整个计算机市场，它们的 CPU 频率和速度稳步提升，越来越快，其费用甚至远远低于专家系统所使用的 Symbolics 和 Lisp 等机器。相比于现代 PC，专家系统被认为古老陈旧且非常难以维护。直到 1987 年，专用 LISP 机器硬件销售市场严重崩溃，政府经费开始下降，人工智能领域再一次进入寒冬时期。

4. 第三次浪潮：厚积薄发，再造辉煌

20 世纪 90 年代后，出现了新的数学工具、新的理论和摩尔定律。人工智能也在确定自己的方向，其中一个选择就是要做实用性、功能性的人工智能，这导致了一个新的人工智能路径。以深度学习为核心的机器学习算法获得发展，积累的数据量极其丰富，新型芯片和云计算的发展使得可用的计算能力获得飞跃式发展，现代 AI 的曙光再次出现。

1986 年 8 月 11 ~ 15 日，在宾夕法尼亚州费城召开的第五届全国人工智能会议（AAAI-86）上，加州大学洛杉矶分校的丽娜·德切特（Rina Dechter）发表了题为《基于约束满足问题搜索的学习》的学术论文，作者通过检测可能的机器学习框架来实现搜索效率与学习量的折中，并首次提出深度学习这一概念。事实上，深度学习仍然是一种神经网络模型，只不过这种神经网络具备了更多层次的隐含层节点，同时配备有更先进的学习技术。

1997 年 5 月，IBM 公司邀请国际象棋世界冠军、世界排名第一的俄国棋手加里·卡斯帕罗夫到美国纽约曼哈顿，与该公司制造的 97 型"深蓝"（"更深的蓝"）计算机下 6 盘国际象棋，如图 6-23 所示。当时"深蓝"的运算能力在全球超级计算机中居第 259 位，每秒可运算 2 亿步。1997 年 5 月 11 日，在前 5 局以 2.5∶2.5 打平的情况下，卡斯帕罗夫在第 6 盘决胜局中仅走了 19 步就向"深蓝"拱手称臣。整场比赛进行了不到 1 h。卡斯帕罗夫 1 胜 2 负 3 平，以 2.5∶3.5 的总比分输给计算机"深蓝"。在今天看来，"深蓝"还算不上足够智能，主要依靠强大的计算能力穷举所有路数来选择最佳策略："深蓝"靠硬算可以预判 12 步，卡斯帕罗夫可以预判 10 步，两者高下立现。

2006 年 7 月 28 日，加拿大多伦多大学教授、"神经网络之父"、"深度学习鼻祖"杰弗里·辛顿（Geoffrey Hinton）和他的学生鲁斯兰·萨拉克霍特迪诺夫（Ruslan Salakhutdinov）在《科学》上发表了题为《用神经网络实现数据的降维》，这篇论文提出了通过最小化函数集对训练集数据的重构误差，自适应地编解码训练数据的算法——深度自动编码器（Deep Autoencoder），作为非线性降维方法在图像和文本降维实验中明显优于传统的方法，证明了深度学习方法的正确性。这篇论文与杰弗里·辛顿在《神经计算》上发表的另一篇论文《基

于深度置信网络的快速学习算法》，引起了整个学术界对深度学习的兴趣，才有了近十年来深度学习研究的突飞猛进和突破。

图 6-23　卡斯帕罗夫与"深蓝"对弈（右为"深蓝"现场操作者）

2011 年 1 月 14 日，IBM 开发的人工智能程序"沃森"在美国著名智力竞赛节目《危险边缘》上，击败两名人类选手而夺冠。沃森存储有 2 亿页数据，能够将与问题相关的关键词从看似相关的答案中抽取出来。沃森也由此发展成为 IBM 的增长引擎。人们从沃森一事中明白一个道理：机器人最终将要比人类还要聪明。这一人工智能程序已被 IBM 广泛应用于医疗诊断领域。

2013 年 4 月 2 ~ 4 日，微软在旧金山举办 BUILD 开发者大会，发布了全球首款跨平台智能个人助理——微软小娜（Cortana）。它会记录用户的行为和使用习惯，利用云计算、搜索引擎和"非结构化数据"分析，读取和"学习"包括手机中的文本文件、电子邮件、图片、视频等数据，来理解用户的语义和语境，从而实现人机交互。

2016 年 3 月 9 ~ 15 日，阿尔法狗（AlphaGo）挑战世界围棋冠军李世石的围棋人机大战五番棋在韩国首尔举行。比赛采用中国围棋规则，最终阿尔法狗以 4：1 的总比分取得了胜利。2017 年 5 月 23 ~ 27 日，在中国乌镇围棋峰会上，阿尔法狗以 3：0 的总比分战胜排名世界第一的世界围棋冠军柯洁。在这次围棋峰会期间的 2017 年 5 月 26 日，阿尔法狗还战胜了由陈耀烨、唐韦星、周睿羊、时越、芈昱廷 5 位世界冠军组成的围棋团队。AlphaGo 是由 Google DeepMind 开发的人工智能围棋程序，具有自我学习能力。它能够搜集大量围棋对弈数据和名人棋谱，学习并模仿人类下棋。这已是一项了不起的成就。

2017 年 10 月 18 日，DeepMind 团队在《科学》杂志上发表了题为《无需人类知识就能称霸围棋》的论文，提出了一种新的算法——AlphaGo Zero，它以 100 : 0 的惊人成绩打败了 AlphaGo。更令人难以置信的是，它从零开始，通过自我博弈，逐渐学会了能打败自己之前的策略。至此，开发一个超级 AI 不再需要依赖人类专家的游戏数据库了。

2017 年 12 月 5 日，DeepMind 又发表了另一篇论文《通过一种通用的强化学习算法称霸国际象棋和日本象棋》，宣布已经开发出一种更为广泛的阿尔法元（AlphaZero）系统，可以训练自己在棋盘、将棋和其他规则化游戏中实现"超人"技能，所有这些都在一天之内完成，且无须其他干预，战绩斐然：4 h 成为世界级的国际象棋冠军；2 h 在将棋上达到世界级水平；8 h 战胜 DeepMind 引以为傲的围棋选手 AlphaGo Zero。就这样，AlphaZero 华丽地诞生了——它无须储备任何人类棋谱，就可以以通用算法完成快速自我升级。

2018 年 5 月 8 日，谷歌 CEO 桑达尔·皮查伊在开发者大会上发布了谷歌人工智能专用芯片——张量处理器 TPU 3.0，演示了谷歌语音助手自动拨打电话，宣布了谷歌语音助手的 12 项新特性：同步联网智能家居设备、发送每日信息、帮助记忆、搜索上传过的谷歌照片、日程、截图与分享、播客、语音文字输入、搜索栏、谷歌语音输入、快捷方式、谷歌快递购物列表。

2018 年 12 月 7 日，谷歌旗下的人工智能实验室 DeepMind 研究团队在《科学》杂志上发表了题为《一种可自学成为国际象棋、将棋、围棋大师的通用强化学习算法》（如图 6-24 所示）的封面论文，发布了阿尔法元（AlphaZero）经过同行审议的完整论文，DeepMind 创始人兼 CEO 哈萨比斯亲自执笔了这一论文。论文共 32 页，从细节到参考文献算法，都进行了详细介绍。具体来说，DeepMind 公开了完整评估后的 AlphaZero，不仅回顾、验证了之前的结果，还补充了新的提升：除了围棋，AlphaZero 自学了另外两种复杂棋类游戏——国际象棋和日本象棋。《科学》杂志评价称，能够解决多个复杂问题的单一算法，是创建通用

图 6-24　阿尔法元登上《科学》封面

机器学习系统、解决实际问题的重要一步。

这一系列让世人震惊的成就再次点燃了全世界对人工智能的热情。世界各国政府和商业机构都纷纷把人工智能列为未来发展战略的重要部分。由此，人工智能的发展迎来了第三次浪潮。

6.3.2　什么是人工智能

在计算机出现之前，人们就幻想着一种机器可以实现人类的思维，可以帮助人们解决问题，甚至有比人类更高的智力。随着 20 世纪 40 年代计算机的发明，这几十年来计算速度飞速提高，从最初的科学数学计算演变到现代的各种计算机应用领域，诸如多媒体应用、计算机辅助设计、数据库、数据通信、自动控制等，人工智能是计算机科学的一个研究分支，是多年来计算机科学研究发展的结晶。

严格来说，历史上有很多人工智能的定义，这些定义对于人们理解人工智能都起过作用，甚至是关键作用。例如，达特茅斯会议的发起建议书中对于人工智能的预期目标设想是："制造一台机器，该机器可以模拟学习或者智能的所有方面，只要这些方面可以精确描述"。该预期目标曾被当作人工智能的定义使用，对人工智能的发展起到了举足轻重的作用。本书给出几种学术界一致认同的人工智能的定义。

人工智能之父约翰·麦卡锡（John McCarthy）：人工智能就是制造智能的机器，更特指制作人工智能的程序。人工智能模仿人类的思考方式使计算机能智能地思考问题，人工智能通过研究人类大脑的思考、学习和工作方式，然后将研究结果作为开发智能软件和系统的基础。

图灵奖获得者马文·明斯基（Marvin Minsky）：人工智能是一门科学，是使机器做那些人需要通过智能来做的事情。

国家标准 GB/T 5271.28–2001《信息技术　词汇　第 28 部分　人工智能　基本概念与专家系统》：一门交叉学科，通常视为计算机科学的分支，研究表现出与人类智能（如推理和学习）相关的各种功能的模型和系统。

人工智能的定义对人工智能学科的基本思想和内容做出了解释，即围绕智能活动而构造的人工系统。人工智能是知识的工程，是机器模仿人类利用知识完成一定行为的过程。

从整体发展阶段看，人工智能可划分为弱人工智能、强人工智能和超人工智能 3 个阶段。弱人工智能擅长在特定领域、有限规则内模拟和延伸人的智能；强人工智能具有意识、自我和创新思维，能够进行思考、计划、解决问题、抽象思维、理解复杂理念、快速学习和从经验中学习等人类级别智能的工作；超人工智能是在所有领域都大幅超越人类智能的机器智能。虽然人工智能经历了多轮发展，但仍处于弱人工智能阶段，只是处理特定领域问题的专用智能。对于何时能达到甚至是否能达到强人工智能，业界尚未形成共识。

靠符号主义、连接主义、行为主义和统计主义这四大流派的经典路线就能设计制造出强人工智能吗？其中一个主流的看法是：即使有更高性能的计算平台和更大规模的大数据助力，也还只是量变，不是质变，人类对自身智能的认识还处在初级阶段，在人类真正理解智能机理之前，不可能制造出强人工智能。理解大脑产生智能的机理是脑科学的终极性问题，绝大多数脑科学专家都认为这是一个数百年乃至数千年甚至永远都解决不了的问题。

通向强人工智能还有一条"新"路线，即仿真主义。这条新路线通过制造先进的大脑探测工具从结构上解析大脑，再利用工程技术手段构造出模仿大脑神经网络基元及结构的仿脑装置，最后通过环境刺激和交互训练仿真大脑实现类人工智能，简而言之，"先结构，后功能"。虽然这项工程也十分困难，但都是有可能在数十年内解决的工程技术问题，而不像"理解大脑"这个科学问题那样遥不可及。

可以说，仿真主义是继符号主义、连接主义、行为主义和统计主义之后的第 5 个流派，和前四大流派有着千丝万缕的联系，也是前 4 个流派通向强人工智能的关键一环。经典计算机是数理逻辑的开关电路实现，采用冯·诺依曼体系结构，可以作为逻辑推理等专用智能的实现载体。但要靠经典计算机不可能实现强人工智能。要按仿真主义的路线"仿脑"，就必须设计制造全新的软硬件系统，这就是"类脑计算机"，或者更准确地称为"仿脑机"。"仿脑机"是"仿真工程"的标志性成果，也是"仿脑工程"通向强人工智能之路的重要里程碑。

目前，人工智能领域尚未形成完善的参考框架，国家标准《信息技术　人工智能　参考架构》仍在拟制之中。本书基于人工智能的发展状况和应用特征，从人工智能信息流动的角度出发，提出一种人工智能参考框架（如图 6-25 所示），力图搭建较为完整的人工智能主体框架，描述人工智能系统总体工作流程。该体系架构不受具体应用所限，适用于通用人工智能领域的需求。

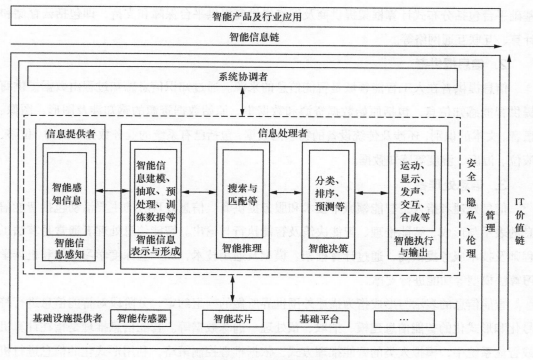

图 6-25 人工智能参考框架

人工智能参考框架提供了基于"角色—活动—功能"的层级分类体系，从"智能信息链"（水平轴）和"IT 价值链"（垂直轴）两个维度阐述了人工智能系统框架。"智能信息链"反映从智能信息感知、智能信息表示与形成、智能推理、智能决策、智能执行与输出的一般过程。在这个过程中，智能信息是流动的载体，经历了"数据—信息—知识—智慧"的凝练过程。"IT 价值链"从人工智能的底层基础设施、信息（提供和处理技术实现）到系统的产业生态过程，反映人工智能为信息技术产业带来的价值。此外，人工智能系统还有其他非常重要的框架构件：安全、隐私、伦理和管理。人工智能系统主要由基础设施提供者、信息提供者、信息处理者和系统协调者 4 种角色组成。

1. 基础设施提供者

基础设施提供者为人工智能系统提供计算能力支持，实现与外部世界的沟通，并通过基础平台实现支撑。计算能力由智能芯片（CPU、GPU、ASIC、FPGA 等硬件加速芯片以及其他智能芯片）等硬件系统开发商提供；与外部世界的沟通通过新型传感器制造商提供；

基础平台包括分布式计算框架提供商及网络提供商提供平台保障和支持，即包括云存储和计算、互联互通网络等。

2. 信息提供者

信息提供者在人工智能领域是智能信息的来源。通过知识信息感知过程由数据提供商提供智能感知信息，包括原始数据资源和数据集。原始数据资源的感知涉及图形、图像、语音、文本的识别，还涉及传统设备的物联网数据，包括已有系统的业务数据以及力、位移、液位、温度、湿度等感知数据。

3. 信息处理者

信息处理者指人工智能领域中技术和服务提供商。信息处理者的主要活动包括智能信息的表示与形成、智能推理、智能决策及智能执行与输出。智能信息处理者通常是算法工程师及技术服务提供商，通过计算框架、模型及通用技术，如一些深度学习框架和机器学习算法模型等功能进行支撑。

智能信息的表示与形成指为描述外围世界所做的一组约定，分阶段对智能信息进行符号化和形式化的智能信息建模、抽取、预处理、训练数据等。智能信息推理是指在计算机或智能系统中，模拟人类的智能推理方式，依据推理控制策略，利用形式化的信息进行机器思维和求解问题的过程，典型的功能是搜索与匹配。

智能信息决策指智能信息经过推理后进行决策的过程，通常提供分类、排序、预测等功能。

智能执行与输出作为智能信息输出的环节，是对输入做出的响应，输出整个智能信息流动过程的结果，包括运动、显示、发声、交互、合成等功能。

4. 系统协调者

系统协调者提供人工智能系统必须满足的整体要求，包括政策、法律、资源和业务需求，以及为确保系统符合这些需求而进行的监控和审计活动。由于人工智能是多学科交叉领域，需要系统协调者定义和整合所需的应用活动，使其在人工智能领域的垂直系统中运行。系统协调者的功能之一是配置和管理人工智能参考框架中的其他角色来执行一个或多个功能，并维持人工智能系统的运行。

5. 安全、隐私、伦理

安全、隐私、伦理覆盖了人工智能领域的其他 4 个主要角色，对每个角色都有重要的影响作用。同时，安全、隐私、伦理处于管理角色的覆盖范围之内，与全部角色和活动都建立了相关联系。在安全、隐私、伦理模块，需要通过不同的技术手段和安全措施，构筑全方位、立体的安全防护体系，保护人工智能领域参与者的安全和隐私。

6. 管理

管理角色承担系统管理活动，包括软件调配、资源管理等内容，管理的功能是监视各种资源的运行状况，应对出现的性能或故障事件，使得各系统组件透明且可观。

7. 智能产品及行业应用

智能产品及行业应用指人工智能系统的产品和应用，是对人工智能整体解决方案的封装，将智能信息决策产品化、实现落地应用，其应用领域主要包括：智能制造、智能交通、智能家居、智能医疗、智能安防等。

6.3.3 驱动人工智能的"三驾马车"

人工智能的三大发展基础分别是数据、算法和算力。其中，数据是基础，人工智能的智能都蕴含在数据中；算法是人工智能的引擎，为人工智能的实现提供根本途径，为数据智能挖掘提供有效方法；算力是人工智能的平台，为人工智能提供了基本计算能力的支撑，如图 6-26 所示。

图 6-26 人工智能的"三驾马车"

1. 数据

2016 年以来，全球迎来人工智能发展的新一轮浪潮，人工智能成为各方关注的焦点。从软件时代到互联网，再到如今的数据时代，数据的量和复杂性都经历了从量到质的改变，数据引领人工智能发展进入重要的战略窗口。互联网和移动互联网的发展提供了种类丰富的数据资源，它能够提升算法的有效性。

从发展意义来看，人工智能的核心在于数据支持。首先，数据技术的发展打造了坚实的素材基础。数据具有体量大、多样性、价值密度低、速度快等特点。数据技术能够通过数据采集、预处理、存储及管理、分析及挖掘等方式，从各种各样类型的海量数据中，快速获得有价值的信息，为深度学习等人工智能算法提供坚实的素材基础。人工智能的发展也需要学习大量的知识和经验，而这些知识和经验就是数据，人工智能需要有数据支撑，反过来人工智能技术也同样促进了数据技术的进步，两者相辅相成，任何一方技术的突破都会促进另外一方的发展。其次，人工智能创新应用的发展更离不开公共数据的开放和共享。从国际上看，开发、开放和共享政府数据已经成为普遍的潮流，英、美等发达国家已经在公共数据驱动人工智能方面取得一定成效。而我国当前仍缺乏国家层面的整体战略设计与部署，政府数据开放仍处于起步阶段。在开放政府数据成为全球政府共识的背景下，我国应顺应历史发展潮流，抓住数据背景下发展人工智能这一珍贵历史机遇，加快数据开发、开放和共享的步伐，提升国家经济与社会竞争力。数据是人工智能发展的基石，人工智能的核心在于数据支持。再次，数据是人工智能发展的助推剂。这是因为有些人工智能技术使用统计模型来进行数据的概率推算，如图像、文本或者语音，通过这些模型暴露在数据的海洋中，使其得到不断优化，或者称其为"训练"。有了大数据的支持，深度学习算法的输出结果会随着数据处理量的增大而更加准确。

从发展现状来看，人工智能技术取得突飞猛进的进展得益于良好的数据基础。首先，海量数据为训练人工智能提供了原材料。根据 We Are Social 公司 2018 年第三季度全球数字统计报告，全球独立移动设备用户渗透率超过了总人口的 67%，活跃互联网用户突破了41 亿人。根据国际数据公司（IDC, International Data Corporation）预测，2020 年，全球将总共拥有 35 ZB 的数据量。如此海量的数据给机器学习带来了充足的训练素材，打造了坚实的数据基础。移动互联网和物联网的爆发式发展为人工智能的发展提供了大量的学习样本和数据支撑。其次，互联网企业依托数据成为人工智能的排头兵。Facebook 近 5 年中积累了超过 12 亿全球用户；国际商用机器公司（IBM, International Business Machine）服务的很多客户拥有 PB 级的数据；Google 的 20 亿行代码都存放在代码资源库中，提供给全部 2.5万名 Google 工程师调用；亚马逊 AWS 为全球 190 个国家 / 地区超过百万家企业、政府以及创业公司和组织提供支持。在中国，百度、阿里巴巴、腾讯分别通过搜索、产业链、用户掌握着数据流量入口，体系和工具日趋成熟。最后，公共服务数据成为各国政府关注的焦点。美国联邦政府已在 Data.gov 数据平台开放多个领域 13 万个数据集的数据。这些领域包括农业、商业、气候、教育、能源、金融、卫生、科研等。英国、加拿大、新西兰等都建立了政府数据开放平台。之后，北京、武汉、无锡、佛山、南京等城市也都陆续上线数据平台。此外，基于产业数据协同的人工智能应用层出不穷。海尔借助拥有上亿用户数据的 SCRM 数据平台，建立了需求预测和用户活跃度等数据模型，年转化的销售额达到 60 亿元；益海鑫星、有理数科技和阿里云数家平台合作，以中国海洋局的遥感卫星数据和全球船舶定位画像数据为基础，打造围绕海洋的数据服务平台，服务于渔业、远洋贸易、交通运输、金融保险、石油天然气、滨海旅游、环境保护等众多行业，从智能指导远洋捕捞到智能预测船舶在港时间，场景丰富。

从数据集建设成果来看，已为行业和产业发展奠定了坚实基础。首先，公共数据集不断丰富，推动初创企业成长，如表 6-4 所示。这些数据集主要由学术及研究机构建设。公共数据集一般用作算法测试及能力竞赛，质量较高，为创新创业和行业竞赛提供优质数据，给初创企业带来必不可少的资源。其次，行业数据集日益成为企业的核心竞争力，如图 6-27 所示。行业数据集与产业紧密结合，各个公司的自建数据集属于企业的"杀手锏"。数据服务产业快速发展，主要包括数据集建设、数据清洗、数据标注等。

表 6-4　全球部分人工智能公共数据集

类型	数据集名称	特点
自然语言处理	WikiText	维基百科语料库
	SQuAD	斯坦福大学问答数据集
	Common Crawl	PB 级网络爬虫数据库
	Billion Words	常用语言建模数据库
语音识别	VoxForge	带口音的语料库
	TIMIT	声学—音素连续语音语料库
	CHIME	包含环境噪声的语音识别数据集
机器视觉	SVHN	谷歌街景中的图像数据集
	ImageNet	基于 wordnet 构成，常用图像数据集
	Labeled Faces in the Wild	面部区域图像数据集，用于人脸识别训练

综上所述，数据为人工智能的发展提供了必要条件。现阶段，从数据角度来看，制约我国人工智能发展的关键在于缺乏高质量数据应用基础设施、公共数据开放共享程度不够、社会参与数据增值开发进展缓慢、标准缺乏时效性等。

图 6-27　行业数据库分类

2. 算法

基础算法的创新减少了传统算法和人类手工总结特征的不完备性。人工智能算法发展至今不断创新，学习层级不断增加。学术界早期研究的重点集中在符号计算，人工神经网络在人工智能发展早期被完全否定，而后逐渐被认可，再成为今天引领人工智能发展潮流的一大类算法，显现出强大的生命力。目前流行的机器学习以及深度学习算法（如表6-5所示）实际上是符号学派、控制学派以及连接学派理论的进一步拓展。

表 6-5　深度学习框架

框架	单位	支持语言	简介
TensorFlow	谷歌	Python/C++/Go/…	神经网络开源库
Caffe	加州大学伯克利分校	Python/C++	卷积神经网络开源框架
Paddle	百度	Python/C++	深度学习开源平台
CNTK	微软	C++	深度学习计算网络工具包
Torch	Facebook	Lua	机器学习算法开源框架
Keras	谷歌	Python	模块化神经网络库 API

续表

框架	单位	支持语言	简介
Theano	蒙特利尔大学	Python	深度学习库
DL4J	Skymind	Java/Scala	分布式深度学习库
MXNet	DMLC 社区	Python/C++/R/…	深度学习开源库

机器学习算法和深度学习算法是人工智能的两大热点，开源框架成为科技巨头全面布局的重点。开源深度学习平台是推进人工智能技术发展的重要动力，开源深度学习平台允许公众使用、复制和修改源代码，具有更新速度快、拓展性强等特点，可以大幅降低企业开发成本和客户的购买成本。这些平台被企业广泛应用于快速搭建深度学习技术开发环境，并促使自身技术的加速迭代与成熟，最终实现产品的应用落地。

人工智能仍在迅速发展，而且改变着人们的生活，还有更多人工智能算法正等待着计算机科学家去挖掘。由于技术投资周期较长，中国大多数人工智能企业还缺少原创算法，仍需要未雨绸缪，重视 AI 算法层面的人才储备。将学术研究和产业应用场景相结合，鼓励创新，积极挖掘 AI 算法方面的人才，让具备强大潜力的人工智能研究者能够真正投入业界。

3. 算力

人工智能算法的实现需要强大的计算能力支撑，特别是深度学习算法的大规模使用，对计算能力提出了更高的要求。人工智能迎来真正的大爆发，在很大程度上与图形处理器（GPU，Graphics Processing Unit）的广泛应用有关。在此之前，硬件算力并不能满足人工智能计算能力的需求，当 GPU 与人工智能结合后，人工智能才迎来了真正的高速发展，因而硬件算力的提升是 AI 快速发展的重要因素之一。

近年来，新型高性能计算架构成为人工智能技术演进的催化剂，随着人工智能领域中深度学习热潮的涌现，计算芯片的架构逐渐向深度学习应用优化的趋势发展，从传统的中央处理器（CPU，Central Processing Unit）为主、GPU 为辅的英特尔处理器转变为 GPU 为主、CPU 为辅的结构。2017 年，NVIDIA 推出的新一代图形处理芯片 TeslaV100，主要用于研究基于深度学习的人工智能。针对谷歌的开源深度学习框架 TensorFlow，谷歌推出了为机器学习定制的张量处理单元（TPU，Tensor Processing Unit）。

人工智能发展急需核心硬件升级，人工智能芯片创新加速，计算创新成为布局重点。

现有芯片产品在基础能力上无法满足密集线性代数和海量数据高吞吐需求，亟须解决云端的高性能和通用性、终端的高能效和低时延等问题。

从人工智能芯片所处发展阶段看，CPU、GPU 和现场可编程门阵列（FPGA，Field Programmable Gate Array）等通用芯片是当前人工智能领域的主要芯片，而针对神经网络算法的专用芯片专用集成电路（ASIC，Application Specific Integrated Circuits）也正在被 Intel、Google、NVIDIA 和众多初创公司陆续推出，并有望将在今后数年内取代当前的通用芯片成为人工智能芯片的主力。

6.3.4 人工智能的政策和标准

近年来，我国在人工智能领域密集出台相关政策，更在 2017 年、2018 年连续两年的政府工作报告中提到人工智能，可以看出世界主要大国纷纷在人工智能领域出台国家战略，抢占人工智能时代制高点的环境下，中国政府把人工智能上升到国家战略的决心，向世人宣告了引领全球 AI 理论、技术和应用的雄心。

2017 年 7 月 20 日，国务院印发《新一代人工智能发展规划》，提出了面向 2030 年我国新一代人工智能发展的指导思想、战略目标、重点任务和保障措施，部署构筑我国人工智能发展的先发优势，加快建设创新型国家和世界科技强国。

2017 年 11 月 15 日，科技部在京召开新一代人工智能发展规划暨重大科技项目启动会，并宣布首批国家新一代人工智能开放创新平台名单：依托百度公司建设自动驾驶国家新一代人工智能开放创新平台，依托阿里云公司建设城市大脑国家新一代人工智能开放创新平台，依托腾讯公司建设医疗影像国家新一代人工智能开放创新平台，以及依托科大讯飞公司建设智能语音国家新一代人工智能开放创新平台。

2017 年 12 月 14 日，工业和信息化部印发《促进新一代人工智能产业发展三年行动计划（2018—2020 年）》，提出力争到 2020 年，一系列人工智能标志性产品取得重要突破，在若干重点领域形成国际竞争优势，人工智能和实体经济融合进一步深化，产业发展环境进一步优化。

2018 年 4 月 2 日，教育部印发《高等学校人工智能创新行动计划》（以下简称《计划》）。《计划》指出，到 2020 年，基本完成适应新一代人工智能发展的高校科技创新体系和学科体系的优化布局，高校在新一代人工智能基础理论和关键技术研究等方面取得新突破，人才培养和科学研究的优势进一步提升，并推动人工智能技术广泛应用。到 2030 年，高校成为建设世界主要人工智能创新中心的核心力量和引领新一代人工智能发展的人才高地，为我国跻身创新型国家前列提供科技支撑和人才保障。

2018 年 12 月 25 日，工业和信息化部印发《关于加快推进虚拟现实产业发展的指导意见》，紧密结合国家相关产业政策，利用现有渠道，创新支持方式，重点支持虚拟现实技术研发和产业化。加强对产业发展情况的跟踪监测和发展形势研判。鼓励金融机构开展符合虚拟现实产业特点的融资业务和信用保险业务，进一步拓宽产业融资渠道。

我国高度重视人工智能标准化工作。《新一代人工智能发展规划》中将人工智能标准化作为重要支撑保障，提出要"加强人工智能标准框架体系研究。坚持安全性、可用性、互操作性、可追溯性原则，逐步建立并完善人工智能基础共性、互联互通、行业应用、网络安全、隐私保护等技术标准。加快推动无人驾驶、服务机器人等细分应用领域的行业协会和联盟制定相关标准"。工业和信息化部在《促进新一代人工智能产业发展三年行动计划（2018—2020 年）》中指出，要建设人工智能产业标准规范体系，建立并完善基础共性、互联互通、安全隐私、行业应用等技术标准，同时构建人工智能产品评估评测体系。

参考文献

[1] 中国信息通信研究院，中国人工智能产业发展联盟. 人工智能发展白皮书技术架构篇（2018年）[R]. 2018.

[2] 中国信息通信研究院，Gartner. 世界人工智能产业发展蓝皮书（2018）[R]. 2018.

[3] 中国电子学会. 新一代人工智能发展白皮书（2017）[R]. 2017.

[4] 李德毅，于剑. 人工智能导论[M]. 北京：中国科学技术出版社，2018.

[5] 陈玉琨，汤晓鸥. 人工智能基础（高中版）[M]. 上海：华东师范大学出版社，2018.

[6] 集智俱乐部. 科学的极致：漫谈人工智能[M]. 北京：人民邮电出版社，2015.

[7] 中国信息通信研究院. 物联网白皮书（2018年）[R]. 2018.

[8] 安娜PARKER. 从"特洛伊咖啡壶"开始：详解物联网的前世今生[EB/OL].

[9] Carnegie Mellon University. The "Only" Coke Machine on the Internet [EB/OL].

[10] 筑龙建筑设计. 刚刚，Google发布了一个可怕的人工智能，人类迎来史上最惨失业潮……[EB/OL].

[11] Kevin Ashton. That "Internet of Things" Thing [EB/OL].

[12] 比尔·盖茨. 辜正坤，译. 未来之路[M]. 北京：北京大学出版社，1996.

[13] 芃芃. 物联网智能时代：未来的一天居然是这样的[EB/OL].

[14] 杰里米·里夫金. 赛迪研究院专家组，译. 零边际成本社会：一个物联网、合作共赢的新经济时代（第3版）[M]. 北京：中信出版社，2017.

[15] Dave Evans. How the Internet of Everything Will Change the World…for the Better [EB/OL].

[16] 熊剑辉. 60万亿大产业即将爆发：一个足以颠覆微信、超越阿里的超级风口[EB/OL].

[17] 周鸿祎. 智能主义：未来商业与社会的新生态[M]. 北京：中信出版社，2016.

[18] 彭昭. 达到智联网状态需要满足3个必要条件[EB/OL].

[19] GB/T 33745–2017. 物联网　术语[S].

[20] GB/T 33474–2016. 物联网　参考体系结构[S].

[21] GB/Z 33750–2017. 物联网　标准化工作指南[S].

[22] GB/T 35319–2017. 物联网　系统接口要求[S].

[23] 国家物联网基础标准工作组. 物联网标准化白皮书[R]. 北京：中国电子技术标准化研究院，2017.

[24] GB/T 29261.3–2012. 信息技术　自动识别和数据采集技术　词汇　第3部分：射频识别[S].

[25] WINFIELD R KOCH. Ultra High Frequency Modulator: US2238117 [P/OL]. 1941–04–15[2018–11–16].

[26] STOCKMAN H. Communication by Means of Reflected Power [J]. Proceedings of the IRE, 1948, 36(10): 1196–1204.

[27] MARIO CARDULLO. Transponder Apparatus and System: US3713148 [P/OL]. 1973–01–23[2018–11–16].

[28] 中国信息通信研究院. 大数据白皮书（2018年）[R]. 2018.

[29] 中国信息通信研究院. 车联网白皮书（2018年）[R]. 2018.

[30] 中国信息通信研究院. 工业互联网平台标准化白皮书（2018年）[R]. 2018.

[31] 中国信息通信研究院. 人工智能标准化白皮书（2018年）[R]. 2018.

[32] 中国信息通信研究院. 大数据标准化白皮书（2018年）[R]. 2018.

[33] 中国信息通信研究院. 物联网安全白皮书（2018年）[R]. 2018.

[34] 中国信息通信研究院. 人工智能安全白皮书（2018年）[R]. 2018.

[35] 中国信息通信研究院. 云计算发展白皮书（2018年）[R]. 2018.

[36] 中国信息通研究院云计算与大数据研究所. 数据流通关键技术白皮书（1.0版）[R]. 北京：中国信息通信研究院，2018.

[37] 郎为民. 射频识别（RFID）技术原理与应用[M]. 北京：机械工业出版社，2006.

[38] 郎为民. 下一代网络技术原理与应用[M]. 北京：机械工业出版社，2006.

[39] 郎为民. 网络安全与防护基础教程[M]. 北京：北京大学出版社，2005.

[40] 郎为民. 下一代移动通信系统：3G/B3G[M]. 北京：机械工业出版社，2007.

[41] 郎为民. IPTV与网络视频：拓展广播电视的应用范围[M]. 北京：机械工业出版社，2008.

[42] 郎为民，刘波. WiMAX技术原理与应用[M]. 北京：机械工业出版社，2008.

[43] 郎为民. 未来UMTS的体系结构与业务平台：全IP的3G CDMA网络[M]. 北京：机械工业

出版社，2009.

[44] 郎为民. UMTS-HSDPA系统的TCP性能[M]. 北京：机械工业出版社，2009.

[45] 郎为民. UMTS中的LTE：基于OFDMA和SC-FDMA的无线接入[M]. 北京：机械工业出版社，2010.

[46] 郎为民. EPON/GPON: 从原理到实践[M]. 北京：人民邮电出版社，2010.

[47] 郎为民，焦巧. UMTS中的LTE：基于OFDMA和SC-FDMA的无线接入[M]. 北京：机械工业出版社，2010.

[48] 郎为民. 大话云计算[M]. 北京：人民邮电出版社，2012.

[49] 郎为民. 无线传感器及执行网络：可扩展协同数据通信的算法与协议[M]. 北京：机械工业出版社，2012.

[50] 郎为民. 大话移动互联网[M]. 北京：机械工业出版社，2012.

[51] 郎为民. 手机那点事儿[M]. 北京：机械工业出版社. 2012.

[52] 郎为民. UMTS中的LTE：向LTE-Advanced演进（原书第2版）[M]. 北京：机械工业出版社，2012.

[53] 郎为民，陈俊. 绿色足迹：减排路上的趣事[M]. 北京：机械工业出版社，2013.

[54] 郎为民，陈林，张锋军. 云连接与嵌入式传感系统[M]. 北京：机械工业出版社，2013.

[55] 郎为民，张国峰，张锋军，等. 认知无线电通信与组网：原理与应用[M]. 北京：机械工业出版社，2013.

[56] 郎为民，陈虎，王大鹏，等. 供应链管理的动态建模——关于前端后端和整合问题[M]. 北京：机械工业出版社，2014.

[57] 郎为民. 漫话大数据[M]. 北京：人民邮电出版社，2014.

[58] 郎为民. 大话社交网络[M]. 北京：人民邮电出版社，2014.

[59] 王秋爽，郎为民，王大鹏. Android系统安全与防护[M]. 北京：机械工业出版社，2014.

[60] 郎为民，张锋军，余亮琴，等. 认知视角下的无线传感器网络[M]. 北京：机械工业出版社，2014.

[61] 郎为民. 移动云计算：无线、移动及社交网络中分布式资源的开发利用[M]. 北京：机械工业出版社，2014.

[62] 郎为民，王大鹏，陈俊，等. 构建基于IPv6和移动IPv6的物联网：向M2M通信的演进

[M]. 北京：机械工业出版社，2015.

[63] 郎为民. 特斯拉：改变世界的汽车[M]. 北京：人民邮电出版社，2015.

[64] 郎为民，张锋军，王大鹏，等. 大数据爆炸时代的移动通信技术与应用[M]. 北京：机械工业出版社，2016.

[65] 郎为民，王大鹏，王逢东. 无线通信系统中的定位技术与应用[M]. 北京：机械工业出版社，2016.

[66] 郎为民. 埃隆·马斯克：颠覆，岂止于特斯拉[M]. 北京：化学工业出版社，2016.

[67] 郎为民，徐亮琴，陈红，等. 不确定性理论与多传感器数据融合[M]. 北京：机械工业出版社，2016.

[68] 郎为民，徐延军. 一本书读懂3D打印[M]. 北京：人民邮电出版社，2016.

[69] 郎为民. 大话互联网+[M]. 北京：人民邮电出版社，2016.

[70] 周学全，杨丽芬，郎为民. 永不消逝的无线电波[M]. 北京：机械工业出版社，2016.

[71] 郎为民，张锋军，姚晋芳，等. 移动云计算：架构、算法与应用[M]. 北京：人民邮电出版社，2017.

[72] 郎为民. 互联网+那些事儿[M]. 北京：化学工业出版社，2017.

[73] 郎为民，陈晓坤，和湘，等. 社交大数据挖掘[M]. 北京：机械工业出版社，2017.

[74] 郎为民，王大鹏，陈红，赵毅丰. 面向公共安全的宽带移动通信：通往LTE技术之路[M]. 北京：机械工业出版社，2018.

[75] 郎为民，周彦. 无人机基本原理与系统设计[M]. 北京：人民邮电出版社，2018.

附录 英文词汇表

英文缩写	英文全称	中文全称
2G	2nd Generation	第二代（移动通信系统）
3D	Three Dimensions	三维
3G	3rd Generation	第三代（移动通信系统）
3GPP	3rd Generation Partnership Project	第三代合作伙伴计划
4D	Four Dimensions	四维
4G	4th Generation	第四代（移动通信系统）
5D	Five Dimensions	五维
5G	5th Generation	第五代（移动通信系统）
6G	6th Generation	第六代（移动通信系统）
6LowPAN	IPv6 over Low Power WPAN	低功耗无线个域网
A/V	Audio/Video	音频 / 视频
AAL	Active Assisted Living	主动辅助生活
AAR	Association of American Railroads	美国铁路协会
AEI	Automatic Equipment Identification	自动设备识别
AI	Artificial Intelligence	人工智能
AL	Application Layer	应用层
AMPS	Advanced Mobile Phone System	高级移动电话系统
AMQP	Advanced Message Queuing Protocol	高级消息队列协议
ARPA	Advanced Research Projects Agency	美国国防部高级研究计划局
API	Application Programming Interface	应用程序编程接口
APL	Application	应用
APS	Application Support Sub-Layer	应用支持子层
AR	Augmented Reality	增强现实
ARIB	Association of Radio Industries and Businesses	日本无线工业及商贸联合会

续表

英文缩写	英文全称	中文全称
ARF	Augmented Reality Framework	增强现实框架
ASF	Apache Software Foundation	Apache 软件基金会
ASIC	Application Specific Integrated Circuits	专用集成电路
ATIS	Alliance for Telecommunications Industry Solutions	电信工业解决方案联盟
ATM	Automatic Teller Machine	自动取款机
ATS	Abstract Test Suite	抽象测试套件
ATTM	Access、Terminals、Transmission and Multiplexing	接入、终端、传输和复用
AWS	Amazon Web Services	亚马逊网络服务
B/S	Browser/Server	浏览器 / 服务器
BACS	Building Automation and Control System	楼宇自动化和控制系统
BBC	British Broadcasting Corporation	英国广播公司
BBF	Broadband Forum	宽带论坛
BCH	Broadcast Channel	广播信道
BP	Back Propagating	反向传播
BRAN	Broadband Radio Access Networks	宽带无线接入网
BTO	Biological Technologies Office	生物技术办公室
C/S	Client/Server	客户端 / 服务器
CBS	Cell Broadcast Service	蜂窝广播服务
CBV	Core Business Vocabulary	核心业务词汇
CC	Call Control	呼叫控制
CCA	Clear Channel Assessment	空闲信道评估
CCD	Charge Coupled Device	电荷耦合器件
CCSA	China Communications Standards Association	中国通信标准化协会
CDP	City Digital Profile	城市数字概况
CE	Consumer Electronics	消费电子
CENELEC	European Committee for Electrotechnical Standardization	欧洲电工标准化委员会
CEO	Chief Executive Officer	首席执行官

英文缩写	英文全称	中文全称
CEPT	Conference European of Postas and Telecommunications Administrations	欧洲邮政电信管理部门会议
CERNET	China Education and Research Network	中国教育和科研计算机网
CIM	Cross-cutting Context Information Management	跨领域上下文信息管理
CIO	Chief Information Officer	首席信息官
CIS	Contact Image Sensor	接触式图像传感器
CLLC	Consolidated Link Layer Control	统一链路层控制
CMOS	Complementary Metal Oxide Semiconductor	互补金属氧化物半导体
CMU	Carnegie Mellon University	卡内基·梅隆大学
CNAS	Center for a New American Security	美国新安全中心
CPID	Component/Part Identifier	零部件标识符
CPU	Central Processing Unit	中央处理器
CSAIL	Computer Science and Artificial Intelligence Laboratory	计算机科学与人工智能实验室
CSIS	Center for Strategic and International Studies	美国国际战略研究中心
CoAP	Constrained Application Protocol	受限应用协议
CoMP	Coordinated Multiple Points	多点协作
CPU	Central Processing Unit	中央处理器
CRO	Cathode Ray Oscilloscope	阴极射线示波器
CRT	Cathode Ray Tube	阴极射线管
CS	Computer Science	计算机科学
CSMA/CA	Carrier Sense Multiple Access/Collision Avoidance	载波监听多路访问/冲突避免
CSNET	Computer Science Network	计算机科学网
CT	Communication Technology	通信技术
CT	Core Network and Terminals	核心网与终端
D2D	Device to Device	设备到设备通信
DAMPS	Digital Advanced Mobile Phone System	数字高级移动电话系统
DARPA	Defense Advanced Research Projects Agency	美国国防高级研究计划局

英文缩写	英文全称	中文全称
DDS	Data Distribution Service	数据分发服务
DEC	Data Equipment Company	数据设备公司
DECT	Digital Enhanced Cordless Telecommunications	增强型数字无绳通信
DHS	Department of Homeland Security	国土安全部
DIS	Draft International Standard	国际标准草案
DLL	Data Link Layer	数据链路层
DM	Device Management	设备管理
DMC	Direct Multiplex Control	直接多路复用控制器
DNA	Deoxyribonucleic Acid	脱氧核糖核酸
DOE	Department of Energy	能源部
DRAM	Dynamic Random Access Memory	动态随机存取存储器
DSO	Defense Sciences Office	国防科学办公室
DSSS	Direct Sequence Spread Spectrum	直接序列扩频
E-UTRA	Evolved Universal Terrestrial Radio Access	演进型通用地面无线接入
E-UTRAN	Evolved Universal Terrestrial Radio Access Network	演进型通用地面无线接入网
EAN	European Article Numbering Association	欧洲物品编码协会
EC-GSM	Extended Coverage GSM	扩展覆盖 GSM
ECU	European Currency Unit	欧洲货币单位
ED	Energy Detection	能量检测
EDGE	Enhanced Data Rate for GSM Evolution	增强型数据速率 GSM 演进
EDI	Electronic Data Interchange	电子数据交换
EE	Environmental Engineering	环境工程
eIMTA	Enhanced Interference Mitigation and Traffic Adaptation	增强型干扰抑制与流量自适应
EIR	Enhanced IR-UWB Ranging	增强型红外—超宽带测距
eMBMS	Evolved Multimedia Broadcast Multicast Service	增强型广播与组播业务
EMC	Electro Magnetic Compatibility	电磁兼容性
eMTC	Enhanced Machine Type Communication	增强型机器类通信

续表

英文缩写	英文全称	中文全称
EMTEL	Emergency Communications	应急通信
ENI	Experiential Networked Intelligence	体验网络智能
ENIAC	Electronic Numerical Integrator and Computer	电子数字积分计算机
EP	ETSI Project	ETSI 项目组
EPC	Electronic Product Code	产品电子代码
EPCIS	Electronic Product Code Information Services	产品电子代码信息服务
ePDCCH	Enhanced Physical Downlink Control Channel	增强型物理下行控制信道
ERM	EMC and Radio Spectrum Matters	电磁兼容性和无线电频谱
ERP	Enterprise Resource Planning	企业资源规划
ESD	Electro Static Discharge	静电释放
ESI	Electronic Signatures and Infrastructures	电子签名和基础设施
ETACS	Extended Total Access Communication System	扩展型全面接入通信系统
ETSI	European Telecommunications Standards Institution	欧洲电信标准化委员会
FANE	Field Area Network Enhancements	场域网增强
FC	Finance Committee	财务委员会
FCC	Federal Communications Commission	美国联邦通信委员会
FDD	Frequency Division Duplex	频分双工
FDE	Frequency Domain Equalization	频域均衡
FDMA	Frequency Division Multiple Access	频分多址
FFD	Full Function Device	全功能设备
FMSS	Flexible Mobile Service Steering	灵活移动业务指导
FPGA	Field Programmable Gate Array	现场可编程门阵列
FPLMTS	Future Public Land Mobile Telecommunication System	未来公众陆地移动通信系统
FTP	File Transfer Protocol	文件传输协议
GAN	Generic Access Network	通用接入网
GCN	Global Coupon Number	全球优惠券代码
GDSN	Global Data Synchronization Network	全球数据同步网络

续表

英文缩写	英文全称	中文全称
GDTI	Global Document Type Identifier	全球文档类型标识符
GFS	Google File System	Google 文件系统
GIAI	Global Individual Asset Identifier	全球单个资产标识符
GINC	Global Identification Number for Consignment	全球货物托运标识代码
GLN	Global Location Number	全球位置码
GMN	Global Model Number	全球模型代码
GMSK	Gaussian Minimum Shift Keying	高斯滤波最小频移键控
GPC	Global Product Classification	全球产品分类
GPO	Gun Position Officer	射击阵地指挥官
GPS	Global Positioning System	全球定位系统
GPRS	General Packet Radio Service	通用分组无线服务
GPU	Graphics Processing Unit	图形处理器
GRAI	Global Returnable Asset Identifier	全球可回收资产标识符
GTE	General Telephone and Electronics	通用电话与电子设备公司
GTS	Global Traceability Standard	全球可追溯性标准
GTS	Guaranteed Time Slot	保障时隙
GS1	Global Standard 1st	全球第一标准化组织
GSIN	Global Shipment Identification Number	全球货物装运标识代码
GSM	Global System for Mobile Communication	全球移动通信系统
GSM	Group Special Mobile	移动特别小组
GSRN	Global Service Relation Number	全球服务关系代码
GTIN	Global Trade Item Number	全球贸易项目代码
GTP	GPRS Turning Protocol	GPRS 隧道协议
HART	Highway Addressable Remote Transducer	可寻址远程传感器高速通道
HDFS	Hadoop Distributed File System	Hadoop 分布式文件系统
HetNet	Heterogeneous Network	异构网络
HNB	Home eNode B	家庭基站

续表

英文缩写	英文全称	中文全称
HRRC	High Rate Rail Communications	高速铁路通信
HSDPA	High Speed Downlink Packet Access	高速下行分组接入
HSPA+	High Speed Packet Access Evolution	演进型高速分组接入
HSPA	High Speed Packet Access	高速分组接入
HSUPA	High Speed Uplink Packet Access	高速上行分组接入
I/O	Input/Output	输入/输出
I2O	Information Innovation Office	信息创新办公室
IBM	International Business Machine	国际商用机器公司
IC	Integrated Circuit	集成电路
ICCC	International Conference on Computer Communication	国际计算机通信会议
ICT	Information and Communication Technology	信息通信技术
ID	Identifier	标识符
IDC	In-Device Coexistence	设备内共存
IDC	Internet Data Center	互联网数据中心
IDC	International Data Corporation	国际数据公司
IEC	International Electrotechnical Commission	国际电工委员会
IEEE	Institute of Electrical and Electronics Engineers	电气和电子工程师协会
IETF	Internet Engineering Task Force	互联网工程任务组
IMP	Interface Message Processor	接口消息处理器
IMS	IP Multimedia Subsystem	IP多媒体子系统
INT	Core Network and Interoperability Testing	核心网络和互操作性测试
IoE	Internet of Everything	万物互联
IoMT	Internet of Medical Things	医疗物联网
IoT	Internet of Things	物联网
IP	Internet Protocol	互联网协议
IPO	Initial Public Offerings	首次公开募股
IPR	Intellectual Property Rights	知识产权

续表

英文缩写	英文全称	中文全称
IPSO	Internet Protocol for Smart Objects	智能设备互联网协议
IPTO	Information Processing Technology Office	信息处理技术办公室
IPv4	Internet Protocol Version 4	互联网协议第四版
IPv6	Internet Protocol Version 6	互联网协议第六版
IR	Infrared Radiation	红外线
ISA	International Society of Automation	国际自动化学会
ISBN	International Standard Book Number	国际标准书号
ISDN	Integrated Services Digital Network	综合业务数字网
ISG	Industry Specification Group	行业规范组
ISI	Information Security Indicators	信息安全指标
ISO	International Organization for Standardization	国际标准化组织
ISSN	International Standard Serial Number	国际标准刊号
IT	Information Technology	信息技术
ITI	Information Technology Industry Council	信息技术产业理事会
ITS	Intelligent Transport Systems	智能交通系统
LR-WPAN	Low-Rate Wireless Personal Area Network	低速率无线个域网
ITU	International Telecommunications Union	国际电信联盟
ITU-T	ITU Telecommunication Standardization Sector	国际电信联盟电信标准化局
JAG	Joint Advisory Group	联合咨询小组
JAIC	Joint Artificial Intelligence Center	联合人工智能中心
JEDI	Joint Enterprise Defense Infrastructure Cloud	联合企业防御基础设施云
JMS	Java Message Service	Java 消息服务
JTC 1	Joint Technical Committee 1	第一联合技术委员会
KVP	Key Value Pair	键值对
LCS	Location Based Service	位置服务
LED	Light Emitting Diode	发光二极管
LI	Lawful Interception	合法侦听

续表

英文缩写	英文全称	中文全称
LISP	LISt Processing	列表处理
LPWAN	Low Power Wide Area Networks	低功耗广域网
LQI	Link Quality Indication	链路质量指示
LTE	Long Term Evolution	长期演进
LWM2M	lightweight Machine to Machine	轻量级机器对机器
M2M	Machine to Machine	机器对机器
MAC	Media Access Control	媒体访问控制
MAC	Mathematics and Computation	数学和计算
MAF	Managed Add-in Framework	托管插件框架
MAP	Mobile Application Part	移动应用部分
MAS	Management Abstract & Semantics	管理抽象与语义
MBMS	Multimedia Broadcast Multicast Service	多媒体广播组播业务
MCAGCC	Marine Corps Air Ground Combat Center	海军陆战队空战地面作战中心
MBAN	Medical Body Area Network	医疗体域网
MBSP	Multimedia Broadcast Supplement for Public Warning System	公共预警系统多媒体广播补充
MDG	Millennium Development Goal	千年发展目标
MEC	Multi-Access Edge Computing	多接入边缘计算
MEF	Managed Framework	托管可扩展框架
MEMS	Micro Electro Mechanical Systems	微机电系统
MG-OWC	Multi-Gigabit/sec Optical Wireless Communications	多吉比特/秒无线光通信
MIMO	Multiple Input Multiple Output	多输入多输出
MIT	Massachusetts Institute of Technology	麻省理工学院
MM	Mobile Management	移动性管理
MOEMS	Micro Optical Electromechanical System	微光机电系统
MoU	Memorandum of Understanding	谅解备忘录
MPP	Massively Parallel Processor	大规模并行处理

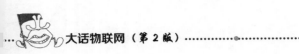
续表

英文缩写	英文全称	中文全称
MQTT	Message Queuing Telemetry Transport	消息队列遥测传输
MSB	Market Strategy Board	市场战略局
MSC	Mobile Switching Center	移动交换中心
MSG	Mobile Standards Group	移动标准化组
MSG	Message	报文
MTBF	Mean Time Between Failure	平均故障间隔时间
MTC	Machine Type Communication	机器类通信
MTO	Microsystems Technology Office	微系统技术办公室
MTS	Methods for Testing & Specification	测试方法与规范
mWT	Millimetre Wave Transmission	毫米波传输
NAFC	National Association of Food Chains	美国国家食物连锁协会
NASA	National Aeronautics and Space Administration	美国国家航空航天局
NB–IoT	Narrow Band Internet of Things	窄带物联网
NC	Network Computer	网络计算机
NCFC	National Computing and Networking Facility of China	中国国家计算与网络设施
NCP	Network Control Protocol	网络控制协议
NCR	National Cash Register	国家收银机
NCSA	National Center for Supercomputing Applications	国家超级计算应用中心
NCT	New Carrier Type	新载波类型
NDFS	Nutch Distributed File System	Nutch 分布式文件系统
NEST	Network Embedded System Technology	网络嵌入式系统技术
NFC	Near Field Communication	近场通信
NFV	Network Functions Virtualization	网络功能虚拟化
NGN	Next Generation Network	下一代网络
NGP	Next Generation Protocols	下一代协议
NIB	Network Information Base	网络信息库
NIH	National Institutes of Health	国家卫生研究院

英文缩写	英文全称	中文全称
NII	National Information Infrastructure	美国国家信息基础设施
NL	Network Layer	网络层
NLDE	Network Layer Data Entity	网络层数据实体
NLDE–SAP	Network Layer Data Entity–Service Access Point	网络层数据实体服务访问点
NLME	Network Layer Management Entity	网络层管理实体
NLME–SAP	Network Layer Management Entity–Service Access Point	网络层管理实体服务访问点
NMT	Nordic Mobile Telephone	北欧移动电话
NORSAR	Norwegian Seismic Array	挪威地震阵列
NoSQL	Not only SQL	不限于 SQL
NPL	National Physical Laboratory	国家物理实验室
NSA	National Security Agency	美国国家安全局
NSF	National Science Foundation	美国国家科学基金会
NTT	Nippon Telegraph & Telephone	日本电报电话公司
NVRAM	Non–Volatile Random Access Memory	非易失性随机访问存储器
NWG	Network Working Group	网络工作组
NWK	Network	网络
O&M	Operation and Maintenance	运行和维护
OCF	Open Connectivity Foundation	开放互联基金会
OCG	Operational Coordination Group	运作协调组
OEU	Operational energy Efficiency for Users	用户运营能效
OFDM	Orthogonal Frequency Division Multiplexing	正交频分复用
OFDMA	Orthogonal Frequency Division Multiple Access	正交频分多址
OIC	Open Interconnect Consortium	开放互联联盟
OID	Object Identifier	对象标识符
OMA	Open Mobile Alliance	开放移动联盟
ONS	Object Name Service	对象名解析服务
OSA	Open Service Architecture	开放业务架构

续表

英文缩写	英文全称	中文全称
OSDI	Operating Systems Design and Implementation	操作系统设计与实现
OSM	Open Source MANO	开源 MANO
OSTP	Office of Science and Technology Policy	科技政策办公室
OTA	Over The Air	空中下载
P2P	Peer to Peer	对等
PAN	Personal Area Network	个域网
PC	Personal Computer	个人计算机
PCAST	President's Council of Advisors on Science and Technology	总统科学技术顾问委员会
PCB	Printed Circuit Board	印制电路板
PCG	Project Coordination Group	项目协调组
PCS	Personal Communication Service	个人通信业务
PCT	Patent Cooperation Treaty	专利合作条约
PDC	Personal Digital Cellular	个人数字蜂窝
PHP	Personal Home Page	个人主页
PHY	Physical	物理层
PoC	PTT over Cellular	蜂窝一键通
PoS	Point of Sale	销售点
QoS	Quality of Service	服务质量
QKD	Quantum Key Distribution	量子密钥分发
QR	Quick Response	快速反应
RAN	Radio Access Network	无线接入网
RC	Remote Control	遥控
RCC	Rail Communications and Control	铁路通信和控制
REST	Representational State Transfer	表述性状态传递
RF4CE	Radio Frequency for Consumer Electronics	消费电子射频
RFD	Reduced Function Device	简化功能设备
RFID	Radio Frequency Identification	射频识别

续表

英文缩写	英文全称	中文全称
RFQ	Request for Quotation	报价请求
RISC	Reduced Instruction Set Computing	精简指令集计算
RMA	Routing Module Addressing	路由模块寻址
RPE–LTP	Regular Pulse Excited–Long Term Prediction–Linear Predictive Coding	规则脉冲激励—长时预测—线性预测编码
RR	Radio Resource	无线资源
RRS	Reconfigurable Radio Systems	可重配置的无线电系统
RT	Railway telecommunications	铁路通信
RTMS	Radio Telephone Mobile System	无线电话移动系统
RTT	Radio Transmission Technology	无线传输技术
SA	Service and System Aspects	业务和系统方面
SAC	Standardization Administration of the People's Republic of China	中国国家标准化管理委员会
SAE	System Architecture Evolution	系统架构演进
SAES	System Architecture Evolution Specification	系统架构演进规范
SAGE	Security Algorithms Group of Experts	安全算法专家组
SAP	Service Access Point	服务访问点
SC	Steering Committee	指导委员会
SC	Sub Committee	分委员会
SCM	Supply Chain Management	供应链管理
SCP	Smart Card Platform	智能卡平台
SDC	System Development Corporation	系统开发公司
SDN	Software Defined Network	软件定义网络
SDO	Standard Development Organization	标准开发组织
SDS	Scientific Data Systems	科学数据系统
SDT	Software Development Tool	软件开发工具
SEC	Securities and Exchange Commission	美国证券交易委员会
SES	Satellite Earth Stations & Systems	卫星地球站和系统

英文缩写	英文全称	中文全称
SGSN	Study Group on Sensor Networks	传感器网络研究组
SGSN	Serving GPRS Support Node	服务 GPRS 支持节点
SIM	Subscriber Identification Module	用户识别模块
SM	Session Management	会话管理
SNARC	Stochastic Neural Analog Reinforcement Calculator	随机神经网络模拟加固计算器
SNS	Social Network Service	社交网络服务
SOA	Service Oriented Architecture	面向服务的架构
SOSP	Symposium on Operating System Principles	操作系统原理研讨会
SQL	Structured Query Language	结构化查询语言
SRC	Science Research Council	科学研究委员会
SRI	Stanford Research Institute	斯坦福研究院
SS	Solution Set	解决方案集
SSAD	Scientific Survey of Air Defense	防空科学研究委员会
SSCC	Serial Shipping Container Code	系列货运包装箱代码
SSD	Solid State Disk	固态硬盘
SSO	Standard Setting Organization	标准制定组织
STO	Strategic Technology Office	战略技术办公室
STQ	Speech and multimedia Transmission Quality	语音和多媒体传输质量
TACS	Total Access Communication System	全接入通信系统
TC	Technical Committee	技术委员会
TCCE	TETRA and Critical Communications Evolution	TETRA 和关键通信演进
TCP	Transmission Control Protocol	传输控制协议
TDD	Time Division Duplex	时分双工
TDEA	Triple Data Encryption Algorithm	三重数据加密算法
TDMA	Time Division Multiple Access	时分多址
TDS	Tag Data Standard	标签数据标准
TDT	Tag Data Translation	标签数据转换

续表

英文缩写	英文全称	中文全称
TETRA	Trans European Trunked Radio	泛欧集群无线电
TIA	Telecommunications Industry Association	美国电信工业协会
TL	Transport Layer	传输层
TP	Technical Plenary	技术全会
TPU	Tensor Processing Unit	张量处理单元
TR	Technical Report	技术报告
TSDSI	Telecommunications Standards Development Society India	印度电信标准开发协会
TSG	Technical Specification Group	技术规范组
TTA	Telecommunications Technology Association	韩国电信技术协会
TTC	Telecommunications Technology Council	日本电信技术委员会
TTCN	Testing and Test Control Notation	测试和测试控制表示法
TTO	Tactical Technology Office	战术技术办公室
UC	Ubiquitous Computing	泛在计算
UCC	Uniform Code Council	美国统一代码协会
UCLA	University of California, Los Angeles	加州大学洛杉矶分校
UCSB	University of California, Santa Barbara,	加州大学圣塔芭芭拉分校
UGC	User Generated Content	用户原创内容
UGPIC	Universal Grocery Products Identification Code	食品工业统一码
UMTS	Universal Mobile Telecommunications System	通用移动通信系统
UN	Ubiquitous Network	泛在网络
UNESCO	United Nations Educational, Scientific and Cultural Organization	联合国教科文组织
UPC	Universal Product Code	商品统一代码
UPnP	Universal Plug and Play	通用即插即用
USB	Universal Serial Bus	通用串行总线
USG	United States Government	美国政府
USGS	United States Geological Survey	美国地质勘探局

续表

英文缩写	英文全称	中文全称
USN	Ubiquitous Sensor Network	泛在传感网
USPTO	United States Patent and Trademark Office	美国专利商标局
UTRA	Universal Terrestrial Radio Access	通用地面无线接入
UTRAN	Universal Terrestrial Radio Access Network	通用地面无线接入网
V2X	Vehicle to Everything	车联网
VAT	Vehicular Assistive Technology	车辆辅助技术
VoIP	Voice over Internet Protocol	网络电话
VPN	Virtual Private Network	虚拟专用网
VR	Virtual Reality	虚拟现实
W3C	World Wide Web Consortium	万维网联盟
WAP	Wireless Application Protocol	无线应用协议
WG	Working Group	工作组
Wi-Fi	Wireless Fidelity	无线保真
WiMAX	Worldwide Interoperability for Microwave Access	全球微波互联接入
WIA-PA	Wireless Networks for Industrial Automation-Process Automation	面向工业过程自动化的无线网络
WNG	Wireless Next Generation	下一代无线网
WoT	Web of Things	物联万维网
WP	Working Party	工作组
WPAN	Wireless Personal Area Networks	无线个域网
WSIS	World Summit on the Information Society	信息社会世界峰会
WSN	Wireless Sensor Networks	无线传感网
WSN	Wireless Specialty Networks	无线专业网
WWW	World Wide Web	万维网
XMPP	Extensible Messaging and Presence Protocol	可扩展消息处理现场协议
ZCL	ZigBee Cluster Library	ZigBee 簇群库
ZDO	ZigBee Device Object	ZigBee 设备对象
ZSM	Zero touch network and Service Management	零接触网络和服务管理